常用办公软件
快速入门与提高

PowerPoint 2019

办公应用入门与提高

职场无忧工作室◎编著

清华大学出版社

北京

内 容 简 介

本书共 14 章，全面、详细地介绍 PowerPoint 2019 的特点、功能、使用方法和技巧。具体内容有：Microsoft PowerPoint 2019 概述、初识 PowerPoint 2019、管理幻灯片、使用主题格式化演示文稿、使用模板和母版、编辑幻灯片文本、使用图形对象、表格和图表、创建影音演示文稿、动画与切换效果、创建交互式演示文稿、放映演示文稿、与其他 Office 组件协同办公、发布与打印等。

本书实例丰富，内容翔实，操作方法简单易学，不仅适合对制作幻灯片感兴趣的初、中级读者学习使用，也可供从事相关工作的专业人士参考。

本书配二维码，内容为书中所有实例源文件以及实例操作过程录屏动画，供读者在学习中使用。

图书在版编目（CIP）数据

PowerPoint 2019 办公应用入门与提高 / 职场无忧工作室编著 . — 北京：清华大学出版社，2020.5
（常用办公软件快速入门与提高）
ISBN 978 - 7 - 302 - 55119 - 5

Ⅰ . ① P… 　 Ⅱ . ①职… 　 Ⅲ . ①图形软件 　 Ⅳ . ① TP391.412

中国版本图书馆 CIP 数据核字（2020）第 049520 号

责任编辑：秦　娜　赵从棉
封面设计：李召霞
责任校对：赵丽敏
责任印制：沈　露

出版发行：清华大学出版社
　　　　网　　　址：http://www.tup.com.cn，http://www.wpbook.com
　　　　地　　　址：北京清华大学学研大厦A座　　　　邮　　编：100084
　　　　社 总 机：010-62770175　　　　邮　　购：010-62786544
　　　　投稿与读者服务：010-62776969，c-service@tup.tsinghua.edu.cn
　　　　质量反馈：010-62772015，zhiliang@tup.tsinghua.edu.cn
印 装 者：北京嘉实印刷有限公司
经　　销：全国新华书店
开　　本：210mm×285mm　　　印　　张：23.5　　　字　　数：728 千字
版　　次：2020 年 5 月第 1 版　　　印　　次：2020 年 5 月第 1 次印刷
定　　价：79.80 元

产品编号：074417-01

Microsoft PowerPoint 是微软办公套装软件的一个重要的组成部分,是一种用于辅助演讲、演示的软件。它集文字、图形、图表、音频、视频以及其他多媒体对象于一体,以电子展板的形式,将需要表达的内容直观、动态、形象地展示给观众,在方案策划、工作汇报、企业宣传、产品推广、节日庆典、项目竞标、教育培训等领域,有着举足轻重的作用。用户可以在投影仪或者计算机上进行演示,也可以将演示文稿打印出来,以便应用到更广泛的领域。

本书以由浅入深、循序渐进的方式进行讲解,从基础的 PowerPoint 2019 安装知识到实际办公运用,以合理的结构和经典的范例对最基本和实用的功能进行了详细的介绍,具有极高的实用价值。通过本书的学习,读者不仅可以掌握 PowerPoint 2019 的基本知识和应用技巧,而且可以掌握一些 PowerPoint 2019 在办公方面的应用,从而提高日常工作效率。

一、本书特点

☑ 实用性强

本书的编者都是在高校从事计算机辅助设计教学研究多年的一线人员,具有丰富的教学实践经验与教材编写经验,有一些执笔者是国内 PowerPoint 图书出版界知名的作者,前期出版的一些相关书籍很受读者欢迎。多年的教学工作使他们能够准确地把握学生的心理与实际需求。本书由编者总结多年的设计经验以及教学的心得体会,经过多年的精心准备编写而成,力求全面、细致地展现 PowerPoint 软件在办公应用领域的各种功能和使用方法。

☑ 实例丰富

本书的实例不管是数量还是种类,都非常丰富。从数量上说,本书结合大量的办公应用实例,详细讲解 PowerPoint 的知识要点,可以让读者在学习案例的过程中潜移默化地掌握 PowerPoint 软件的操作技巧。

☑ 突出提升技能

本书从全面提升 PowerPoint 2019 实际应用能力的角度出发,结合大量的案例讲解如何利用 PowerPoint 2019 软件进行日常办公,使读者了解 PowerPoint 2019,并能够独立地完成各种办公应用。

书中很多实例本身就是办公应用案例,经过编者精心提炼和改编,不仅可以使读者学好知识点,更重要的是能够帮助其掌握实际的操作技能,同时培养其办公应用的实践能力。

二、本书的基本内容

全书分为 14 章,全面、详细地介绍 PowerPoint 2019 的特点、功能、使用方法和技巧。具体内容有:

Microsoft PowerPoint 2019 概述、初识 PowerPoint 2019、管理幻灯片、使用主题格式化演示文稿、使用模板和母版、编辑幻灯片文本、使用图形对象、表格和图表、创建影音演示文稿、动画与切换效果、创建交互式演示文稿、放映演示文稿、与其他 Office 组件协同办公、发布与打印等。

三、关于本书的服务

1. 本书的技术问题或有关本书信息的发布

读者如遇到有关本书的技术问题，可以登录网站 www.sjzswsw.com 或将问题发到邮箱 win760520@126.com，我们将及时回复。欢迎加入图书学习交流群（QQ：361890823）交流探讨。

2. 安装软件的获取

按照本书中的实例进行操作练习，以及使用 PowerPoint 2019 时，需要事先在计算机上安装相应的软件。读者可从网络上下载相应软件，或者从软件经销商处购买。QQ 交流群也会提供下载地址和安装方法的教学视频，需要的读者可以关注。

3. 电子资料

本书通过扫描二维码下载的方式提供了极为丰富的学习配套资源，包括所有实例源文件及相关资源以及实例操作过程录屏动画，供读者学习中使用。。

四、关于作者

本书由职场无忧工作室编写，参与编写的人员有胡仁喜、刘昌丽、康士廷、王敏、闫聪聪、杨雪静、李亚莉、李兵、甘勤涛、王培合、王艳池、王玮、孟培、张亭、解江坤、井晓翠等。本书的编写得到了很多朋友的大力支持，值此图书出版发行之际，向他们表示衷心的感谢。同时，也深深感谢支持和关心本书出版的所有朋友。

书中主要内容来自编者几年来使用 PowerPoint 的经验总结，也有部分内容取自国内外有关文献资料。虽然编者几易其稿，但由于时间仓促，加之水平有限，书中纰漏与失误在所难免，恳请广大读者批评指正。

编　者

2019 年 6 月

0-1　源文件

目 录

第6章　编辑幻灯片文本 ·· 109

二维码目录

第 1 章

Microsoft PowerPoint 2019概述

本章导读

Microsoft PowerPoint 是微软办公套装软件的一个重要的组成部分,是一种用于辅助演讲、演示的软件。它集文字、图形、图表、音频、视频以及其他多媒体对象于一体,以电子展板的形式,将需要表达的内容直观、动态、形象地展示给观众,在方案策划、工作汇报、企业宣传、产品推广、节日庆典、项目竞标、教育培训等领域有着举足轻重的作用。用户可以在投影仪或者计算机上进行演示,也可以将演示文稿打印出来,以便应用到更广泛的领域。

本章着重介绍 PowerPoint 2019 的安装、启动与退出操作,以及如何获得操作帮助,使读者对 PowerPoint 2019 有一个初步的了解。

学习要点

- ❖ Office 2019 安装的注意事项
- ❖ 安装、卸载 Office 2019 的方法
- ❖ 启动、退出 PowerPoint 的操作
- ❖ 使用 PowerPoint 帮助

1.1　演示文稿与幻灯片

演示文稿是指利用 PowerPoint 制作的文档，其格式后缀名为 ppt、pptx，通常简称为 PPT。演示文稿可以保存为 pdf 或图片格式，在较高版本（2010 及以上）中还可保存为视频格式。

一个演示文稿通常包含多个页面，每一页称为一张幻灯片，每张幻灯片都是独立的，又与其他幻灯片相互联系。也就是说，演示文稿为幻灯片的集合。

如图 1-1 所示，打开演示文稿"相册 .pptx"，在编辑窗口左侧的窗格中可以看到当前演示文稿中包含多个页面，每一个页面对应一张幻灯片。

图 1-1　演示文稿示例

1.2　演示文稿的基本结构

一个完整的演示文稿类似于一本书，其包含的页面内容大致可以分为封面页、目录页、过渡页、内容页以及封底页。

封面页是演示文稿的序幕，用于显示演示标题，让人一眼就能知道演示文稿的主旨。

目录页展示主要问题的纲要，是演示文稿的骨架，起提纲挈领的作用，让观众可以清晰地了解整个演示文稿的结构。

过渡页是目录到内容的过渡，是两个章节之间的分隔，作用类似于目录页，用于显示一个部分的主要内容。

内容页是演示文稿的主体，也就是演示文稿要表述的具体内容。

封底页是演示文稿的结束页，风格与封面一致，一般表达谢意。

1.3 安装 PowerPoint 2019

PowerPoint 2019 是 Microsoft Office 2019 的组件之一，因此可以随着 Office 2019 一起安装。

1.3.1 安装 Office 2019 的注意事项

相比于 Office 2016 及之前的版本，Office 2019 的安装条件和方法有了一些变化，简要介绍如下：
❖ 只能在 Windows 10 上安装，不支持 Windows 7 或 Windows 8.1。
❖ 不再提供 Windows Installer（MSI）的安装方法，使用从 Microsoft 下载中心免费下载的 Office 部署工具（ODT）执行配置和安装。
❖ 使用 Office 部署工具直接从 Office 内容交付网络（CDN）下载安装文件。
❖ 默认安装 Office 2019 的所有应用程序。
❖ 默认安装在系统盘，且不能更改安装位置。

1.3.2 计算机配置要求

在 Windows 10 上安装 Office 2019 所需的计算机配置如下：
❖ **操作系统**：Windows 10 SAC 或 Windows 10 LTSC 2019。
❖ **处理器**：1.6 GHz 或更快的 x86 或 x64 位处理器，2 核。
❖ **内存**：2 GB RAM（32 位）；4 GB RAM（64 位）。
❖ **硬盘**：4.0 GB 可用磁盘空间。
❖ **显示器**：图形硬件加速需要 DirectX 9 或更高版本，且具有 WDDM 2.0 或更高版本，1280 × 768 屏幕分辨率。
❖ **浏览器**：Microsoft Edge；Microsoft Internet Explorer 11；Windows 10 版 Mozilla Firefox、Apple Safari 或 Google Chrome。
❖ **.NET 版本**：部分功能可能要求安装 .NET 3.5、4.6 或更高版本。
❖ **多点触控**：需要支持触摸的设备才能使用多点触控功能。但始终可以通过键盘、鼠标或其他标准输入设备或可访问的输入设备使用所有功能。
❖ **其他要求和注意事项**：某些功能因系统配置而异。某些功能可能需要其他硬件或高级硬件，或者需要连接服务器。

1.3.3 安装 Microsoft Office 2019

本节简要介绍在 Windows 10 操作系统中安装 Microsoft Office 专业增强版 2019 的操作步骤。
（1）进入 Microsoft 下载中心免费下载 Office 部署工具（ODT），是一个 .exe 可执行文件。
（2）双击下载的 .exe 可执行文件，弹出如图 1-2 所示的许可协议对话框。
（3）选中对话框底部的复选框，然后单击右下角的 Continue 按钮，弹出"浏览文件夹"对话框，用于解压文件，如图 1-3 所示。
（4）选中存放解压文件的文件夹，建议新建一个文件夹用于放置 ODT 的解压文件。单击"确定"按钮开始解压文件。完成后，弹出如图 1-4 所示的提示对话框。单击"确定"按钮关闭对话框。

下载的 .exe 可执行文件是一个自解压的压缩文件，运行后解压出一个 setup.exe 文件和 3 个 .xml 示例配置文件，如图 1-5 所示。

其中，setup.exe 文件是 ODT，并且支持下载和安装 Office 2019 命令行工具。3 个 .xml 配置文件是部署 Office 的示例文件，可以使用任何文本编辑器进行编辑。

接下来修改 .xml 文件，配置 ODT 下载或安装 64 位 Office 专业增强版 2019 时使用的设置。

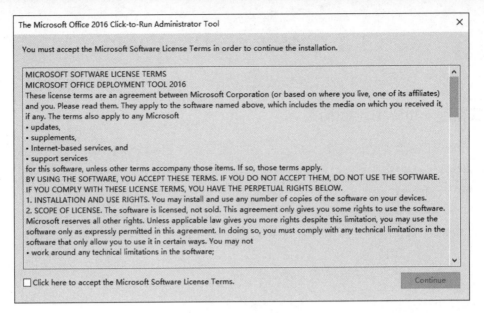

图 1-2　许可协议

图 1-3　"浏览文件夹"对话框

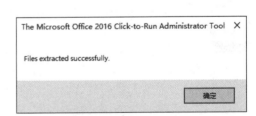

图 1-4　提示对话框

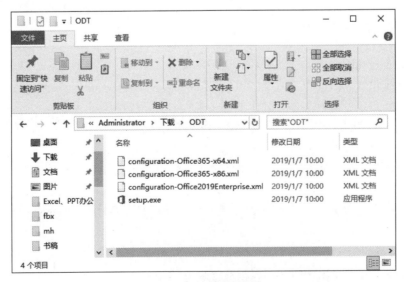

图 1-5　解压的文件列表

（5）使用记事本打开一个适用于 Office 2019 的 XML 文件，如图 1-6 所示。

图 1-6　打开 XML 文件

> **提示：** 在安装批量许可版本的 Office 2019 之前，建议卸载任何早期版本的 Office。配置文件中的 RemoveMSI 可用于卸载使用 Windows Installer（MSI）安装的 2010 版、2013 版或 2016 版的 Office、Visio 或 Project。Office 2019 专业增强版涵盖了 Office 的大部分组件，但是不包括 Visio 2019 和 Project 2019，这两个组件要单独安装。如果不希望安装 2019 版的 Visio 和 Project，可将相应的代码删除。

（6）将语言版本 "en-us" 修改为 "zh-cn"，即修改为简体中文，然后将文件重命名为方便记忆的名称（例如 configuration.xml）。

接下来可以启用命令行窗口执行下载和安装命令。一个更简单的方法是分别创建下载和安装的批处理文件，双击即可运行相应的命令。

（7）新建一个文本文件，输入命令 setup.exe /download configuration.xml，如图 1-7 所示，然后保存为批处理文件 download.bat。该文件用于下载安装文件。

（8）新建一个文本文件，输入命令 setup.exe /configure configuration.xml，如图 1-8 所示，然后保存为批处理文件 install.bat。该文件用于安装下载的程序。

图 1-7　创建批处理文件

图 1-8　创建批处理文件

（9）双击批处理文件 download.bat，打开命令行窗口执行相应的命令，如图 1-9 所示。此时开始下载安装文件。

图 1-9　输入命令

　　下载完成后，命令行窗口自动关闭。此时，在指定的文件夹中可以看到新增了一个名为 Office 的文件夹。

　　（10）双击批处理文件 install.bat，打开命令行窗口执行相应的命令，即开始安装程序。

　　（11）安装完成后，启动 PowerPoint 2019。单击"文件"菜单选项卡中的"账户"命令，输入产品密钥进行激活，如图 1-10 所示。

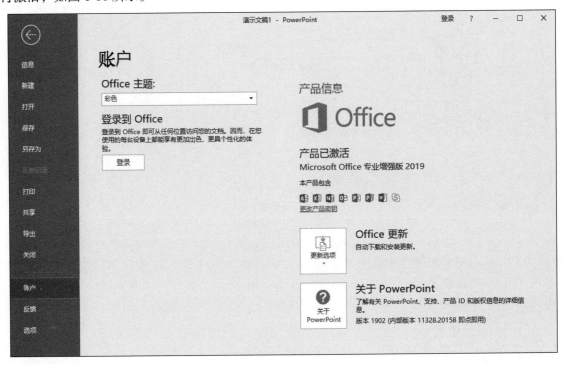

图 1-10　激活产品

1.3.4　卸载 Microsoft Office 2019

　　（1）双击桌面上的"控制面板"快捷方式，打开控制面板，如图 1-11 所示。

图 1-11　控制面板

　　（2）在控制面板中单击"程序"图标右侧的"卸载程序"命令，弹出"程序和功能"对话框。

（3）在对话框右侧的程序列表中选择"Microsoft Office 专业增强版 2019"，然后右击，在弹出的快捷菜单中单击"卸载"命令，如图 1-12 所示。

图 1-12　卸载 Office 2019

1.4　启动与退出 PowerPoint 2019

1. 启动

安装 PowerPoint 2019 之后，就可以在操作系统中启动 PowerPoint 2019 了。在 Windows 10 中启动 PowerPoint 2019 有以下几种方法。

❖ 单击桌面左下角的"开始"按钮，在"开始"菜单的程序列表中单击 PowerPoint，如图 1-13 所示。

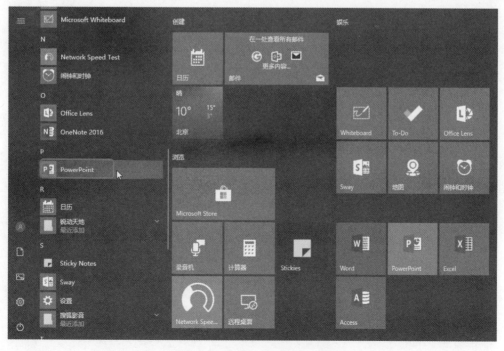

图 1-13　启动 PowerPoint 2019

> **提示：** 在"开始"菜单的程序列表中定位到 PowerPoint 后，右击，在弹出的快捷菜单中选择"固定到'开始'屏幕"命令，即可在"开始"屏幕中显示 PowerPoint 的快捷方式。单击快捷方式即可启动 PowerPoint 应用程序。

❖ 在"资源管理器"中找到并双击 PowerPoint 文件（扩展名为".pptx"）的图标，即可启动 PowerPoint 2019 并打开演示文件。

PowerPoint 2019 启动完成后的开始界面如图 1-14 所示。

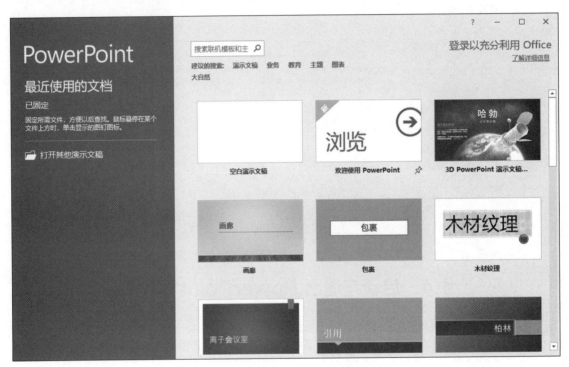

图 1-14　PowerPoint 2019 的开始界面

2. 退出

完成工作后，应正确退出 PowerPoint 2019。可以采用以下方式之一退出。

❖ 按 Alt+F4 键。

❖ 单击 PowerPoint 窗口右上角的"关闭"按钮 ✕。

1.5　PowerPoint 2019 的新增功能

PowerPoint 2019 是微软公司最新推出的演示文稿制作软件，它在继承和改进 PowerPoint 2016 功能的基础上，新增了以下几项更人性化的功能。

❖ **"帮助"菜单选项卡：**PowerPoint 2019 菜单功能区新增"帮助"菜单选项卡，如图 1-15 所示，使用户更方便地查找相关操作说明。

图 1-15　"帮助"菜单选项卡

❖ **"平滑"切换效果**：PowerPoint 2019 新增了"平滑"切换效果（图1-16），用户利用此功能，可以在各种对象（如文本、形状、图片、SmartArt 图形、艺术字以及图表）之间显示流畅的动画、切换和对象移动效果。

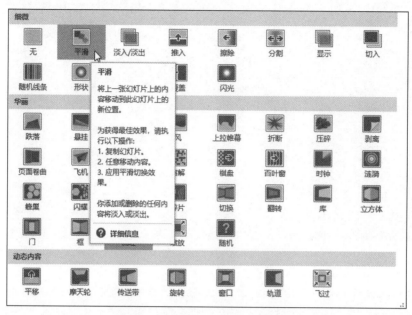

图 1-16　新增的"平滑"切换效果

❖ **在线 SVG 图标库**：PowerPoint 2019 新增可缩放的矢量图形库，如图1-17 所示。它不仅种类繁多，新奇有趣，而且保留了矢量特性，可在随意缩放的同时保持清晰度，并可根据用户的设计需要自定义填充和描边，以及在转换为形状后，分项更改颜色和纹理。

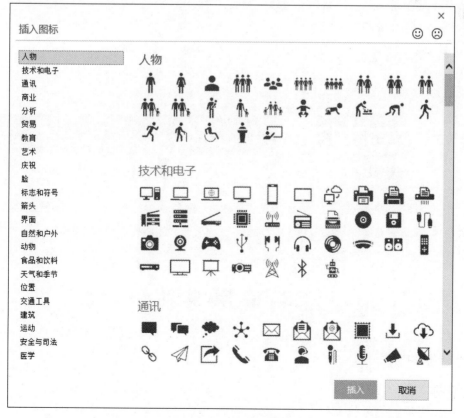

图 1-17　矢量图形库

❖ **3D 模型**：PowerPoint 2019 支持在幻灯片中插入标准的 3D 模型（图 1-18），并可调整大小和视角，使用户可以从多角度观察模型，增强演示文稿的可视感和创意感。

图 1-18　插入 3D 模型

❖ **缩放定位**：PowerPoint 2019 新增"缩放定位"功能。通过缩放定位，可在不中断演示流程的情况下，迅速定位到演示文稿中特定的幻灯片、分区和部分。使用"缩放工具格式"菜单选项卡，还能自定义缩放定位的样式和切换效果。

❖ **文本荧光笔**：PowerPoint 2019 推出了与 Word 中的文本荧光笔相似的功能，如图 1-19 所示。用户可以选取不同的高亮颜色，对演示文稿中某些文本部分加以强调。

❖ **使用数字墨迹绘图或书写**：PowerPoint 2019 支持使用一组可自定义粗细和颜色的画笔（图 1-20），在幻灯片上标示或书写。绘制的墨迹还可转换为形状或公式，以进一步编辑。此外，定义好的笔库可移植，不仅可以添加到快速访问工具栏，还可跨应用和设备，方便用户使用。

图 1-19　文本荧光笔

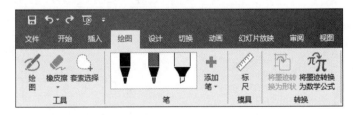

图 1-20　墨迹书写工具

1.6　使用帮助

　　帮助系统是以查询为驱动的，PowerPoint 2019 提供了强大、便捷的帮助系统，可帮助用户快速了解 PowerPoint 各项功能和操作方式。

1.6.1　寻找帮助主题

　　PowerPoint 2019 新增"帮助"菜单选项卡，如图 1-21 所示，可以帮助用户快速获取关于 PowerPoint

2019 操作使用的帮助，并查看在线培训和学习内容。

　　单击"帮助"菜单选项卡中的"帮助"按钮，或按 F1 键，可以打开"帮助"面板，如图 1-22 所示。用户可以在搜索框中输入要查询的内容，或选择常用的帮助主题。

图 1-21　"帮助"菜单选项卡

图 1-22　寻找帮助主题

1.6.2　使用操作说明搜索框

　　操作说明搜索框位于 PowerPoint 2019 菜单栏右侧，如图 1-23 所示。

图 1-23　操作说明搜索框

　　在操作说明搜索框中输入与要执行的操作相关的字词或短语，可快速检索要使用的功能或要执行的操作，还可以获取与要查找的内容相关的帮助。

例如，输入"平滑"，下拉菜单中会出现相关的命令、功能解释，用户还可以从中获取相关的帮助主题和进行智能查找，如图 1-24 所示。

单击"获取有关'平滑'的帮助"选项，在级联菜单中可以看到常用的操作说明，如图 1-25 所示。

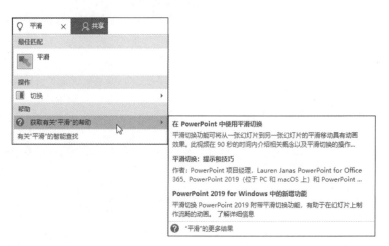

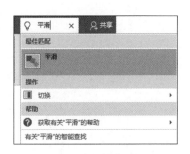

图 1-24　操作说明搜索框　　　　　　　　　　　　　图 1-25　常用的帮助主题

单击级联菜单中的"'平滑'的更多结果"，可打开"帮助"面板，显示更多相关的帮助主题，如图 1-26 所示。

图 1-26　"分类汇总"的帮助主题

答 疑 解 惑

1. 计算机上已安装了 Office 2016，能直接再安装 Office 2019 吗?

答：不可以。在安装 Office 2019 之前，应先卸载 Office 2016，同时清除 Office 2016 的所有信息，包括证书、密钥。

2. 如何显示或隐藏屏幕提示?

答：在"文件"菜单选项卡中单击"PowerPoint 选项"按钮，打开"PowerPoint 选项"对话框。单击"常规"分类，在"用户界面选项"区域的"屏幕提示样式"下拉列表框中选择所需的选项。

学习效果自测

一、选择题

1. PowerPoint 是一种主要用于（　　）的工具。

　　A. 画图　　　　　　　　B. 上网　　　　　　　　C. 制作幻灯片　　　　　D. 绘制表格

2. PowerPoint 2019 演示文档的扩展名是（　　）。

　　A. .pptx　　　　　　　　B. .pps　　　　　　　　C. .pptm　　　　　　　　D. .ppt

3. 下列（　　）方法可以启动 PowerPoint。

　　A. 单击程序列表中的 PowerPoint 图标

　　B. 单击"开始"屏幕上的 PowerPoint 快捷方式

　　C. 双击文件"工作汇报 .pptx"

　　D. 单击快速启动栏上的 PowerPoint 图标

4. 如果要关闭演示文稿，但不想退出 PowerPoint 2019，可以（　　）。

　　A. 在标题栏上右击，在弹出的快捷菜单中选择"关闭"命令

　　B. 单击 PowerPoint 窗口右上角的"关闭"按钮

　　C. 在"文件"菜单选项卡中单击"关闭"按钮

　　D. 按 Alt+F4 快捷键

5. 在 PowerPoint 中需要帮助时，可以按功能键（　　）。

　　A. F1　　　　　　　　　B. F2　　　　　　　　　C. F7　　　　　　　　　D. F8

二、操作题

1. 在"开始"屏幕中创建 PowerPoint 的快捷方式。

2. 在任务栏上创建 PowerPoint 2019 的快捷方式。

3. 正确退出 PowerPoint 2019。

第 2 章

初识PowerPoint 2019

本章导读

　　工欲善其事，必先利其器。开始学习一个应用程序，应首先认识它的工作界面。本章将介绍 PowerPoint 2019 的工作界面、基本的文件操作以及查看演示文稿的几种视图方式。掌握 PowerPoint 2019 工作界面中各种项目栏的使用方法，可为之后运用 PowerPoint 2019 高效地制作演示文稿打下坚实的基础。

学习要点

❖ PowerPoint 2019 的工作界面
❖ 基本的文件操作
❖ 切换视图的方法

2.1 创建演示文稿

在 PowerPoint 2019 中，可以采用多种方式创建演示文稿，从而帮助不同层次的用户快速开始演示文稿的创作。

2.1.1 新建空白演示文稿

要了解演示文稿的结构和默认界面，最简单、直接的方式是新建一个空白的演示文稿。

启动 PowerPoint 2019，在开始界面的右侧窗格中单击"空白演示文稿"图标，如图 2-1 所示，即可创建一个空白的演示文稿，如图 2-2 所示。

图 2-1　开始界面

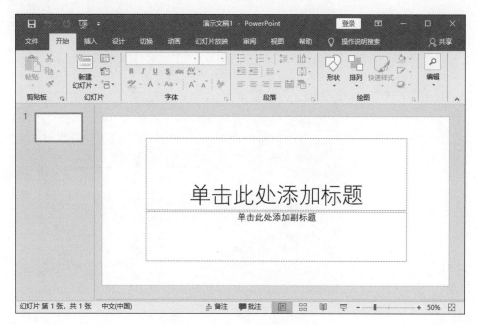

图 2-2　新建的空白演示文稿

2.1.2　使用联机模板创建演示文稿

Office 2019 预置了丰富的联机模板，使用联机模板，可以快速创建格式化的演示文稿。

（1）启动 PowerPoint 2019，在如图 2-1 所示的开始界面单击一个联机模板，弹出对应的下载面板，如图 2-3 所示。

图 2-3　联机模板的下载面板

（2）单击"创建"按钮，即可基于指定的模板创建一个演示文稿，如图 2-4 所示。

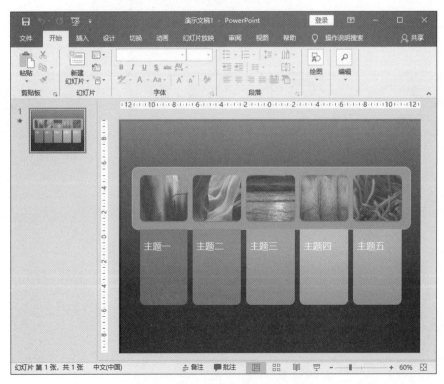

图 2-4　基于模板新建的演示文稿

PowerPoint 2019 支持搜索联机模板，在开始界面顶部的搜索栏中输入关键字（例如"教育"），按 Enter 键，即可跳转到"新建"任务窗格，并显示相关的联机模板，如图 2-5 所示。

图 2-5　搜索联机模板

2.2　PowerPoint 2019 的工作界面

新建或打开一个演示文稿，即可进入 PowerPoint 2019 的工作界面，如图 2-6 所示。

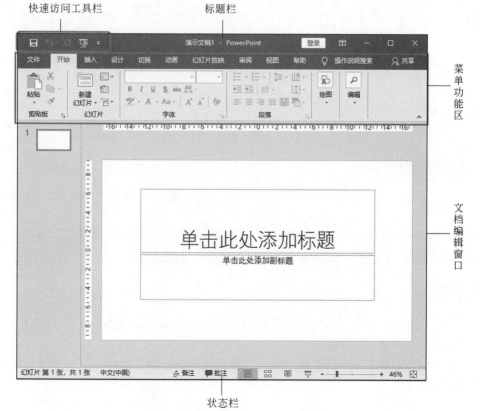

图 2-6　PowerPoint 2019 工作窗口

从图 2-6 可以看出，PowerPoint 2019 的工作界面由标题栏、快速访问工具栏、菜单功能区、文档编辑窗口和状态栏组成。

2.2.1 标题栏

标题栏位于工作窗口的顶端（图 2-7），用于显示应用程序名称 PowerPoint 以及当前打开的文档名称（演示文稿 1）。标题栏最右端有 3 个按钮，分别是"最小化"按钮■、"最大化 / 向下还原"按钮口和"关闭"按钮✕。

图 2-7 标题栏

"登录"按钮用于登录 Microsoft 账户管理应用，包括安装、付款、续订以及订阅服务。

"功能区显示选项"按钮用于切换功能区选项卡和命令的可见性。

2.2.2 快速访问工具栏

快速访问工具栏位于标题栏左侧。在默认情况下包含"保存""撤销""恢复""从头开始"和"自定义快速访问工具栏"按钮，如图 2-8 所示。

用户可以根据需要添加操作按钮。单击"自定义快速访问工具栏"按钮，在弹出的下拉菜单中选择需要的命令，如图 2-9 所示，即可将对应的命令按钮添加到快速访问工具栏上。

图 2-8 快速访问工具栏　　　　　　　　图 2-9 自定义快速访问工具栏

如果要添加的命令不在下拉菜单中，则在如图 2-9 所示的下拉菜单中选择"其他命令"选项，弹出如图 2-10 所示的对话框，选择要添加的命令后单击"添加"按钮。

2.2.3 菜单功能区

菜单功能区位于标题栏下方，包括菜单栏和相关的命令，如图 2-11 所示。使用菜单栏中的命令，可以执行 PowerPoint 中几乎所有的命令。

用户还可以根据需要显示或隐藏菜单功能区。在标题栏上单击"功能区显示选项"按钮，弹出如图 2-12 所示的下拉菜单。

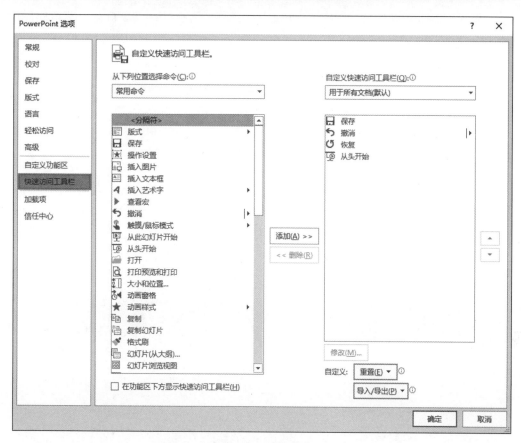

图 2-10   添加命令

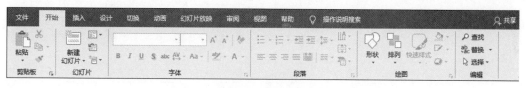

图 2-11   菜单功能区

图 2-12   功能区显示选项

❖ **自动隐藏功能区**：隐藏整个功能区（包括标题栏和菜单功能区），并全屏显示。此时只显示文档编辑窗口，如图 2-13 所示。

单击窗口右上角的"功能区显示选项"按钮![icon]，在如图 2-12 所示的下拉菜单中选择"显示选项卡和命令"，即可恢复窗口。

单击窗口顶部也可恢复显示功能区。

❖ **显示选项卡**：仅显示菜单选项卡，隐藏菜单命令，如图 2-14 所示。单击选项卡显示相关的命令。

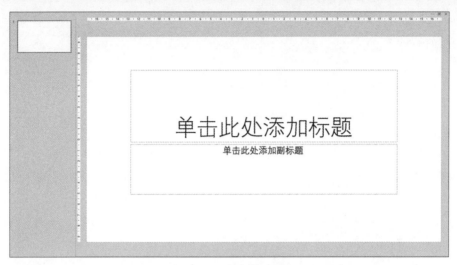

图 2-13 自动隐藏功能区

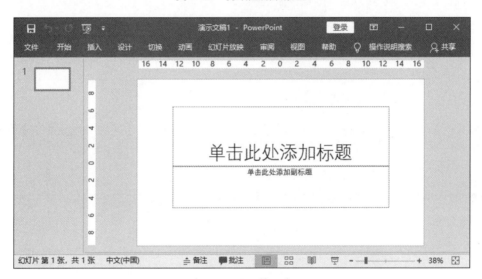

图 2-14 显示选项卡

❖ **显示选项卡和命令**：该项为默认选项，始终显示功能区选项卡和命令。

2.2.4 文档编辑窗口

文档编辑窗口是用户制作、编辑文稿内容的工作区域，占据了 PowerPoint 2019 窗口的绝大部分区域，如图 2-15 所示。

图 2-15 文档编辑窗口

编辑窗口的默认视图为"普通"视图，左侧窗格显示当前演示文稿中的幻灯片缩略图，橙色边框包围的缩略图为当前幻灯片；右侧窗格显示当前幻灯片。

2.2.5 状态栏

状态栏位于应用程序窗口底部，如图2-16所示。左侧显示当前幻灯片的位置信息；中间为"备注"和"批注"按钮；右侧为视图方式按钮、"显示比例"滑块及"缩放级别"按钮。

拖动"显示比例"滑块，可以设置幻灯片的显示比例；单击"缩放级别"按钮，在如图2-17所示的对话框中，可以自定义显示比例。

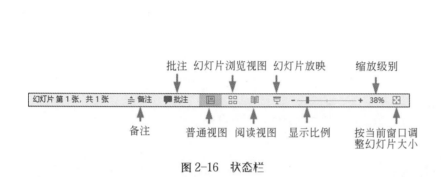

图 2-16　状态栏

图 2-17　自定义显示比例

2.3　文　件　操　作

PowerPoint 2019 的文件操作是制作演示文稿最基本的操作，包括打开演示文稿、保存演示文稿和关闭演示文稿。

2.3.1　打开演示文稿

打开一个演示文稿的常用步骤如下：

（1）单击"文件"菜单选项卡中的"打开"命令，或按快捷键Ctrl+O，切换到如图2-18所示的任务窗格。

图 2-18　"打开"任务窗格

（2）在位置列表中单击文件所在的位置，弹出如图 2-19 所示的"打开"对话框。

（3）浏览到文件所在路径，单击文件名称，然后单击"打开"按钮，即可打开指定的文件。

提示: 单击"打开"按钮右侧的下拉箭头，可以选择打开文件的方式，如图 2-20 所示。

其中，"打开并修复"命令可以帮助用户对损坏的文档进行检测，并尝试修复检测到的任何故障。如果无法修复，还可以选择提取其中的内容。

图 2-19 "打开"对话框

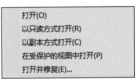

图 2-20 打开方式

一次打开多个演示文稿

在"打开"对话框中单击一个文件名，按住 Ctrl 键后单击要打开的其他文件。如果要选择相邻的多个文件，可以按住 Shift 键后单击最后一个文件。

2.3.2 关闭文件

如果不再需要某个打开的文件，应将其关闭，这样既可节约一部分内存，也可以防止数据丢失。关闭文件常用的方法有以下两种。

❖ 单击"文件"菜单选项卡中的"关闭"命令。

❖ 按快捷键 Ctrl+F4。

2.3.3 保存文件

在处理文件时，应时常保存文件。PowerPoint 提供了 3 种保存文件的常用方法。

❖ 单击快速访问工具栏上的"保存"按钮。

❖ 按快捷键 Ctrl+S。

❖ 单击"文件"菜单选项卡中的"保存"命令。

在保存文件时，如果文件已经保存过，PowerPoint 将用新的文件内容覆盖原有的内容；如果新建的文件还未命名，则弹出如图 2-21 所示的"另存为"任务窗格，选择要保存的位置后，系统弹出"另存为"

对话框，继续指定文件的保存路径和名称完成保存。

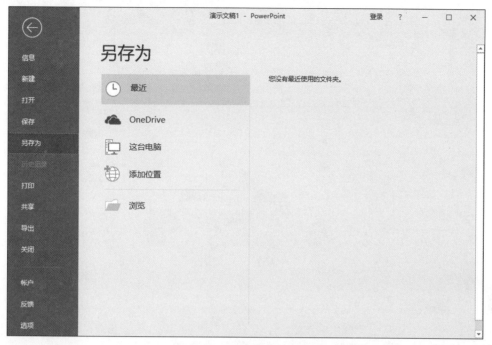

图 2-21 "另存为"任务窗格

 注意　　对于重要的文件，在保存时可以将原版本保存为备份文件，或者在保存时设置文件打开权限密码。相关操作参见 13.1.1 节的介绍。

2.4　查看演示文稿

在 PowerPoint 2019 中，可以使用多种方式查看演示文稿。

单击"视图"菜单选项卡，在"演示文稿视图"区域可以看到 5 种查看演示文稿的视图方式，如图 2-22 所示。

图 2-22　演示文稿视图

2.4.1　普通视图

单击"视图"菜单选项卡中的"普通"命令按钮，或直接单击状态栏上的"普通视图"按钮回，进入演示文稿的普通视图。

"普通"视图是打开演示文稿的默认视图，主要用于设计幻灯片的总体结构，以及编辑单张幻灯片的内容，如图 2-23 所示。

左侧窗格显示当前演示文稿中所有幻灯片的缩略图，便于查看演示文稿的整体结构和效果。在此还可以便捷地执行一些常用操作，例如调整幻灯片的位置、复制或删除指定的幻灯片等。

右侧窗格显示当前选中的幻灯片（即左侧窗格中橙色边框包围的缩略图），在此可以很直观地编辑幻灯片内容。

拖动左、右窗格之间的分隔条，可调整窗格宽度。

图 2-23 "普通"视图

2.4.2 大纲视图

单击"视图"菜单选项卡中的"大纲视图"命令按钮，即可进入大纲视图。

大纲视图与普通视图相似，不同的是左侧窗格以大纲形式显示幻灯片的标题文本，而不是缩略图，如图 2-24 所示。使用大纲视图，可以轻松地把握整个演示文稿的设计思路，抓住要领。

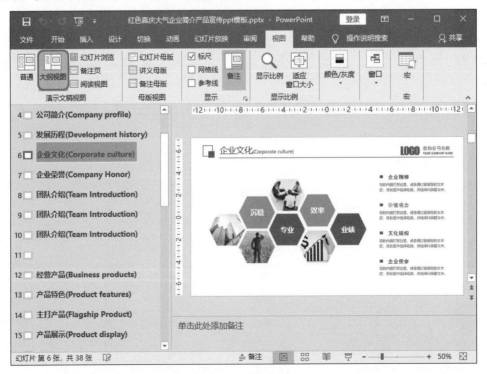

图 2-24 大纲视图

在左侧窗格中除了可以查看各张幻灯片的标题文本，还能直接编辑大纲内容，右上窗格将同步显示所做的更改。

右上窗格显示当前选中的幻灯片，在此可以很直观地编辑幻灯片内容。

右下窗格用于显示或编辑当前幻灯片的备注内容。拖动分隔线，可以调整窗格高度。

2.4.3 幻灯片浏览视图

单击"视图"菜单选项卡中的"幻灯片浏览"命令按钮，或直接单击状态栏中的"幻灯片浏览"按钮，即可进入幻灯片浏览视图。

幻灯片浏览视图以缩略图形式显示当前演示文稿中的所有幻灯片，以方便用户查看所有幻灯片的外观、顺序和计时，如图2-25所示。

图2-25 幻灯片浏览视图

在这种模式下，用户可以很方便地拖动幻灯片调整顺序，使用右键菜单添加、删除或复制幻灯片，以及设置切换效果等，但不能编辑幻灯片的内容。

2.4.4 备注页视图

单击"视图"菜单选项卡中的"备注页"命令按钮，即可切换到备注页视图。

备注页视图主要用于添加、编辑幻灯片的备注内容，如图2-26所示。

备注页上方显示幻灯片缩略图，下方的占位符用于编辑备注内容。选中备注文本，在弹出的格式工具栏中可以便捷地格式化文本。

2.4.5 阅读视图

单击"视图"菜单选项卡中的"阅读视图"命令按钮，或直接单击状态栏上的"阅读视图"按钮，即可进入幻灯片阅读视图。

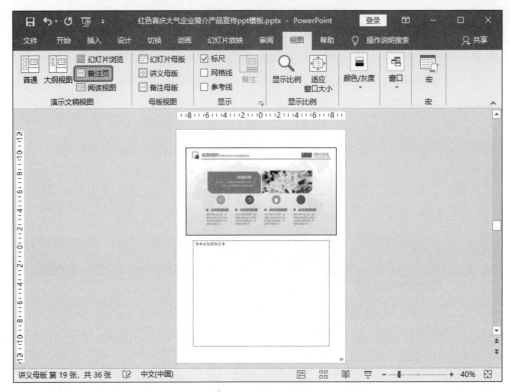

图 2-26　备注页视图

阅读视图是观众自行浏览模式的放映视图，在一个窗口中放映演示文稿的动画效果和切换效果，如图 2-27 所示。通常用于查看或预览演示文稿的演示效果。

图 2-27　阅读视图

单击鼠标可以切换幻灯片或播放下一个动画效果；可以使用右键快捷菜单定位、复制、编辑幻灯片，或结束放映。

答 疑 解 惑

1. PowerPoint 2019 默认的主题是彩色的，可以更改 PowerPoint 2019 的主题吗？

答：可以更改。

（1）单击"文件"菜单选项卡中的"选项"命令，打开"PowerPoint 选项"对话框。

（2）在"Office 主题"下拉列表框中可以选择其他主题，例如深灰色、黑色或白色。

2. 由于系统故障或突然断电，制作的演示文稿没有保存，怎样恢复最近的演示文稿？

答：PowerPoint 2019 具有自动恢复未保存的演示文稿功能，默认能恢复 10 分钟之前的幻灯片。

（1）单击"文件"菜单选项卡中的"选项"命令，打开"PowerPoint 选项"对话框。

（2）在分类列表中单击"保存"分类，在右侧的"自动恢复文件位置"文本框中可以查看恢复文件自动保存的位置。

（3）复制自动保存的路径，然后返回到 PowerPoint 应用程序界面。

（4）执行"文件"菜单选项卡中的"打开"命令，在"打开"窗格中选择"这台计算机"或"浏览"命令，然后在"打开"对话框顶部的地址栏中粘贴复制的路径，并按 Enter 键。

（5）在定位到的文件保存位置打开文件，即可恢复指定的文件。

3. 在 PowerPoint 2019 中精心制作的演示文稿分发给同事后，却因对方计算机上的 Office 版本太低不能正常播放，如何解决？

答：考虑到目前使用 Office 97-2003 的用户不在少数，在保存分发演示文稿时，可以保存为较低版本，以方便其他用户观看。

（1）单击"文件"菜单选项卡中的"另存为"命令，在"另存为"任务窗格中选择保存位置，弹出"另存为"对话框。

（2）在"保存类型"下拉列表框中选择"PowerPoint 97-2003 演示文稿（*.ppt）"，输入文件名后，单击"保存"按钮。

读者需要注意的是，将演示文稿另存为较低的版本后，2019 版本中的一些动画效果和嵌入的音频或视频文件可能不能正常播放。

学习效果自测

一、选择题

1. 演示文稿的基本组成单元是（　　　）。

    A. 文本　　　　　　　　B. 图形　　　　　　　　C. 超链点　　　　　　　　D. 幻灯片

2. 在 PowerPoint 2019 的（　　　）下，可以用拖动方法改变幻灯片的顺序。

    A. 阅读视图　　　　　　B. 备注页视图　　　　　C. 幻灯片浏览视图　　　D. 幻灯片放映

3. 在 PowerPoint 2019 中，可以对幻灯片进行移动、删除、添加、复制和设置动画效果，但不能编辑幻灯片中具体内容的视图是（　　　）。

    A. 大纲视图　　　　　　B. 幻灯片浏览视图　　　C. 普通视图　　　　　　D. 以上三项均不能

4. PowerPoint 2019 状态栏上有（　　　）视图切换按钮。

    A. 3 个　　　　　　　　B. 4 个　　　　　　　　C. 5 个　　　　　　　　D. 6 个

5. 在 PowerPoint 2019 中，当前处理的演示文稿文件名称显示在（　　　）。

    A. 工具栏　　　　　　　B. 菜单栏　　　　　　　C. 标题栏　　　　　　　D. 状态栏

6. 执行（　　），可以对保存在磁盘中的 PowerPoint 文件进行编辑。

A. "文件"菜单选项卡中的"新建"命令

B. "文件"菜单选项卡中的"打开"命令

C. "开始"菜单选项卡中的"查找"命令

D. "文件"菜单选项卡中的"新建幻灯片"命令

7. 在 PowerPoint 2019 中打开文件，下面的说法中正确的是（　　）。

A. 启动一次 PowerPoint，只能打开一个文件

B. 最多能打开三个文件

C. 能打开多个文件，但不能同时打开

D. 能同时打开多个文件

8. 在保存演示文稿时，出现"另存为"对话框，说明（　　）。

A. 该文件保存时不能用该文件原来的文件名

B. 该文件不能保存

C. 该文件未保存过

D. 该文件已经保存过

9. 新建一个演示文稿后需要保存，PowerPoint 2019 默认的保存类型为（　　）。

A. 演示文稿　　　　　　　　　　　　　　B. Windows 图元文件

C. PowerPoint 放映　　　　　　　　　　　D. 演示文稿设计模板

10. 关于幻灯片的视图方式的切换，下列叙述中正确的是（　　）。

A. 在"视图"菜单选项卡中可以完成全部视图的切换

B. 利用 PowerPoint 编辑窗口右下角的视图切换按钮只可以完成部分视图的切换

C. 利用"视图"菜单选项卡只可以完成部分视图的切换

D. 利用 PowerPoint 编辑窗口右下角的视图切换按钮可以完成全部视图的切换

11. 关于 PowerPoint 备注页视图，下列叙述中正确的是（　　）。

A. 在"视图"菜单选项卡中选择"备注页"命令，可切换到备注页视图方式

B. 备注信息是供讲演者在讲演时提示用的，因此在播放时以小字号显示

C. 单击 PowerPoint 编辑窗口右下角的"备注页"视图按钮，可切换到备注页视图

D. 备注信息在播放时不显示

12. 在 PowerPoint 中，如果同时打开两个 PowerPoint 演示文稿，会出现（　　）情况。

A. 同时打开两个重叠的窗口

B. 打开第一个时，第二个将被关闭

C. 当打开一个时，第二个无法打开

D. 执行非法操作，PowerPoint 将被关闭

13. 在（　　）视图中，用户可以看到 PowerPoint 编辑窗口变成上下两部分，上部分是幻灯片，下部分是文本框，用于记录讲演时所需的一些提示重点。

A. 备注页　　　　　　B. 幻灯片浏览　　　　　C. 普通　　　　　　D. 大纲

二、填空题

1. PowerPoint 2019 的演示文稿具有 ＿＿＿＿＿＿、＿＿＿＿＿＿、＿＿＿＿＿＿、＿＿＿＿＿＿ 和＿＿＿＿＿＿等 5 种视图。

2. PowerPoint 2019 的工作界面由 ＿＿＿＿＿＿、＿＿＿＿＿＿、＿＿＿＿＿＿、＿＿＿＿＿＿ 和＿＿＿＿＿＿组成。

3. 普通视图的左侧窗格显示＿＿＿＿＿＿＿＿＿＿＿，右侧窗格显示＿＿＿＿＿＿＿＿＿＿＿。

4. 幻灯片浏览视图以＿＿＿＿＿＿＿＿＿＿＿形式显示当前演示文稿中的所有幻灯片。

5. PowerPoint 2019 系统默认的视图方式是＿＿＿＿＿＿＿＿＿＿。

三、操作题

1. 基于联机模板"徽章"新建一个演示文稿。
2. 在快速访问工具栏上添加"新建"和"打开"命令。
3. 自定义 PowerPoint 的编辑窗口，使菜单功能区仅显示菜单选项卡。
4. 使用不同的视图方式查看创建的演示文稿。

第 3 章

管理幻灯片

本章导读

　　一个完整的演示文稿通常包含丰富的版式和内容，与之对应的是一定数量的幻灯片。本章介绍在 PowerPoint 2019 中新建幻灯片、修改幻灯片版式、复制和移动幻灯片、删除幻灯片等常用的操作，以及使用节组织幻灯片，并快速浏览幻灯片的操作方法。

学习要点

- ❖ 新建幻灯片
- ❖ 修改幻灯片版式
- ❖ 复制和移动幻灯片
- ❖ 使用节组织幻灯片
- ❖ 浏览幻灯片

3.1 浏览幻灯片

查看一个演示文稿时，通常先浏览其中的各张幻灯片。掌握浏览幻灯片的常用方法后，用户可以快速了解演示文稿要表达的主题和结构，提高办公效率。

3.1.1 翻阅幻灯片

使用文档编辑窗口右侧的垂直滚动条可以快速浏览演示文稿中的幻灯片。该方法常用于在普通视图或大纲视图中定位到某一张幻灯片。

打开一个演示文稿，在窗口右侧按住滚动条，显示"幻灯片：14/31"，如图 3-1 所示。它表示当前演示文稿一共有 31 张幻灯片，当前是第 14 张。

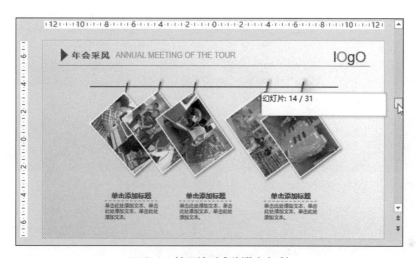

图 3-1　使用滚动条浏览幻灯片

按下鼠标左键拖动，可以按顺序切换幻灯片。

使用工作区垂直滚动条下方的"上一张幻灯片"按钮▲和"下一张幻灯片"按钮▼，也可以定位幻灯片，如图 3-2 所示；键盘上的 PgUp 键和 PgDn 键具有同样的功能。

图 3-2　垂直滚动条上的导航按钮

此外，按键盘上的 Home 键或 End 键，可以切换到第一张或者最后一张幻灯片。

3.1.2 选择幻灯片

选中要编辑的幻灯片，是编辑演示文稿的第一步。在普通视图、大纲视图和幻灯片浏览视图中都可以很方便地选择幻灯片。

切换到普通视图，在左侧窗格中单击幻灯片缩略图，即可选中指定的幻灯片。左侧窗格中选中的幻灯片缩略图显示有橙色边框，右侧窗格中显示当前幻灯片，可编辑幻灯片的内容，如图 3-3 所示。

图 3-3　在普通视图中选中幻灯片

> **提示：** 如果要选中多张幻灯片，可以先选中一张幻灯片，然后按住键盘上的 Shift 键，单击另一张幻灯片，可以选中两张幻灯片之间（包含这两张）的所有幻灯片。如果按住 Ctrl 键选择，则可选中不连续的多张幻灯片。

在大纲视图中，单击左侧窗格中幻灯片编号右侧的图标，可选中对应的幻灯片，如图 3-4 所示。在右侧窗格中可以编辑幻灯片内容。

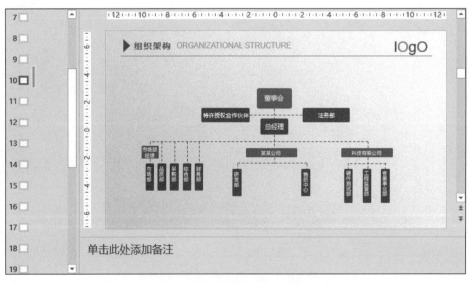

图 3-4　在大纲视图中选择幻灯片

切换到幻灯片浏览视图，单击幻灯片缩略图，也可选中幻灯片，如图 3-5 所示。但不能编辑幻灯片的内容。

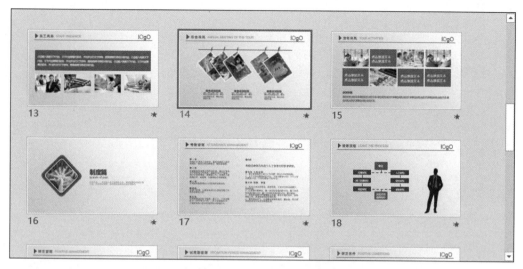

图 3-5　在幻灯片浏览视图中选中幻灯片

3.2　幻灯片的基本操作

演示文稿由幻灯片组成,创建演示文稿以后,就可以对幻灯片进行插入、移动、复制、删除等基本操作,也可以在两个演示文稿之间移动和复制幻灯片。

3.2.1　新建幻灯片

新建的空白演示文稿默认只有一张幻灯片,而要演示的要点通常不可能在一张幻灯片上完全展示,这就需要在演示文稿中添加幻灯片。通常在普通视图或大纲视图中新建幻灯片。

（1）切换到普通视图,在左侧窗格中的幻灯片缩略图上右击,弹出快捷菜单,如图3-6所示。

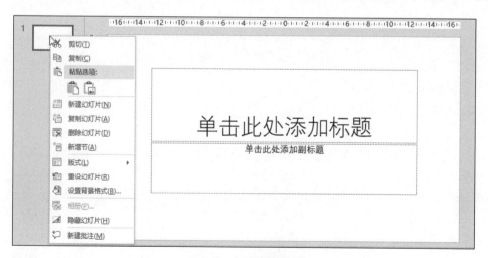

图 3-6　右键快捷菜单

（2）在右键快捷菜单中选择"新建幻灯片"命令,则在选中幻灯片的下方新建一张幻灯片,如图3-7所示。

（3）切换到大纲视图,在左侧窗格中的幻灯片缩略图上右击,然后在弹出的快捷菜单中选择"新建幻灯片"命令,如图3-8所示。利用此操作也可新建一张幻灯片。

图 3-7　在普通视图中新建幻灯片

图 3-8　在大纲视图中新建幻灯片

　　如果要在两张幻灯片之间添加一张幻灯片，可执行以下操作。

　　（1）在普通视图或大纲视图的左侧窗格中，单击要插入新幻灯片的位置。例如，要在第一张和第二张幻灯片之间插入，则单击两张幻灯片缩略图之间的空白位置，此时，单击的位置出现一条横线，标记要插入的位置，如图 3-9 所示。

　　（2）在此横线上右击，在弹出的快捷菜单中选择"新建幻灯片"命令，即可插入一张幻灯片，且幻灯片重新编号，如图 3-10 所示。

　　新建的幻灯片默认与上一张幻灯片（非标题幻灯片）具有相同的版式。

　　此外，使用菜单命令也可以新建幻灯片，而且在新建时还能指定幻灯片的版式。

　　（1）选择插入点后，单击"开始"菜单选项卡"幻灯片"组中的"新建幻灯片"下拉按钮，弹出版式下拉列表框，如图 3-11 所示。

图 3-9　定位要插入的位置

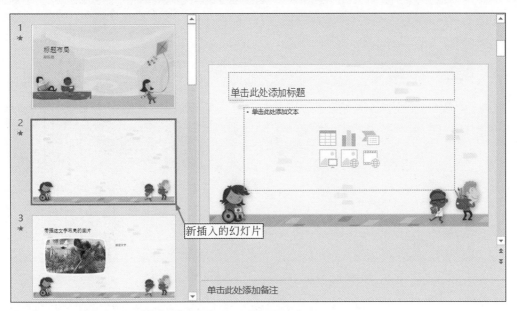

图 3-10　插入的幻灯片

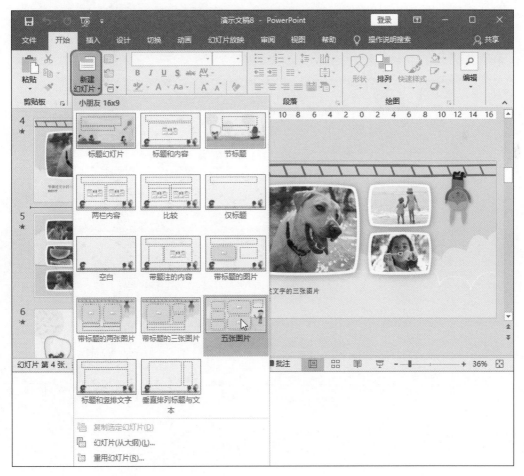

图 3-11　幻灯片的版式列表

（2）单击需要的版式，例如"五张图片"，即可新建一张指定版式的幻灯片，如图 3-12 所示。

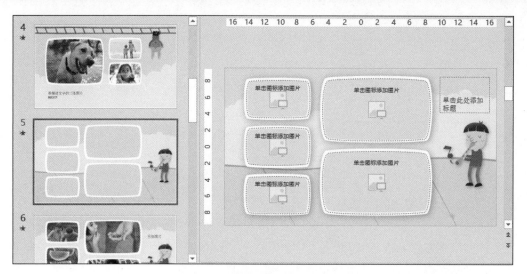

图 3-12　插入指定版式的幻灯片

3.2.2　修改幻灯片版式

新建幻灯片之后，用户还可以根据内容编排的样式修改幻灯片版式。

（1）选中要修改版式的幻灯片，单击"开始"菜单选项卡"幻灯片"区域的"版式"按钮，打开"版式"下拉列表框，如图 3-13 所示。

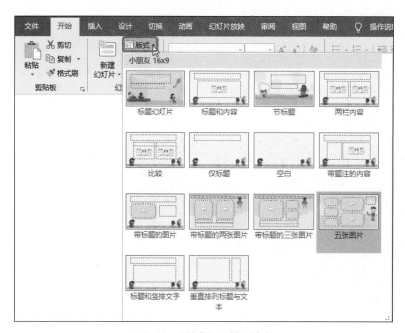

图 3-13　"版式"下拉列表框

（2）单击需要的版式。

使用大纲插入幻灯片

如果已使用 Word 或记事本编排了演示大纲，则使用 PowerPoint 2019 可轻松地将大纲转换为幻灯片插入演示文稿。

（1）选中要插入幻灯片的位置，在"开始"菜单选项卡中单击"新建幻灯片"下拉按钮，在下拉菜单中选择"幻灯片（从大纲）"命令，如图3-14所示。

图3-14　选择命令

（2）在弹出的"插入大纲"对话框中浏览并选取大纲文件，如图3-15所示。

图3-15　"插入大纲"对话框

大纲文件可以是Word文档、文本文件和RTF等多种格式的文档。

（3）单击"插入"按钮，即可在当前选中的幻灯片下方插入多张幻灯片，并在幻灯片中填充大纲内容。插入幻灯片之后的大纲视图如图3-16所示。

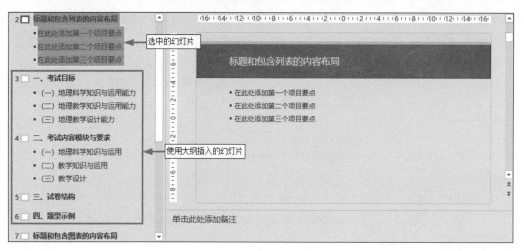

图 3-16　大纲视图

 提示：　如果插入的大纲文件的层次多于 5 层，则 PowerPoint 2019 自动将第五层以上的内容转变成第五层的内容。

3.2.3　复制幻灯片

如果演示文稿中有版式或内容相同的多张幻灯片，制作幻灯片副本可以提高工作效率。

（1）选择要复制的一张或多张幻灯片。

（2）右击选中的幻灯片，在弹出的快捷菜单中选择"复制幻灯片"命令，即可在选中的幻灯片下方生成幻灯片副本，如图 3-17 中"幻灯片 4"即为复制"幻灯片 3"生成的副本。

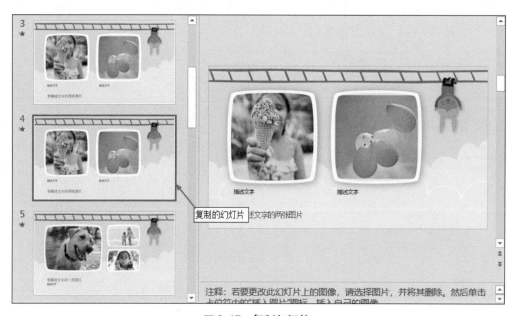

图 3-17　复制幻灯片

提示：　选择要复制的一张或多张幻灯片后，单击"插入"菜单选项卡中的"新建幻灯片"命令，在弹出的下拉菜单中选择"复制选定幻灯片"命令，或者利用快捷键 Ctrl+D，可在选定的幻灯片之后直接插入副本。

　　如果要在其他位置使用幻灯片副本，则在此位置右击，在弹出的快捷菜单中选择"复制"命令，然后单击要使用副本的位置，在右键快捷菜单中的"粘贴选项"中选择"保留源格式"命令，如图 3-18 所示。

图 3-18　选择粘贴选项

在不同演示文稿之间复制幻灯片

（1）打开要操作的所有演示文稿。

（2）单击"视图"菜单选项卡"窗口"组中的"全部重排"命令，所有演示文稿并排堆叠展示，如图 3-19 所示。

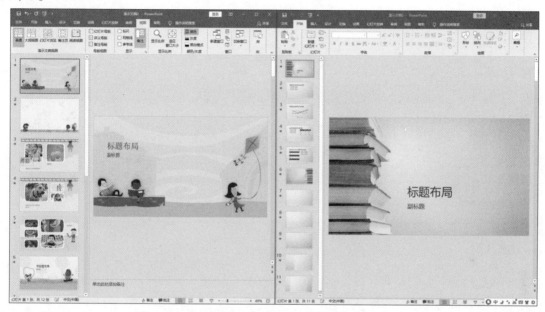

图 3-19　全部重排打开的演示文稿

（3）选中要复制的一张或者多张幻灯片，用鼠标拖动至目标演示文档，即可复制幻灯片。副本自动套用当前演示文稿的主题，下方显示粘贴选项，如图 3-20 所示。

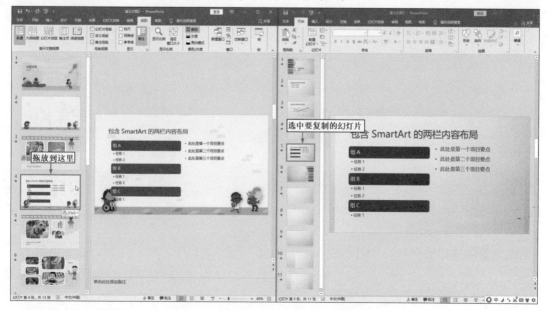

图 3-20　在不同演示文稿中复制幻灯片

　　粘贴选项默认为"使用目标主题"，因此幻灯片副本默认与源幻灯片的版式一样，但配色和背景等主题保留目标幻灯片的格式。如果选择"保留源格式"选项，则副本的版式和主题与源幻灯片相同，如图 3-21 所示。

图 3-21　保留源格式的副本

3.2.4　移动幻灯片

　　如果不干预幻灯片的播放流程，默认情况下，幻灯片将从第一张顺序播放到最后一张。如果要调整幻灯片的播放顺序，就要移动幻灯片。

　　（1）选中要移动位置的幻灯片。

　　（2）使用鼠标将选中的幻灯片拖动到目的位置（图 3-22），释放鼠标，即可移动幻灯片到指定位置，且幻灯片序号重新编号，如图 3-23 所示。

图 3-22　移动到目的位置

图 3-23 幻灯片重新编号

如果在拖动的同时按住键盘上的 Ctrl 键，可复制幻灯片到指定位置。

3.2.5　删除幻灯片

不再需要的幻灯片应及时删除，以免影响展示效果。

删除方法为：选中要删除的幻灯片，直接按键盘上的 Delete 键；或右击此幻灯片，在弹出的快捷菜单中选择"删除幻灯片"命令，如图 3-24 所示。

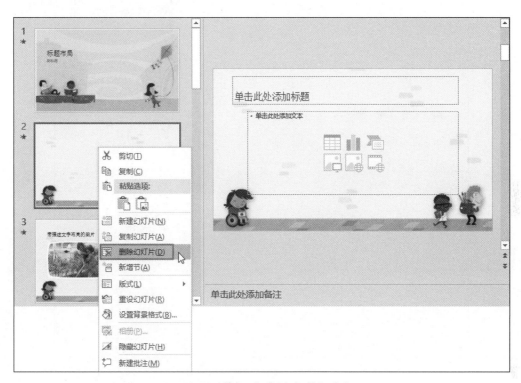

图 3-24　选择"删除幻灯片"命令

删除幻灯片后，其他幻灯片的编号将自动重新排序。

3.3　使用节组织幻灯片

如果一个演示文稿中有很多幻灯片，且没有对其进行很好的管理，则在演示过程中常会使人有"不知身在何处"的感觉，严重影响演示的质量。在 PowerPoint 2019 中，可以使用节组织幻灯片，以简化其管理和导航。

"节"相当于一个小标题，一个小节包含一张或数张幻灯片，这样可直观地管理幻灯片。此外，通过对幻灯片进行标记并将其分为多个节，可以很方便地与他人协作创建演示文稿。

3.3.1　添加节

"节"的作用类似于文件夹，可以像使用文件夹组织文件一样，把幻灯片整理成组并命名，从而节省编辑和维护的时间。如果从空白文稿开始添加节，不可以使用节列示演示文稿大纲。

（1）打开一个已创建的演示文稿，并切换到幻灯片浏览视图，如图 3-25 所示。

在普通视图中也可以添加节，但如果用户希望按自定义的类别对幻灯片进行组织和分类，则使用幻灯片浏览视图更方便。

（2）在要进行分节的位置右击，在弹出的快捷菜单中选择"新增节"命令，打开"重命名节"对话框，且插入点右侧的幻灯片或选中的幻灯片自动右移，如图 3-26 所示。

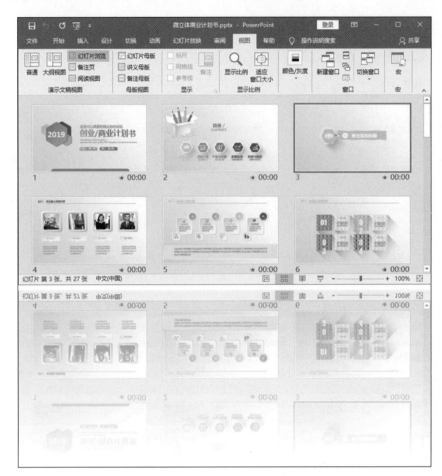

图 3-25　幻灯片浏览视图

图 3-26　"重命名节"对话框

（3）输入节名称（例如"公司与团队"），然后单击"重命名"按钮，即可自动将插入点前后的内容分为两节。插入点之前的节为"默认节"，插入点之后的节以指定的名称命名，如图 3-27 所示。

如果要修改节名称，可在节名称上右击，在弹出的快捷菜单中选择"重命名节"命令，打开"重命名"对话框进行修改。

（4）按照与第（2）步和第（3）步相同的方法，可以增加多个节对幻灯片进行管理，如图 3-28所示。

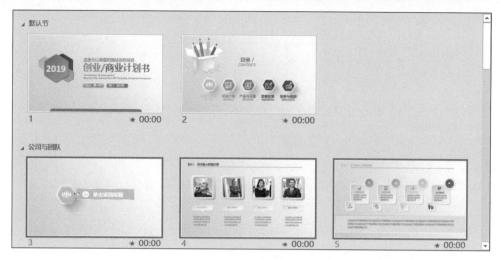

图 3-27　重命名节

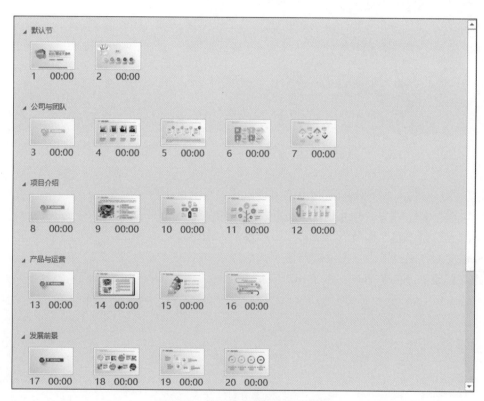

图 3-28　使用多个节对幻灯片分组

3.3.2　折叠 / 展开幻灯片

使用节对幻灯片进行分组后，为便于查看整个演示文稿的主体结构，可以折叠节内容。

（1）单击要折叠的节名称左侧的黑色小三角，即可折叠节内容。此时，节名称左侧的图标变为空心小三角，节名称右侧显示折叠的幻灯片张数，如图 3-29 所示。

如果要折叠当前演示文稿中的所有节，可以在任意一个节名称上右击，在弹出的快捷菜单中选择"全部折叠"命令，效果如图 3-30 所示。

（2）单击节名称左侧的空心小三角，即可展开对应节中的幻灯片。

如果要展开当前演示文稿中的所有节，可以在任意一个节名称上右击，在弹出的快捷菜单中选择"全部展开"命令。

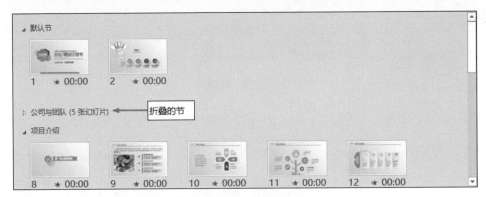

图 3-29　折叠节

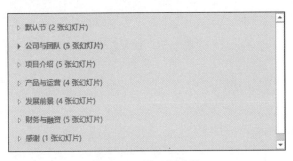

图 3-30　折叠所有节

3.3.3　移动节

使用节组织幻灯片后，用户还可随时根据演讲需要调整演讲主题的顺序。

（1）在需要调整顺序的节名称上右击，打开快捷菜单，如图 3-31 所示。

（2）根据需要选择"向上移动节"或"向下移动节"命令。

使用鼠标拖动的方法也可以很便捷地调整节的顺序。

（1）在需要调整顺序的节名称上按下鼠标左键并拖动，演示文稿中的所有节将自动折叠，如图 3-32 所示。

图 3-31　右键快捷菜单

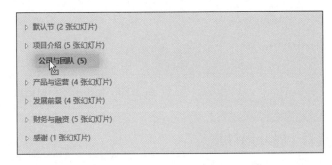

图 3-32　使用鼠标拖动调整节位置

（2）拖动到目的位置后，释放鼠标，即可移动节到指定位置。

3.3.4　删除节和幻灯片

在 PowerPoint 2019 中可以仅删除节，也可以在删除节的同时删除其中包含的所有幻灯片。

（1）在要删除的节名称上右击，打开如图 3-31 所示的快捷菜单。

（2）根据需要选择相应的命令。

❖ **删除节**：仅删除指定的节标记，该节中的幻灯片自动合并到上一节中，如图 3-33 所示。

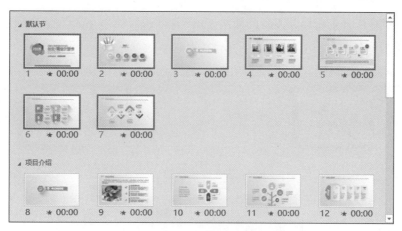

图 3-33　删除节"公司与团队"后的效果

❖ **删除节和幻灯片**：同时删除指定的节，以及节中的所有幻灯片，如图 3-34 所示。

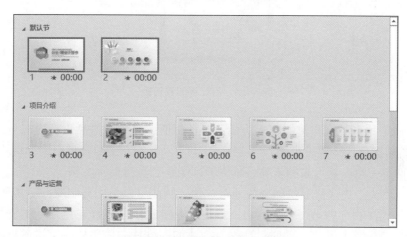

图 3-34　删除节和幻灯片的效果

❖ **删除所有节**：删除当前演示文稿中的所有节标记。

3.4　实例精讲——述职报告

述职报告是任职者陈述自己任职情况，评议自己任职能力，接受上级领导考核和群众监督的一种应用文，具有汇报性和总结性的特点。使用演示文稿能更生动、形象地表述报告内容。

　　本节练习制作一个简单的述职报告演示文稿，通过对操作步骤的详细讲解，可以使读者进一步掌握复制和移动幻灯片、修改幻灯片版式、通过添加节管理幻灯片等知识点，以及相关的操作方法。

3-1　实例精讲——述职报告

　　首先打开一个已完成基本布局和内容的演示文稿，分别通过 3 种方式复制和移动过渡页，然后修改内容页的版式，最后添加节对幻灯片进行分组，并通过节标记快速定位并浏览指定的幻灯片内容。

操作步骤

（1）打开已创建幻灯片基本布局和内容的演示文稿"述职报告初始 .pptx"，切换到"幻灯片浏览"视图，可以查看演示文稿的所有幻灯片，如图 3-35 所示。

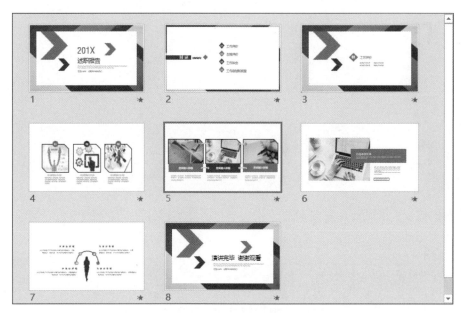

图 3-35　幻灯片浏览视图

本例打开的文档是一个结构完整的演示文稿，包含封面、目录、过渡页、内容页和封底。从目录页可以看出，该演示文稿包含 4 个演讲主题，但只有一个过渡页。此外，内容页采用了默认的"空白"版式，页面风格与其他页面不一致。接下来的步骤将解决上述问题，完善演示文稿。

首先制作其他过渡页。由于过渡页的风格通常一致，因此可以采用复制的方法实现。

（2）单击幻灯片编号为 3 的第一个过渡页，按住 Ctrl 键，按下鼠标左键拖动幻灯片至编号为 4 的幻灯片右侧，然后释放鼠标和 Ctrl 键。此时，在编号为 4 的幻灯片右侧生成一个过渡页副本，且之后的幻灯片自动重新编号，如图 3-36 所示。

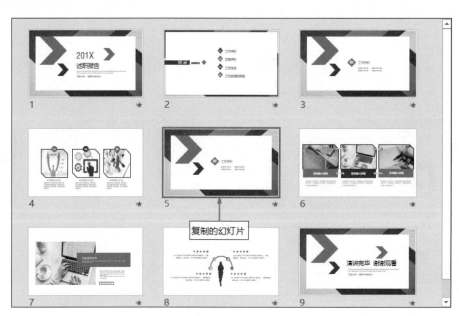

图 3-36　复制过渡页

由于在幻灯片浏览视图中不能编辑幻灯片中的页面对象，因此要切换到普通视图或大纲视图进行修改。

（3）单击"视图"菜单选项卡中的"普通"按钮，切换到普通视图。在左侧窗格中选中编号为 5 的幻灯片缩略图，然后在右侧窗格中修改文本框中的文本内容，如图 3-37 所示。

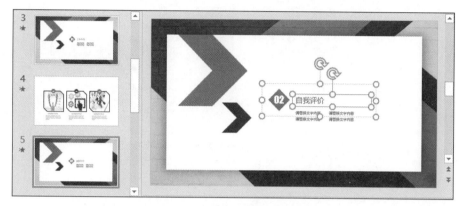

图 3-37 修改过渡页的文本内容

（4）在左侧窗格中选中编号为 5 的幻灯片缩略图后右击，在弹出的快捷菜单中选择"复制幻灯片"命令，将在下方生成一个幻灯片副本，并显示为当前幻灯片，如图 3-38 所示。

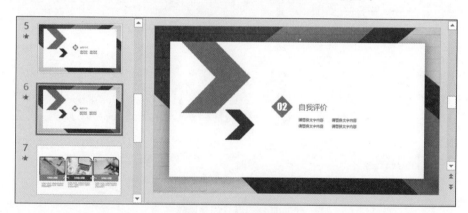

图 3-38 复制幻灯片

（5）在右侧窗格中修改幻灯片中的文本内容，然后在左侧窗格中将其拖放到编号为 7 的幻灯片下方，幻灯片编号将自动重排，如图 3-39 所示。

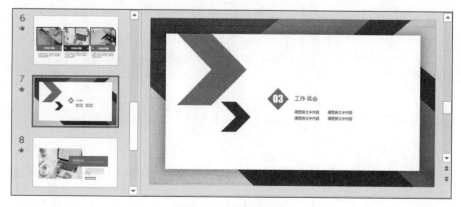

图 3-39 移动幻灯片

（6）在左侧窗格中选中编号为 7 的幻灯片后右击，在弹出的快捷菜单中选择"复制"命令。然后右击编号为 8 和 9 的幻灯片之间的空白区域,打开快捷菜单,在"粘贴选项"中选择"保留源格式"命令,如图 3-40 所示,即可在指定位置插入一个副本。

图 3-40   以"保留源格式"方式粘贴幻灯片

(7)修改粘贴的幻灯片中的文本内容。

至此,过渡页制作完成。接下来修改内容页的版式。

(8)选中要修改版式的幻灯片,例如编号为 4 的幻灯片,如图 3-41 所示。

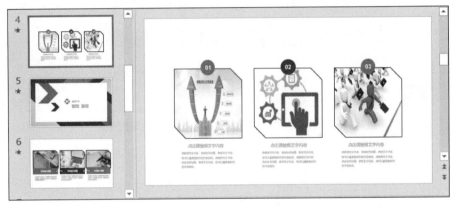

图 3-41   幻灯片的初始效果

(9)在"开始"菜单选项卡的"版式"下拉列表框中选择需要的版式,即可应用指定的版式,效果如图 3-42 所示。

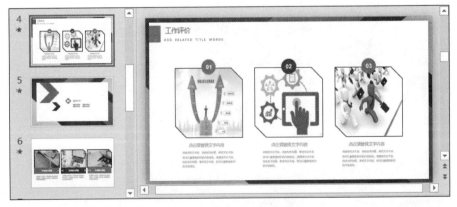

图 3-42   修改版式的效果

提示： 本例中选择的版式是已在母版中定义的相关的版式，并非 PowerPoint 2019 内置的版式。有关自定义版式的操作将在第 5 章进行讲解。

（10）使用与第（8）步和第（9）步相同的操作方法，修改其他内容页的版式，效果如图 3-43 所示。

图 3-43　修改版式的效果

尽管目前演示文稿的结构已很完整，但为了方便浏览和管理幻灯片，还可以添加节，对幻灯片进行分组。

（11）在左侧窗格中选中第 3 张幻灯片后右击，在弹出的快捷菜单中选择"新增节"命令。然后在弹出的"重命名节"对话框中输入节名称，如图 3-44 所示。

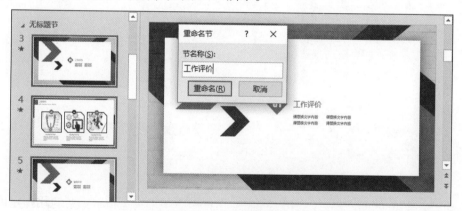

图 3-44　指定节名称

（12）单击"重命名"按钮，即可在指定幻灯片上方插入一个命名节标记；选定幻灯片之前的幻灯片则命名为"默认节"，如图 3-45 所示。

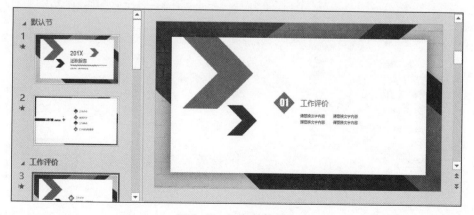

图 3-45　添加节的效果

（13）在第 4 张幻灯片和第 5 张幻灯片之间的区域右击，在弹出的快捷菜单中选择"新增节"命令。然后输入节名称，重命名节，效果如图 3-46 所示。

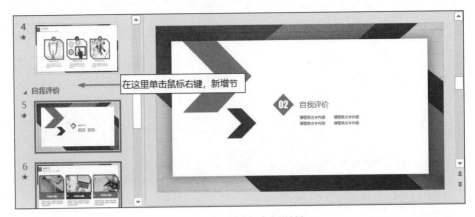

图 3-46 在插入点新增节

接下来修改默认节的名称。

（14）在左侧窗格的"默认节"标记上右击，在弹出的快捷菜单中选择"重命名节"命令，然后在"重命名节"对话框中输入节名称，如图 3-47 所示。单击"重命名"按钮，即可修改节名称。

图 3-47 重命名节

使用节管理幻灯片，可以快速定位到指定位置，由此很方便地查看指定主题的幻灯片。

（15）在普通视图的左侧窗格中单击节标记，即可自动定位到指定节，并选中该节中所有的幻灯片，如图 3-48 所示。

图 3-48 使用节标记浏览幻灯片

答 疑 解 惑

1. 新建的幻灯片中总是显示默认的占位符，如果要一个个地删除很烦琐，如何一次性去除幻灯片中的所有默认占位符？

答：选中幻灯片，在"开始"菜单选项卡的"版式"下拉列表框中选择"空白"命令。

2. 如果一个文件夹中的演示文稿很多，要打开某一个演示文稿却不记得文件名称。为此，能不能像预览图片一样，在资源管理器中查看演示文稿的预览图？

答：可以，步骤如下：

（1）单击"文件"菜单选项卡中的"信息"选项，打开"信息"任务窗格。

（2）单击右侧窗格中的"属性"下拉按钮，在弹出的下拉菜单中选择"高级属性"命令，如图 3-49 所示。

图 3-49 选择"高级属性"命令

（3）在打开的对话框底部选中"保存预览图片"复选框，如图 3-50 所示。然后单击"确定"按钮关闭对话框。

图 3-50 设置高级属性

（4）在文件所在的文件夹中，单击"查看"选项卡，在"布局"区域设置以图标显示文档，即可查看文件的预览图，通常为演示文稿的标题幻灯片。

3. PowerPoint 2019 默认的撤销步数为 20 步，怎样修改可撤销的操作步骤数？

答：（1）单击"文件"菜单选项卡中的"选项"命令，打开"PowerPoint 选项"对话框。

（2）切换到"高级"分类，在"编辑选项"区域的"最多可取消操作数"文本框中输入数字。

（3）设置完成后，单击"确定"按钮关闭对话框。

4. 演示文稿中包含多个部分的内容，怎样分节？

答：将演示文稿中的内容进行分节，可以使文档结构更清晰、有条理。

（1）切换到普通视图，在左侧窗格中要进行分节的位置右击。

（2）在弹出的快捷菜单中选择"新增节"命令，如图 3-51 所示，插入点即可显示节标志，并弹出如图 3-52 所示的"重命名节"对话框。

图 3-51　选择"新增节"命令

图 3-52　"重命名节"对话框

（3）输入节名称，单击"重命名"按钮关闭对话框。

5. 在制作演示文稿时，如果要用到其他演示文稿中的幻灯片，怎样快速将需要的幻灯片快速复制到当前演示文稿中？

答：使用重用幻灯片功能可以解决这个问题，方法如下：

（1）在普通视图或大纲视图的左侧窗格中，单击确定要复制幻灯片的插入点。

（2）单击"插入"菜单选项卡中的"新建幻灯片"命令，在弹出的下拉菜单中选择"重用幻灯片"命令，打开如图 3-53 所示的"重用幻灯片"面板。

（3）单击"浏览"按钮，选中要引用的幻灯片所在的演示文稿。此时，"重用幻灯片"面板中将显示指定演示文稿中所有幻灯片的缩略图，如图 3-54 所示。

图 3-53　"重用幻灯片"面板 1

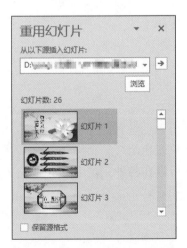

图 3-54　"重用幻灯片"面板 2

（4）单击需要的幻灯片，即可在当前演示文稿中插入选中的幻灯片，且默认套用当前演示文稿的主题和格式。如果选中"重用幻灯片"面板底部的"保留源格式"复选框，则插入的幻灯片将保留原有的主题和格式。

学习效果自测

一、选择题

1. 使用快捷键（　　　），可选中当前演示文稿中的所有幻灯片。

    A. Shift+A   B. Ctrl+A   C. F3   D. F4

2. 在幻灯片浏览视图中要选中连续的多张幻灯片，可先选中起始的一张幻灯片，然后按（　　　）键，再选中末尾的幻灯片。

    A. Ctrl   B. Enter   C. Alt   D. Shift

3. PowerPoint 中，下列有关选中幻灯片的说法错误的是（　　　）。

    A. 在浏览视图中单击幻灯片，即可选中

    B. 如果要选中多张不连续幻灯片，在浏览视图下按 Ctrl 键并单击各张幻灯片

    C. 如果要选中多张连续幻灯片，在浏览视图下，按 Shift 键单击最后要选中的幻灯片

    D. 在普通视图下可以选中多张幻灯片

4. 在 PowerPoint 2019 中，下列有关插入幻灯片的说法错误的是（　　　）。

    A. 选择"插入"菜单选项卡中的"新建幻灯片"命令，在下拉菜单中选择相应的版式

    B. 可以从其他演示文稿复制，粘贴在当前演示文稿中，从而插入新幻灯片

    C. 在幻灯片浏览视图下右击，从弹出的快捷菜单中选择"新建幻灯片"命令

    D. 在幻灯片浏览视图下单击要插入新幻灯片的位置，按 Enter 键

5. 幻灯片浏览视图下，按下 Ctrl 键拖动某张幻灯片，可以完成（　　　）操作。

    A. 移动幻灯片   B. 复制幻灯片   C. 删除幻灯片   D. 选中幻灯片

6. 演示文稿中的每张幻灯片都是基于某种（　　　）创建的，它预定义了幻灯片中各种占位符的布局情况。

    A. 视图   B. 版式   C. 母版   D. 模板

7. 重用幻灯片功能主要用于（　　　）。

    A. 从其他演示文稿中获取幻灯片   B. 从其他文本文件中获取幻灯片

    C. 从当前演示文稿中获取幻灯片   D. 从其他文档中获取幻灯片

8. 关于删除幻灯片，以下叙述正确的是（　　　）。

    A. 可以在各种视图中删除幻灯片，包括在幻灯片放映时

    B. 只能在幻灯片浏览视图和普通视图中删除幻灯片

    C. 可以在各种视图中删除幻灯片，但不能在幻灯片放映时删除

    D. 不能在备注页视图中删除幻灯片

9. 关于 PowerPoint 2019 的粘贴功能，下列说法错误的是（　　　）。

    A. 具有选择性粘贴功能   B. 不可以粘贴为图片

    C. 可以保留源格式   D. 可以将格式文本粘贴为无格式文本

10. PowerPoint 2019 中，使用快捷键（　　　）可快速复制一张同样的幻灯片。

    A. Ctrl+C   B. Ctrl+X   C. Ctrl+V   D. Ctrl+D

11. 在幻灯片浏览视图中，复制幻灯片，然后执行"粘贴"命令，其结果是（　　　）。

    A. 将复制的幻灯片粘贴到所有幻灯片的前面

    B. 将复制的幻灯片粘贴到所有幻灯片的后面

    C. 将复制的幻灯片粘贴到当前选中的幻灯片之后

    D. 将复制的幻灯片粘贴到当前选中的幻灯片之前

二、判断题

1. 在 PowerPoint 2019 的大纲窗格中，不可以插入幻灯片。（　　　）

2. 在幻灯片浏览视图中复制某张幻灯片，可在按下 Ctrl 键的同时用鼠标拖放幻灯片到目标位置。（　　　）

3. PowerPoint 2019 默认使用目标主题粘贴幻灯片，幻灯片副本的版式、配色和背景等都将保留目标幻灯片的格式。（　　　）

三、操作题

1. 新建一个演示文稿，分别使用菜单命令和右键菜单新建幻灯片。

2. 选中不连续的两张幻灯片，将幻灯片版式修改为"带题注的内容"。

3. 分别使用右键菜单和快捷键复制幻灯片。

4. 在普通视图中移动幻灯片。

第 4 章

使用主题格式化演示文稿

本章导读

　　主题是一组预定义的颜色、字体、背景和视觉效果（如阴影、反射、三维效果等）的设计方案，决定了幻灯片的主要外观，包括背景、预制的配色方案、背景图形等。使用主题可以在不改动幻灯片内容的前提下，集中地改变幻灯片的外观，调整演示文稿的风格。

学习要点

- ❖ 创建主题演示文稿
- ❖ 应用主题
- ❖ 自定义主题元素

4.1 认识 PowerPoint 主题

主题决定了幻灯片的主要版式、配色和背景。为演示文稿应用主题,对初学者来说是一个很好的开始,即使他们不会设计版式和配色,也能创建具有设计感的统一风格的演示文稿。

4.1.1 创建主题演示文稿

PowerPoint 2019 内置了一些主题,这些主题可以帮助用户(尤其是初学者)快速创建风格一致、外观精美的演示文稿。

(1)启动 PowerPoint 2019,在开始任务窗格或"新建"任务窗格中,可以看到内置的模板和主题,如图 4-1 所示。

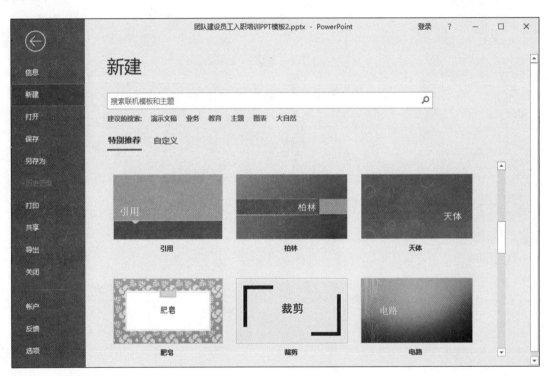

图 4-1 "新建"任务窗格

 提示:　　　PowerPoint 内置的主题也是一种模板,除了丰富的版式,它还定义了相应的主题字体和主题颜色。可以说,主题是更加细致化的模板。

(2)单击需要的主题,弹出主题创建对话框,如图 4-2 所示。

对话框左侧显示标题幻灯片的效果;右侧为主题变体的效果。读者需要注意的是,并非每一种主题都有相应的变体。

(3)单击"创建"按钮,即可基于选中的主题创建一个演示文稿,如图 4-3 所示。

此时,单击"开始"菜单选项卡中的"新建幻灯片"下拉按钮,在弹出的下拉列表框中可以看到该主题自带的版式,如图 4-4 所示。

从图 4-4 中可以看出,每个版式都定义好了背景样式和配色方案。新建一张幻灯片(例如"两栏内容"),可以看到,新建的幻灯片已定义了页面布局方式,并添加了提示文本,如图 4-5 所示。

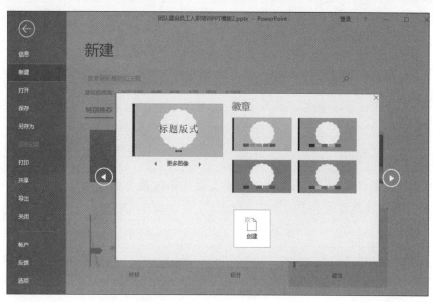

图 4-2 基于主题创建演示文稿

图 4-3 基于主题创建的演示文稿

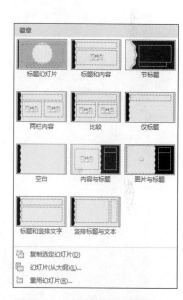

图 4-4 主题自带的版式列表

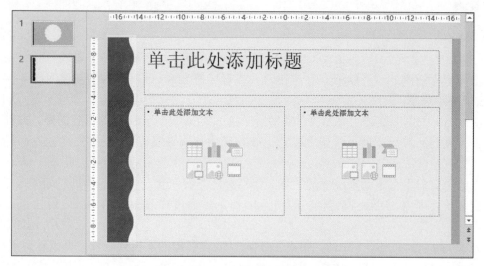

图 4-5 新建的幻灯片

用户只需在相应的位置输入文本，或插入图片，就能制作一张精美的幻灯片。文本将以主题指定的字号、字体、颜色显示，图片也套用指定的大小和样式。

上机练习——某项目概述

本节练习使用 PowerPoint 内置的主题制作一个简单的项目概述演示文稿，通过对操作步骤的详细讲解，可以使读者进一步掌握搜索联机主题和创建主题演示文稿的操作方法。

4-1　上机练习——某项目概述

首先在 PowerPoint 的开始任务窗格中输入搜索主题的关键词，然后在搜索结果中选择需要的主题，基于主题创建演示文稿。

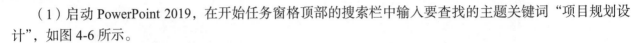

（1）启动 PowerPoint 2019，在开始任务窗格顶部的搜索栏中输入要查找的主题关键词"项目规划设计"，如图 4-6 所示。

图 4-6　输入搜索关键词

（2）单击搜索栏右侧的"开始搜索"按钮 🔍，或直接按 Enter 键，进入"新建"任务窗格，并显示搜索结果，如图 4-7 所示。

（3）在搜索结果中单击主题"业务项目规划概述演示文稿"，打开对应的下载面板，如图 4-8 所示。

（4）单击"创建"按钮，即可开始下载。下载完成后，编辑窗口中显示对应的演示文稿，如图 4-9 所示。

（5）单击编辑窗口垂直滚动条底部的"下一张幻灯片"按钮 ⯆，可浏览各张幻灯片。可以看到，各张幻灯片中已填充了基本的纲要和内容，如图 4-10 所示。通过修改相应的内容，可快速完成内容页的制作。

（6）单击"开始"菜单选项卡中的"版式"命令按钮，在弹出的下拉列表框中可以看到预定义的版式，用户可以根据演示内容修改幻灯片版式，如图 4-11 所示。

图 4-7　搜索结果列表

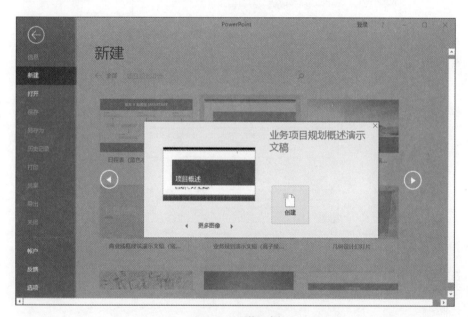

图 4-8　下载面板

图 4-9　新建的演示文稿

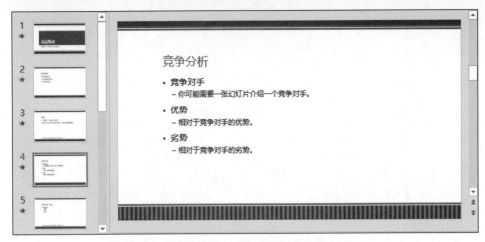

图 4-10　浏览幻灯片内容

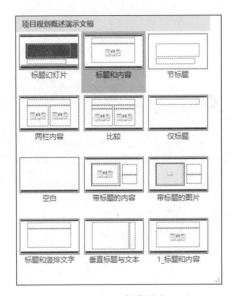

图 4-11　查看版式

（7）单击快速访问工具栏上的"保存"按钮，保存演示文稿。

4.1.2　应用主题

对于已创建的演示文稿，可以使用主题快速更改幻灯片的外观。

（1）打开一个创建的演示文稿，如图 4-12 所示。

图 4-12　应用主题之前的演示文稿

（2）切换到"设计"菜单选项卡，单击"主题"下拉列表框中的下拉按钮，打开如图 4-13 所示的内置主题列表。

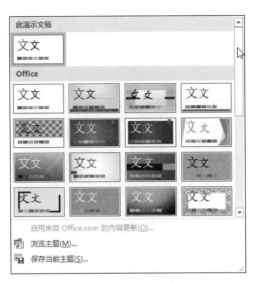

图 4-13　主题列表

（3）将鼠标指针移到主题上，在文档编辑窗口可以预览主题效果。单击需要的主题，即可应用主题。例如，应用"肥皂"主题的幻灯片效果如图 4-14 所示。

图 4-14　应用"肥皂"主题的幻灯片效果

应用的主题使用特定的字体、字号和配色方案。用户可以进一步设置主题的颜色、字体以及效果选项，从而使演示文稿更加个性化。

（4）在"设计"菜单选项卡的"变体"列表框中，可以选择当前主题的一种变体，如图 4-15 所示。

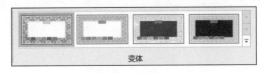

图 4-15　主题变体

（5）单击"变体"列表框右下角的"其他"下拉按钮，在弹出的下拉菜单中选择"颜色"命令，然后将鼠标指针移到级联菜单中的一种配色方案上，可以看到应用指定配色方案的效果，如图 4-16 所示。单击需要的配色方案，即可应用。

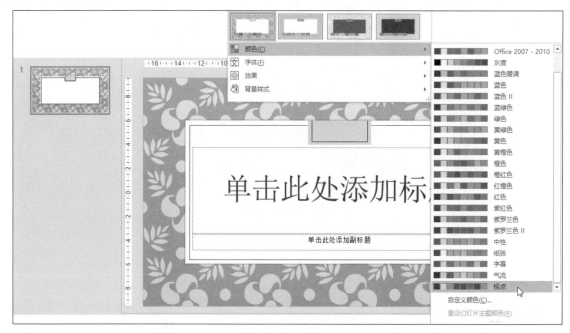

图 4-16　应用配色方案的效果

（6）单击"变体"列表框右下角的"其他"下拉按钮，在弹出的下拉菜单中选择"字体"命令，然后将鼠标指针移到级联菜单中的一种字体方案上，可以看到应用指定方案的效果，如图 4-17 所示。单击需要的字体方案，即可应用。

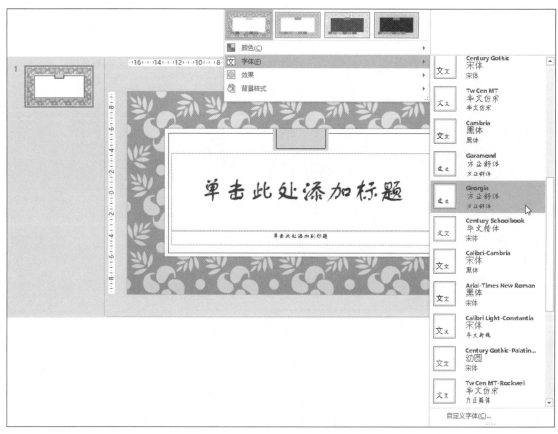

图 4-17　应用字体方案的效果

（7）采用同样的方法，可以设置演示文稿的效果和背景样式，如图4-18所示。单击需要的背景样式，即可应用。

图4-18　应用背景样式的效果

 注意　　主题效果包括阴影、映像、线条、填充等外观效果。在PowerPoint 2019中，可以将效果应用于演示文稿，但不能自定义主题效果。

4.2　自定义主题

使用主题，可以轻松赋予演示文稿统一、专业的外观。使用PowerPoint 2019预置的主题虽然方便，但难免千篇一律，毫无新意。一个简单的方法是在预置主题的基础上，自定义主题元素。

自定义主题元素之后，还可以保存自定义的主题，用于格式化其他演示文稿。

4.2.1　设置幻灯片大小

使用不同的放映设备展示幻灯片，对演示文稿的尺寸要求也会有所不同。在制作演示文稿之前，首先应根据放映设备确定幻灯片的大小，以免演示时达不到预期的效果。

（1）在"设计"菜单选项卡的"自定义"区域，单击"幻灯片大小"命令按钮，弹出下拉菜单，如图4-19所示。

（2）根据要演示的屏幕尺寸选择幻灯片的长宽比例。如果没有合适的尺寸，则单击"自定义幻灯片大小"命令，弹出"幻灯片大小"对话框，如图4-20所示。

图4-19　幻灯片大小下拉菜单

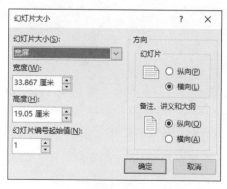

图4-20　"幻灯片大小"对话框

（3）在"幻灯片大小"下拉列表框中可以选择预设大小，如图 4-21 所示。还可以在"宽度"和"高度"文本框中自定义幻灯片大小。

（4）在"方向"区域设置幻灯片的方向，以及备注、讲义和大纲的排列方向。

（5）单击"确定"按钮关闭对话框。

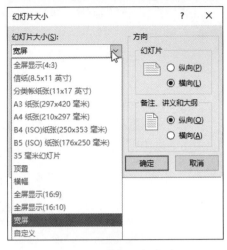

图 4-21　选择预设大小

4.2.2　主题颜色

主题颜色也称为配色方案，由背景、文本和线条、阴影、标题文本、填充、强调、强调文字和超链接、强调文字和已访问的超链接 8 个颜色设置组成。配色方案中的每种颜色会自动应用于幻灯片中对应的组件。

自定义主题颜色的方法如下：

（1）单击"设计"菜单选项卡"变体"列表框右下角的下拉按钮，在弹出的下拉菜单中选择"颜色"命令，打开主题颜色列表。

（2）在"配色方案"下拉列表框中单击"自定义颜色"命令，打开"新建主题颜色"对话框，如图 4-22 所示。

主题颜色包含 4 种文本和背景颜色、6 种强调文本颜色和两种超链接颜色。

（3）单击要更改颜色的元素右侧的颜色框，在弹出的颜色设置面板中选择颜色，如图 4-23 所示。

图 4-22　"新建主题颜色"对话框

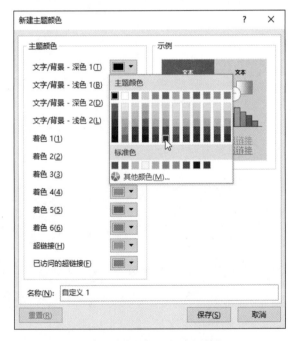

图 4-23　修改主题元素的颜色

> **提示：** 打开"新建主题颜色"对话框之后，按 Alt+ 主题标签右侧括号中的字母或数字，也可以打开对应的颜色设置面板。例如，按 Alt+T 键可以打开如图 4-23 所示的颜色设置面板；按 Alt+6 键可以打开"着色 6"的颜色设置面板。

（4）按照与第（3）步相同的方法，修改其他主题元素的颜色。

提示：　如果要将所有主题颜色元素恢复为各自原始的主题颜色，可单击"重置"按钮，然后再单击"保存"按钮。

（5）在"名称"文本框中输入自定义主题颜色的名称，然后单击"保存"按钮关闭对话框。

此时，打开"颜色"级联菜单，可以看到自定义的配色方案。

配色方案默认应用于当前演示文稿中的所有幻灯片，也可以仅应用于选定的幻灯片。

（6）选中要应用配色方案的幻灯片，在要应用的配色方案上右击，在弹出的快捷菜单中选择"应用于所选幻灯片"命令，如图 4-24 所示。

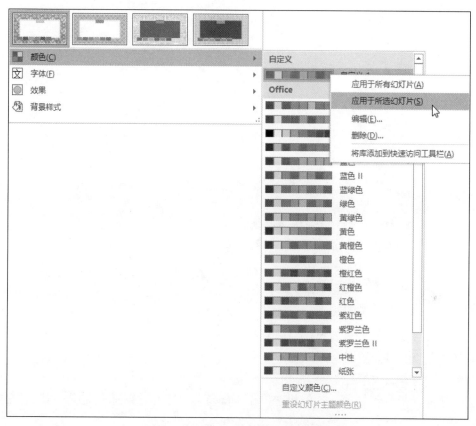

图 4-24　应用配色方案于所选幻灯片

如果要将当前配色方案应用于多张幻灯片，可按住 Ctrl 键单击幻灯片缩略图，选中多张幻灯片，然后选择"应用于所选幻灯片"命令。

如果要修改配色方案，则在如图 4-24 所示的快捷菜单中选择"编辑"命令，打开如图 4-25 所示的"编辑主题颜色"对话框进行修改。

如果要删除自定义的主题颜色，可在如图 4-24 所示的快捷菜单中选择"删除"命令，然后在弹出的提示对话框中单击"是"按钮。

4.2.3　主题字体

利用自定义主题字体命令可以定义演示文稿中所有标题和项目符号的文本字体。

（1）单击"设计"菜单选项卡"变体"列表框右下角的"其他"下拉按钮，在弹出的下拉菜单中选择"字体"命令。然后在弹出的级联菜单中选择"自定义字体"命令，打开"新建主题字体"对话框，如图 4-26 所示。

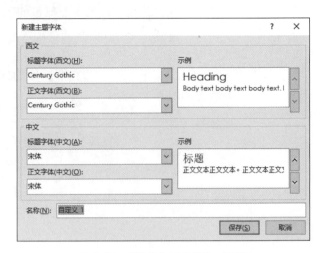

图 4-25　"编辑主题颜色"对话框　　　　　　图 4-26　"新建主题字体"对话框

（2）在"西文"和"中文"区域，分别设置标题字体和正文字体要使用的西文字体和中文字体。在右侧的"示例"列表框中可以预览字体的效果。

（3）在"名称"文本框中输入主题字体的名称。

（4）单击"保存"按钮关闭对话框。

此时，演示文稿中的所有幻灯片自动应用定义的主题字体。

4.2.4　背景样式

背景样式用于设置幻灯片背景颜色的显示样式。幻灯片背景样式包括纯色、渐变效果、纹理、图案和图片。在一张幻灯片上只能使用一种背景类型。

自定义背景样式的方法如下：

（1）单击要添加背景的幻灯片。如果要选择多张幻灯片，可单击某张幻灯片，然后按住 Ctrl 键，再单击其他幻灯片。

（2）单击"设计"菜单选项卡"变体"列表框右下角的"其他"下拉按钮，在弹出的下拉菜单中选择"背景样式"命令，弹出背景样式下拉列表框，如图 4-27 所示。

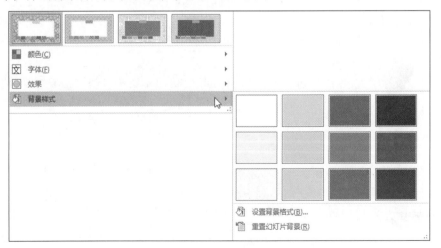

图 4-27　背景样式

背景样式列表框中显示的 4 种颜色是在主题颜色中设置的文本和背景颜色。

（3）单击一种背景样式，在演示文稿编辑区可以预览背景样式的应用效果。

如果背景样式列表中的主题背景不符合设计需要，还可以进一步自定义背景格式。

（4）在如图 4-27 所示的背景样式下拉菜单中选择"设置背景格式"命令，打开如图 4-28 所示的"设置背景格式"面板。

（5）在"填充"列表中选择一种背景填充方式。

❖ **纯色填充**：使用一种单一的颜色作为幻灯片背景颜色。

单击"颜色"右侧的"填充颜色"下拉按钮 打开颜色选择面板，然后单击所需的颜色，如图 4-29 所示。

图 4-28 "设置背景格式"面板

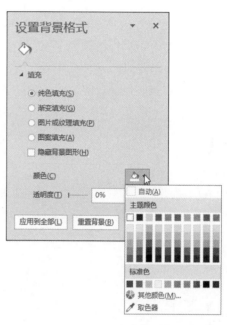

图 4-29 选择填充颜色

如果主题颜色中没有需要的颜色，可以选择"其他颜色"命令，在如图 4-30 所示的"颜色"对话框中选择常用的颜色，并设置透明度。或者选择"取色器"命令，在应用程序中单击，选取单击位置的颜色样本。

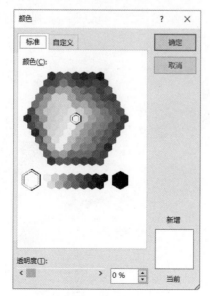

图 4-30 设置背景颜色

设置的背景样式默认应用于当前选中的幻灯片。如果在"设置背景格式"面板中单击"应用到全部"按钮，则可以应用于全部幻灯片和幻灯片母版；单击"重置背景"按钮，取消背景设置。

 注意 如果选中"隐藏背景图形"复选框,则当前选中的幻灯片不显示母版中定义的图形和文本。

❖ **渐变填充**：使用由一种颜色逐渐变化为另一种颜色的过渡色填充幻灯片。渐变填充选项如图 4-31 所示。

（1）在"预设渐变"下拉列表框中选择一种预定义的渐变颜色方案。

（2）在"类型"下拉列表框中设置颜色过渡的方式。

（3）在"方向"下拉列表框中设置渐变色的排列方式。

（4）在"角度"微调框中调整渐变色的旋转角度。

（5）选中一个渐变光圈,单击"颜色"右侧的"填充颜色"图标,在弹出的颜色面板中选择填充颜色；采用同样的方法设置其他颜色游标的颜色。

在渐变颜色条上单击,或单击"添加渐变光圈"按钮 ,可以添加一个渐变光圈；单击"删除渐变光圈"按钮 ,可以删除当前选中的渐变光圈。

（6）在渐变光圈上按下鼠标左键拖动,或者在"位置"微调框中设置值,调整渐变光圈的位置,渐变色也随之自动更新。

（7）在"透明度"和"亮度"区域拖动滑块或者直接在文本框中输入值,设置当前渐变光圈的透明度和亮度。

❖ **图片或纹理填充**：使用图片或纹理填充幻灯片的背景。对应的填充选项如图 4-32 所示。

图 4-31 "渐变填充"选项

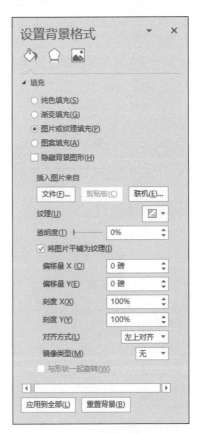

图 4-32 "图片或纹理填充"选项

（1）填充图片：单击"文件"按钮或"联机"按钮，在打开的"插入图片"对话框中选择背景图片。效果如图 4-33 所示。

（2）填充纹理：在"纹理"下拉列表框中选择某个纹理即可。

注意　　　如果要将一幅图片作为纹理填充背景，图片的上边界和下边界、左边界和右边界应能平滑衔接，才能有理想的填充效果。

❖ **图案填充**：将以背景色为背景、以前景色为线条颜色构成的图案作为背景填充幻灯片。对应的图案填充选项如图 4-34 所示。

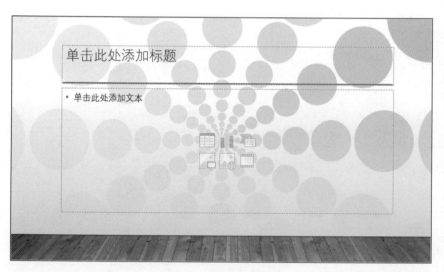

图 4-33　图片填充效果

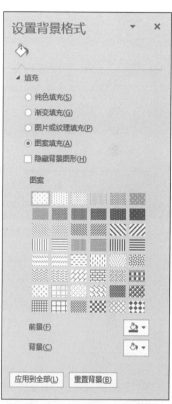

图 4-34　"图案填充"选项

设置前景色和背景色之后，单击需要的图案，即可使用指定的图案填充选中的幻灯片。

提示：　　　图案背景与纹理背景既相似又有所区别。相似之处是它们都是平铺一种图案来填充背景。不同之处是，纹理可以是任意选择的图片，而图案是系统预置的几种样式，用户只能改变图案的前景颜色和背景颜色，不能修改图案样式。

4.2.5　保存主题并应用

如果希望对主题颜色、字体或效果所做的更改应用到其他演示文稿，可将更改保存为主题（.thmx 文件）。

（1）打开修改了主题样式的演示文稿，单击"设计"菜单选项卡中的"主题"下拉按钮，在弹出的下拉菜单中选择"保存当前主题"命令，如图 4-35 所示。

（2）在打开的"保存当前主题"对话框中，自动定位到系统的 Document Themes 文件夹，如图 4-36 所示。

图 4-35 选择"保存当前主题"命令

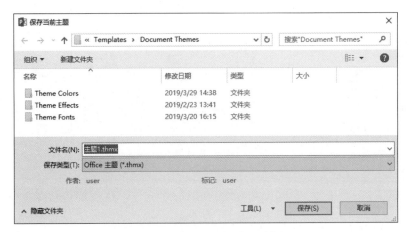

图 4-36 "保存当前主题"对话框

（3）输入主题名称（例如 firsttheme），然后单击"保存"按钮关闭对话框。
此时，在主题下拉列表框中可以看到保存的主题，如图 4-37 所示。

图 4-37 保存的主题

（4）新建演示文稿时，在任务窗格中切换到"自定义"选项卡，也可以看到自定义的主题，如图 4-38 所示。

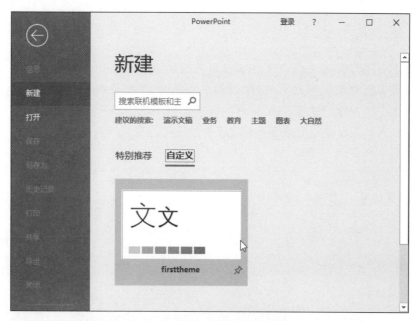

图 4-38　基于主题新建演示文稿

（5）在主题上右击，在弹出的快捷菜单中选择"创建"命令，即可基于指定的主题新建一个演示文稿。如果要将自定义主题应用到其他演示文稿，可执行以下操作：

❖ 打开要应用主题的演示文稿，切换到"设计"菜单选项卡。

❖ 单击"主题"下拉按钮，在自定义主题上右击，打开如图 4-39 所示的快捷菜单。

❖ 根据需要选择命令，将保存的主题应用于指定的幻灯片，或应用于演示文稿的所有幻灯片。

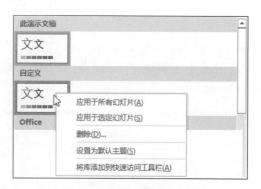

图 4-39　自定义主题的右键快捷菜单

如果要删除自定义的主题，选择"删除"命令即可；选择"设置为默认主题"命令，则以后新建的演示文稿自动应用指定的主题；选择"将库添加到快速访问工具栏"命令，可将主题添加到快速访问工具栏，单击即可应用。

4.3　实例精讲——低碳生活

随着社会的发展，人们生活物质条件的提高，也对人类周围环境带来了很大影响。节能减排，低碳生活，不仅是当今社会的流行语，更是关系到人类未来的战略选择。对于普通人来说，低碳生活既是一种生活方式，更是一种可持续发展的环保责任。

本节练习制作一个简单的低碳生活倡议演示文稿，通过对操作步骤的详细讲解，可以使读者进一步掌握应用内置主题统一幻灯片外观风格、自定义主题颜色、设置字体和背景样式等的操作方法。

4-2 实例精讲——低碳生活

首先打开一个已完成基本布局和内容的演示文稿，通过应用内置主题统一幻灯片的外观样式；然后新建主题颜色和主题字体，修改演示文稿中文本的显示颜色和字体，以及形状的填充颜色；最后自定义封面和封底的背景样式，完善演示文稿。

操作步骤

（1）打开一个演示文稿"低碳生活初始.pptx"，该文稿已完成基本布局和内容，其在普通视图中的效果如图4-40所示。

图4-40 演示文稿初始效果

下面应用PowerPoint中的内置主题格式化演示文稿。

（2）在"设计"菜单选项卡的"主题"列表框中单击主题"画廊"，演示文稿即可自动套用指定的背景样式、主题颜色和文本字体，如图4-41所示。

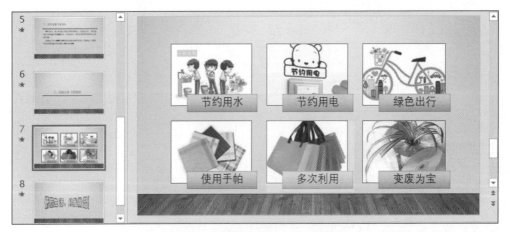

图4-41 应用"画廊"主题的效果

通常，以环保为主题的文稿在配色上采用绿色系。接下来通过自定义主题颜色，修改文本颜色和幻灯片中的背景颜色。

（3）在"设计"菜单选项卡中，单击"变体"区域右下角的"其他"按钮，在下拉菜单中选择"颜色"级联菜单中的"自定义颜色"命令，打开"新建主题颜色"对话框。

（4）单击"文字 / 背景 - 深色 1"右侧的颜色下拉按钮，在弹出的下拉列表框中选择墨绿色；采用同样的方法，设置"着色 1"为浅绿色，然后输入新主题颜色的名称为 new theme，如图 4-42 所示。

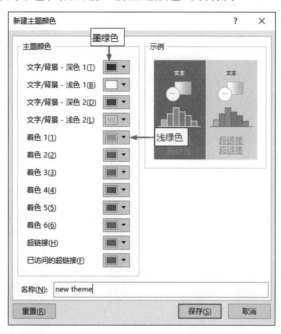

图 4-42　修改主题颜色

主题颜色中的 4 种文字 / 背景颜色分别对应"设计"菜单选项卡中"背景样式"里的四种样式的背景色。同时，"文字 / 背景 - 深色 1"也是"文字 / 背景 - 浅色 1"和"文字 / 背景 - 浅色 2"样式的文本颜色；"文字 / 背景 - 浅色 1"是"文字 / 背景 - 深色 1"和"文字 / 背景 - 深色 2"样式的文本颜色。

着色 1 到着色 6 分别对应示例中 6 个柱形图的颜色，也是图表默认的颜色。其中着色 1 是所有形状的默认填充色。

（5）单击"保存"按钮关闭对话框，新建的主题颜色默认自动应用于全部幻灯片。效果如图 4-43 所示，文本颜色显示为墨绿色，形状颜色显示为浅绿色。

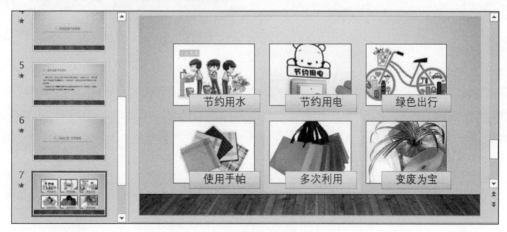

图 4-43　应用新主题颜色的效果

接下来修改幻灯片中标题和正文的字体。

（6）在"设计"菜单选项卡中，单击"变体"区域右下角的"其他"按钮，在下拉菜单中选择"字体"级联菜单中的"自定义字体"命令，打开"新建主题字体"对话框。

（7）在"标题字体（中文）"下拉列表框中选择"等线"；在"正文字体（中文）"下拉列表框中选择"微软雅黑"，然后输入新主题字体的名称 fontstyle，如图 4-44 所示。

图 4-44　设置主题字体

（8）单击"保存"按钮关闭对话框，演示文稿中的所有幻灯片自动应用新建的主题字体。效果如图 4-45 所示，幻灯片的标题显示为等线字体，正文显示为微软雅黑字体。

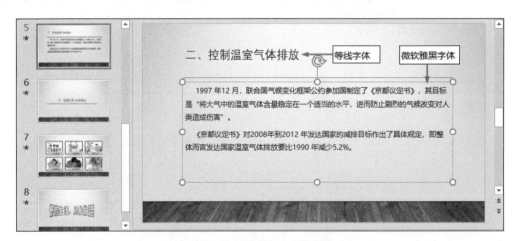

图 4-45　应用新建主题字体的效果

通常，演示文稿的封面背景样式与内容页的样式不同，人们一般会选用具有设计感和较强视觉效果的图片或图形，以切合演讲主题，吸引观众。本例中的所有幻灯片使用相同的背景样式，下面修改封面和封底的背景，完善演示文稿。

（9）在左侧窗格中选中第一张幻灯片，单击"设计"菜单选项卡"自定义"区域的"设置背景格式"命令，打开"设置背景格式"面板。在"填充"选项区中选择"图片或纹理填充"单选按钮，如图 4-46 所示。

（10）单击"文件"按钮，在弹出的"插入图片"对话框中选择需要的背景图片，然后单击"插入"按钮，即可将选中图片设置为当前幻灯片的背景，如图 4-47 所示。

（11）在左侧窗格中选中最后一张幻灯片后右击，在弹出的快捷菜单中选择"设置背景格式"命令，打开"设置背景格式"面板。

图 4-46　设置填充选项

图 4-47　设置封面页的背景

（12）在"填充"选项区中选择"图片或纹理填充"单选按钮，然后按照第（10）步的方法设置封底页的背景图片，效果如图 4-48 所示。

图 4-48　设置封底页的背景

至此，演示文稿制作完成。选中封面页后，单击状态栏上的"阅读视图"按钮，可以查看幻灯片的效果。

答 疑 解 惑

1. 我们看到一幅图的配色很漂亮，想把对应的颜色应用到演示文稿中，怎么提取图片中的颜色？

答：PowerPoint 2019 提供了一个强大的颜色提取工具——取色器。使用取色器可以快速、准确地提取幻灯片编辑窗口任何位置的颜色。

如果要提取编辑窗口之外的颜色，可采用两种常用的方法。

（1）将要提取颜色的区域截图并粘贴到幻灯片编辑窗口，然后使用取色器提取颜色。不过这种方式提取的颜色可能不精确。

（2）同屏显示 PowerPoint 编辑窗口和要提取颜色的图片，激活取色器工具后，按下鼠标左键移动到要取色的图片区域，然后释放鼠标。

学习效果自测

一、选择题

1. 在 PowerPoint 2019 中，新建演示文稿应用了"画廊"设计主题，则新建幻灯片时，新幻灯片的配色将（　　　）。

　　　A. 采用默认的配色方案　　　　　　　B. 采用已选定主题的配色方案

　　　C. 随机选择任意的配色方案　　　　　D. 需要用户指定配色方案

2. 下列关于主题的说法，错误的是（　　　）。

　　　A. 主题颜色由 8 种颜色组合而成

　　　B. 只能使用内置或联机的主题，不能自定义主题并应用

　　　C. 可自定义幻灯片中的标题字体和正文字体

　　　D. 主题效果可应用于演示文稿，但不能自定义

3. 在 PowerPoint 中，使用（　　　）设置幻灯片的布局。

　　　A. 应用主题　　　　　　　　　　　　B. 幻灯片版式

　　　C. 背景　　　　　　　　　　　　　　D. 配色方案

4. 以下关于应用主题的叙述，正确的是（　　　）。

　　　A. 一个演示文稿可以同时使用多个主题

　　　B. 从其他演示文稿插入的幻灯片将继续保留原有的模板样式

　　　C. 一个演示文稿只能使用一个主题

　　　D. 演示文稿中的各张幻灯片只能填充相同的背景图案

5. 下列说法错误的是（　　　）。

　　　A. 主题颜色包含 4 种文本和背景颜色、6 种强调文本颜色和 2 种超链接颜色

　　　B. 主题颜色默认应用于当前演示文稿中的所有幻灯片，也可以仅应用于选定的幻灯片

　　　C. 在一张幻灯片上只能使用一种背景类型

　　　D. 自定义的主题只能用于当前演示文稿

二、操作题

1. 使用 PowerPoint 2019 内置的主题模板新建一个演示文稿。

2. 自定义主题颜色、字体和背景样式。

3. 保存自定义的主题，然后新建一个空白的演示文稿，应用自定义主题。

第 5 章

使用模板和母版

本章导读

　　用户尤其是初学者可以使用模板和母版快速创建演示文稿。使用模板制作演示文稿，不需要考虑版式、配色等设计元素，只需要在指定的位置插入相应的幻灯片元素，就可以快速完成一个演示文稿的制作。母版是一种批量制作风格统一的幻灯片的利器，通过把相同的内容汇集到母版中，可以快速创建大量"似是而非"的幻灯片。

学习要点

- ❖ 模板、母版和主题的异同点
- ❖ 基于模板创建演示文稿
- ❖ 自定义设计模板和内容版式

5.1 应用模板

PowerPoint 模板是保存为 .potx 文件的幻灯片或幻灯片组，可以包含版式、主题颜色、主题字体、主题效果、背景样式，甚至内容。模板创建后可以反复调用，并与他人共享。

5.1.1 模板和主题的区别

主题是组成模板的元素，包括颜色、字体、设计风格等。

模板是已经做好了页面的排版布局设计，但却没有实际内容的演示文稿。只需要在相应的位置填充内容，就可以完成演示文稿的制作，如图 5-1 所示。

图 5-1　模板示例

PowerPoint 内置的主题也是模板的一种，但模板不一定是主题，因为模板不一定有配套设计的主题字体、主题颜色等规范。

5.1.2 将演示文稿另存为模板

将演示文稿另存为 PowerPoint 模板后，用户就可以与他人共享该模板协同工作，并反复使用。

（1）打开要保存为模板的演示文稿，单击"文件"菜单选项卡中的"另存为"命令，在任务窗格中单击"浏览"按钮，打开"另存为"对话框。

（2）在"保存类型"下拉列表框中选择"PowerPoint 模板"，存储位置自动跳转到"自定义 Office 模板"文件夹，如图 5-2 所示。

图 5-2　"另存为"对话框

（3）在"文件名"文本框中输入模板名称，然后单击"保存"按钮关闭对话框。

5.1.3 基于模板创建演示文稿

基于模板可以快速创建设计和结构皆备的"相同"演示文稿，只需修改幻灯片内容，就可完成演示文稿的制作。

（1）在"文件"菜单选项卡中单击"新建"命令，打开"新建"任务窗格。

（2）在任务窗格中单击"自定义"选项卡，可以查看自定义模板和文档主题，如图5-3所示。

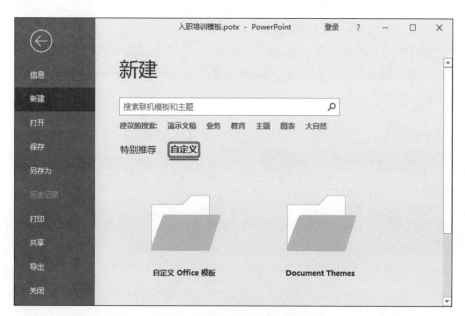

图5-3 自定义模板和文档主题

（3）单击"自定义Office模板"文件夹，可以查看保存的模板，如图5-4所示。

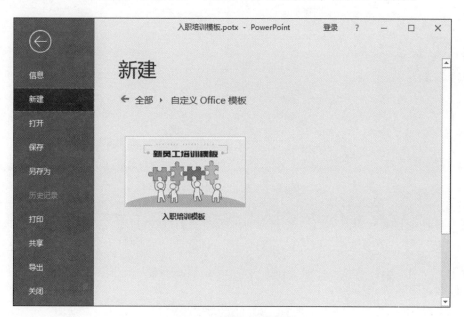

图5-4 查看保存的模板

（4）双击模板，即可基于模板新建一个演示文稿。

5.2 认识母版

母版中存储了演示文稿的主题颜色、字体、版式等设计模板信息，以及所有幻灯片共有的页面元素，例如徽标、Logo、页眉页脚等。所有基于母版生成的幻灯片都具有相似的外观。如果更改幻灯片母版，会影响所有基于母版的演示文稿幻灯片。

在母版中主要包含以下几类元素。

（1）几乎每一张幻灯片都有的元素，可以放置到总母版中。如果有个别页面（如封面、封底、过渡页）不出现这些元素，可以隐藏母版中的背景图形。

（2）在特定的版式中需要重复出现且无须改变的内容，可以直接放置在对应的版式页。

（3）在特定的版式中需要重复，但是具体内容又有所区别的内容，可以插入对应类别的占位符。

图 5-5　母版视图

（4）页码。

在"视图"菜单选项卡的"母版视图"区域，可以看到 PowerPoint 2019 中的母版有 3 种：幻灯片母版、讲义母版和备注母版，如图 5-5 所示。

5.2.1 幻灯片母版

幻灯片母版是所有母版的基础，控制演示文稿中除标题幻灯片以外的所有幻灯片的默认外观，包括文本的格式及位置、项目符号、配色方案以及图形项目的大小和位置。

单击"视图"菜单选项卡"母版视图"区域的"幻灯片母版"命令按钮，显示母版视图，如图 5-6 所示。

图 5-6　幻灯片母版视图

母版视图左侧的窗格显示母版列表，最上方的母版即为幻灯片母版。

在幻灯片母版上有 5 个占位符：标题区、对象区、日期区、页脚区、编号区。修改它们可以影响所有基于该母版的幻灯片。

5 种占位符的说明如表 5-1 所示。

表 5-1　幻灯片母版的占位符

占位符	说　　明
标题区	用于格式化所有幻灯片的标题，可以改变所有字体效果
对象区	用于格式化所有幻灯片主题文字，可以改变字体效果以及项目符号和编号等

续表

占位符	说　　明
日期区	用于在页眉 / 页脚上添加、定位和格式化日期
页脚区	用于在页眉 / 页脚上添加、定位和格式化说明性文字
编号区	用于在页眉 / 页脚上添加、定位和格式化自动页面编号

幻灯片母版下方是标题母版，如图5-7所示，用于设置演示文稿中的标题幻灯片，也就是第一张幻灯片。标题母版和幻灯片母版共同决定了整个演示文稿的外观。

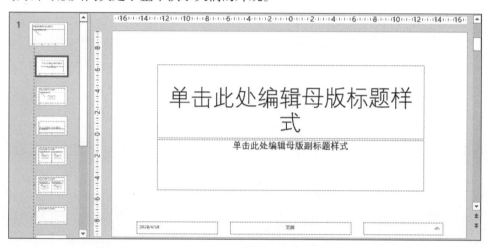

图 5-7　标题母版

选中一个母版，利用如图5-6所示的"幻灯片母版"菜单选项卡，可以编辑母版中的占位符，以及母版的主题和背景效果。其编辑方法与幻灯片的编辑方法相同，这里不再赘述。

5.2.2　讲义母版

讲义母版用于格式化讲义。

单击"视图"菜单选项卡"母版视图"区域的"讲义母版"命令按钮，可切换到如图5-8所示的讲义母版视图。

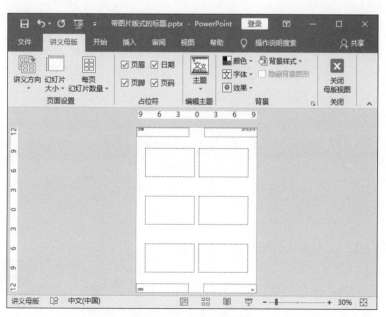

图 5-8　讲义母版视图

在讲义母版中可以设置讲义的主题和版式，包括讲义的页面方向、幻灯片的尺寸、每页显示的幻灯片数量。在视图中还可以设置4个占位符（页眉、日期、页脚、数字）在讲义中的可见性。

5.2.3 备注母版

备注母版用于格式化演讲者的备注页面。在备注母版中可以添加图形项目和文字，而且可以调整幻灯片区域的大小。

单击"视图"菜单选项卡"母版视图"区域的"备注母版"命令按钮，可切换到如图5-9所示的备注母版视图。

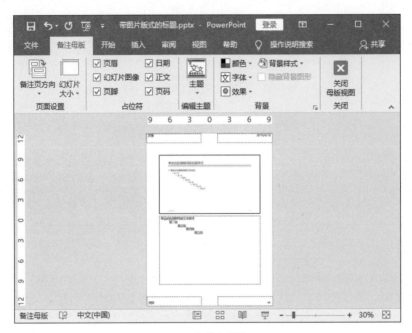

图 5-9　备注母版视图

备注母版中包含6个可以编辑的占位符：页眉区、日期区、页脚区、数字区、幻灯片区、备注文本区。其含义类似于其他母版中的占位符，此处不再详述。

5.3　自定义幻灯片母版

用户通过自定义演示文稿的设计模板和内容版式，可以将自己的创意和想法付诸实际，创建具有自己风格的演示文稿。

 注意　最好在开始创建幻灯片之前编辑幻灯片母版和版式。这样，添加到演示文稿中的所有幻灯片都会基于指定版式创建。如果在创建幻灯片之后编辑幻灯片母版或版式，则需要在普通视图中将更改的布局重新应用于演示文稿中的所有幻灯片。

5.3.1 自定义设计模板

设计模板包含预定义的文本格式、配色方案和背景效果。

（1）打开一个演示文稿。可以是空白演示文稿，也可以是基于主题创建的演示文稿。

（2）单击"视图"菜单选项卡中的"幻灯片母版"命令，切换到幻灯片母版视图。

（3）在左侧窗格中选中幻灯片母版，在"幻灯片母版"菜单选项卡中单击"幻灯片大小"命令，设置幻灯片的尺寸。

（4）在"幻灯片母版"菜单选项卡的"背景"区域，分别设置主题颜色、主题字体、主题效果以及背景样式，如图 5-10 所示。

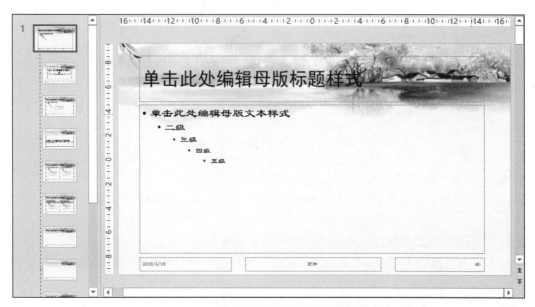

图 5-10 自定义母版字体和背景的效果

编辑方法与 4.2 节讲解的自定义主题方法相同，此处不再叙述。

如果希望将自定义的设计模板应用到其他演示文稿，则应单击"主题"下拉按钮，在弹出的下拉菜单中选择"保存当前主题"命令。然后在打开的"保存当前主题"对话框中输入文件名称，单击"保存"按钮即可。

幻灯片母版中默认定义了五级文本的缩进格式和显示外观，下面介绍母版文本样式的方法。

（5）单击要定义格式的文本（例如一级文本），弹出如图 5-11 所示的快速格式工具栏，可以很方便地设置文本的字体、字号、颜色和对齐方式等属性。

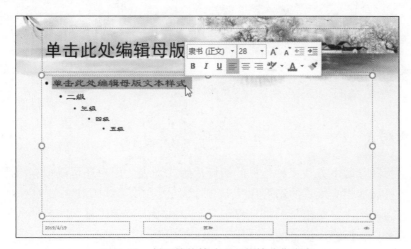

图 5-11 使用快速格式工具栏格式化文本

占位符中的文本默认显示为项目列表，如果希望将某个级别的文本显示为普通的文本段落，可以选中文本，在"开始"菜单选项卡的"段落"区域单击"项目符号"下拉按钮，在弹出的下拉列表框中选择"无"，如图 5-12 所示。

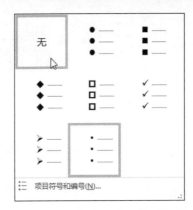

图 5-12 "项目符号"下拉列表框

（6）按照第（5）步的方法修改其他级别的文本格式。如果要修改项目符号的显示外观，可以在如图 5-12 所示的下拉列表框中选择需要的符号样式，或单击"项目符号和编号"命令，在弹出的对话框中自定义符号。具体操作可参见 6.4 节的介绍。

设置幻灯片母版的背景样式之后，母版列表中的所有母版都默认自动应用指定的背景。但通常情况下，标题幻灯片的背景与内容幻灯片的背景会有所区别。下面介绍如何修改标题母版的背景。

（7）在母版列表中选中标题母版，修改母版背景和占位符样式，效果如图 5-13 所示。

图 5-13 修改标题母版外观

5.3.2 自定义内容版式

在母版列表中，标题母版下方是多种常见的幻灯片版式列表。用户还可以根据需要添加自定义版式，以便在演示文稿中轻松添加相应版式的幻灯片。

（1）在幻灯片母版视图中，单击"幻灯片母版"菜单选项卡"编辑母版"区域的"插入版式"命令，即可在母版中添加一个只有标题占位符的幻灯片，如图 5-14 所示。

（2）在"母版版式"区域根据需要设置是否显示"标题"和"页脚"。

在当前版式中隐藏幻灯片的标题和页脚，不会影响其他版式幻灯片。

（3）在"母版版式"区域单击"插入占位符"下拉按钮，在弹出的下拉列表框中选择将显示在占位符中的内容的类型，如图 5-15 所示。

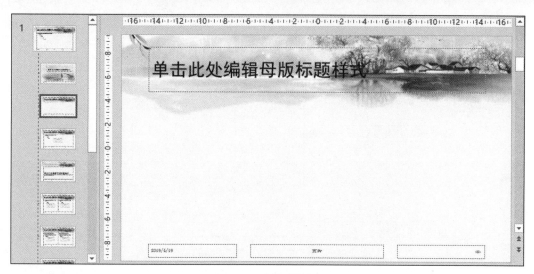

图 5-14   插入的版式

图 5-15   占位符列表

（4）选中一种占位符（例如"内容"），鼠标指针变为十字形十，按下鼠标左键拖动到合适大小，如图 5-16 所示，释放鼠标，即可插入一个占位符，如图 5-17 所示。

（5）使用内容占位符，可在幻灯片指定的位置插入表格、图表、SmartArt 图形、图片或视频剪辑。

提示：　　拖动占位符边框上的某个角，可以调整占位符的大小；选中占位符，然后按下鼠标左键拖动，可以移动占位符；选中占位符，按 Delete 键可将其删除。

（6）按照与第（5）步相同的方法插入其他占位符，例如，插入"图片"占位符的效果如图 5-18 所示。

（7）设置完毕，单击"关闭母版视图"命令按钮，返回普通视图。

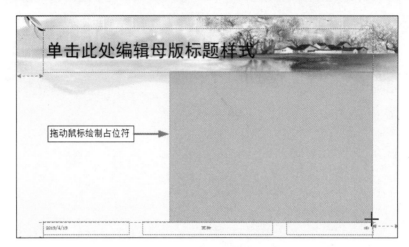

图 5-16　拖动鼠标绘制占位符

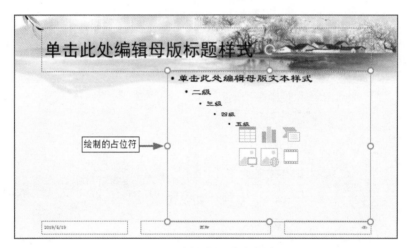

图 5-17　插入的内容占位符

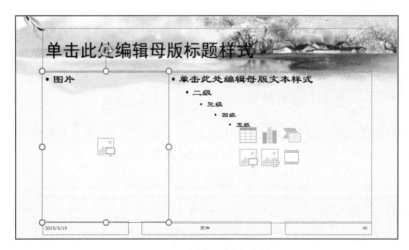

图 5-18　插入图片占位符

　　此时，在"开始"菜单选项卡的"幻灯片"区域，单击"版式"下拉按钮，在弹出的版式列表中可以看到自定义的版式，如图 5-19 所示。

　　此时，新建一张幻灯片，并在"版式"下拉列表框中选择"自定义版式"选项，当前幻灯片版式即可更改为指定的版式，如图 5-20 所示。

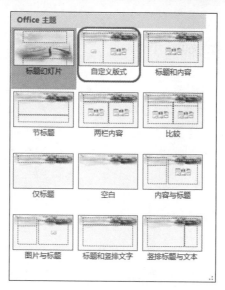

图 5-19　版式列表

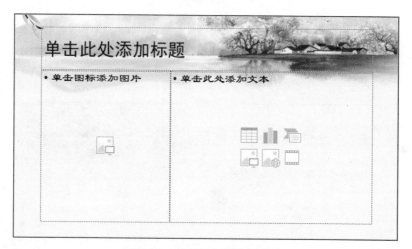

图 5-20　应用自定义版式的效果

单击图片占位符，可以看到在该占位符中只能插入图片，不能插入文本或其他内容；在内容占位符中可以插入多种类型的内容。分别在两个占位符中插入内容，可以看到，插入的内容按母版中指定的大小和位置显示。

注意

更改幻灯片母版，会影响所有基于母版的演示文稿幻灯片；如果要使个别幻灯片的外观与母版不同，可以直接修改幻灯片。但是对已经改动过的幻灯片，在母版中的改动对之就不再起作用。因此，对演示文稿应该先改动母版来使大多数幻灯片满足要求，再修改个别的幻灯片。

如果已经改动了幻灯片的外观，又希望恢复为母版的样式，可以单击"开始"菜单选项卡中"幻灯片"区域的"重置"按钮。

5.3.3　设置页眉和页脚

页眉和页脚也是幻灯片的重要组成部分，常用于显示统一的信息，例如公司徽标、演讲主题或页码。

（1）切换到"幻灯片母版"视图，在母版列表中选中顶部的幻灯片母版。

（2）单击"幻灯片母版"菜单选项卡中的"母版版式"命令按钮，弹出"母版版式"对话框，如图 5-21

所示。

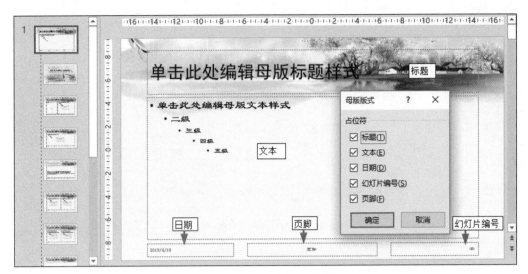

图 5-21 "母版版式"对话框

从图 5-21 可以看到,母版中的页眉/页脚包含 3 个部分:日期、页脚和幻灯片编号,分别对应于母版底部的 3 个虚线方框。如果取消选中相应的复选框,则母版中相应的虚线框不显示,例如隐藏"日期"占位符的效果如图 5-22 所示。

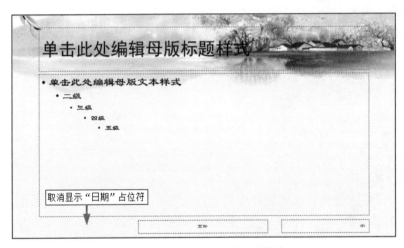

图 5-22 不显示"日期"占位符

> 隐藏标题母版或某张版式幻灯片中的页眉/页脚元素,不会影响其他的版式幻灯片。

(3)在母版中拖动虚线方框,可以移动页眉和页脚元素的位置。

(4)设置页眉/页脚元素的显示外观。将光标置于要格式化的占位符中,使用如图 5-23 所示的快速格式工具栏设置占位符中的文本格式;使用"绘图工具格式"菜单选项卡格式化占位符的外观。

> "幻灯片编号"占位符通常显示演示文稿的页码。格式化页码时,只能选中占位符中的 <#> 进行字体、字号、颜色、位置的调整,千万不能将其删除,然后在文本框中输入"<#>";也不能用格式刷将其格式化为普通文本,否则占位符的功能会丧失。

幻灯片默认从 1 开始编号,用户可以指定编号起始值。

（5）单击"幻灯片母版"菜单选项卡中的"幻灯片大小"命令按钮，在弹出的"幻灯片大小"对话框中设置幻灯片编号的起始值，如图 5-24 所示。

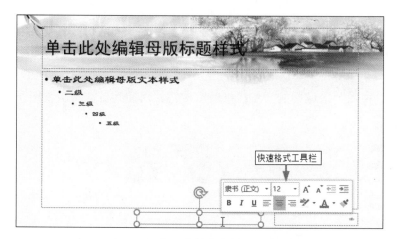

图 5-23　设置占位符中的文本格式

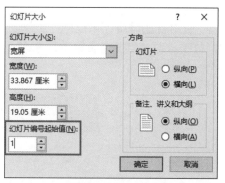

图 5-24　修改幻灯片编号起始值

设置页眉 / 页脚的位置和格式后，就可以在演示文稿中插入页眉 / 页脚内容了。

（6）单击"关闭母版视图"按钮，返回普通视图。单击"插入"菜单选项卡中的"页眉和页脚"命令按钮，打开"页眉和页脚"对话框，如图 5-25 所示。

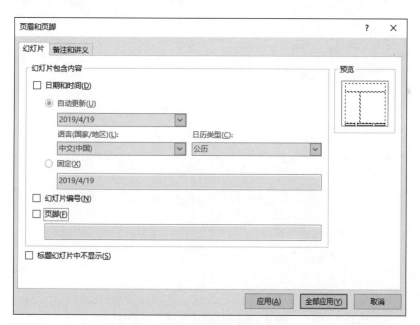

图 5-25　"页眉和页脚"对话框

（7）选中"幻灯片"选项卡中的"页脚"复选框，然后在下方的文本框中输入页脚内容。

日期和时间、幻灯片编号、页脚分别对应于预览框中的 3 个实线方框。选中相应的复选框后，预览框中相应的方框显示为黑色。

注意　　预览框中页眉 / 页脚的位置由对应的母版决定，只能在母版中修改。

如果希望在页脚中插入的时期和时间可以自动更新，则应选中"日期和时间"复选框和选择"自动更新"单选按钮。

（8）通常标题幻灯片中不显示编号和页脚,因此选中"标题幻灯片中不显示"复选框。然后单击"全部应用"按钮关闭对话框。

5.4 备注母版和讲义母版

使用备注母版,可以统一备注的文本格式。

（1）单击"视图"菜单选项卡"母版视图"区域中的"备注母版"按钮,切换到备注母版视图,如图 5-26 所示。

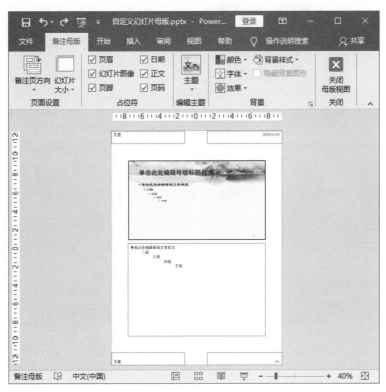

图 5-26 备注母版视图

此时,菜单功能区显示"备注母版"选项卡,利用它可以方便地设置母版的页面版式、主题和背景样式。

（2）分别选中要编辑的占位符或段落,设置文本格式。

在备注母版视图中,还可以设置页眉 / 页脚的格式。

（3）在"备注母版"菜单选项卡的"占位符"区域,设置要显示的页眉 / 页脚选项。

（4）按照编辑幻灯片母版的方法,设置备注母版的页眉 / 页脚格式和位置。然后关闭备注母版视图。

（5）在"插入"菜单选项卡中单击"页眉和页脚"命令按钮,打开"页眉和页脚"对话框,然后切换到"备注和讲义"选项卡,如图 5-27 所示。

（6）根据需要选中要在备注页中显示的元素,并输入相应的内容。然后单击"全部应用"按钮,关闭对话框。

注意 | 备注和讲义的页眉 / 页脚只能应用于整个演示文稿,而不能仅应用于部分幻灯片。

讲义可以帮助演讲者或观众了解演示文稿的总体概要。使用讲义母版,可以设置讲义的页面布局和背景样式。

图 5-27　"备注和讲义"选项卡

（1）单击"视图"菜单选项卡"母版视图"区域的"讲义母版"按钮,切换到讲义母版视图,如图 5-28所示。

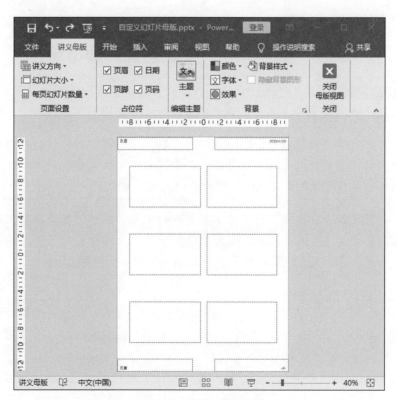

图 5-28　讲义母版视图

（2）利用"讲义母版"选项卡中的命令按钮，设置讲义母版的页面版式、每页包含的幻灯片数量、主题和背景样式。

（3）按照设置备注母版的方法，编辑讲义的页眉 / 页脚格式。

（4）关闭母版视图。单击"文件"菜单选项卡中的"打印"命令，在打印选项中选择讲义版式，如图 5-29 所示，可预览讲义的打印效果。

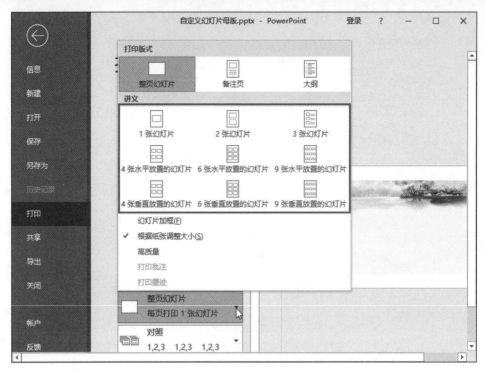

图 5-29 设置打印版式

5.5 实例精讲——地理公开课母版

公开课是面向特定人群，有组织、有计划地进行正式、公开的课程讲授的一种活动形式。公开课主题鲜明、任务明确，是教师展示教学水平、交流教学经验的一种教研形式。

本节练习使用前文介绍的知识点，制作一个简单的地理公开课母版。通过对操作步骤的详细讲解，可以使读者进一步掌握自定义设计模板和内容版式统一幻灯片外观风格，以及设置演示文稿的页脚和页码的操作方法。

首先打开一个仅设计了封面页的演示文稿，通过设置母版的主题颜色指定演示文稿的配色方案；然后修改母版文本的显示颜色、字体和字号；接下来自定义过渡页版式和图文混排版式，最后设置演示文稿的页脚和编号样式。

操作步骤

5.5.1 设计母版外观

（1）打开一个已设计封面页的演示文稿"地理教学公开课初始.pptx"，如图 5-30 所示。

（2）在"视图"菜单选项卡中的"母版视图"区域，单击"幻灯片母版"命令按钮，切换到幻灯片母版视图，如图 5-31 所示。

首先确定整个演示文稿的配色方案和字体。

（3）在左侧窗格中选中顶部的幻灯片母版，然后在"幻灯片母版"菜单选项卡的"背景"区域单击"颜色"下拉按钮，在弹出的配色方案中选择"蓝色"，如图 5-32 所示。

（4）在"背景"区域单击"字体"下拉按钮，在弹出的主题字体列表中选择一种字体方案，标题中

5-1 设计母版外观

文显示为微软雅黑，正文中文显示为黑体，如图 5-33 所示。

图 5-30　演示文稿初始效果

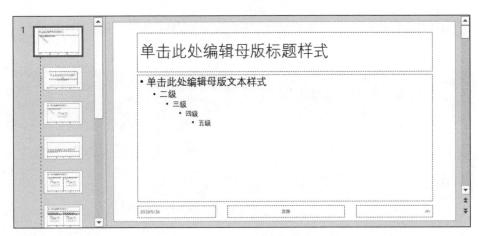

图 5-31　幻灯片母版视图

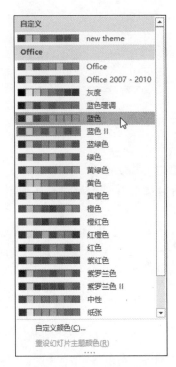

图 5-32　选择配色方案

图 5-33　选择字体方案

设置完成后的母版效果如图 5-34 所示。

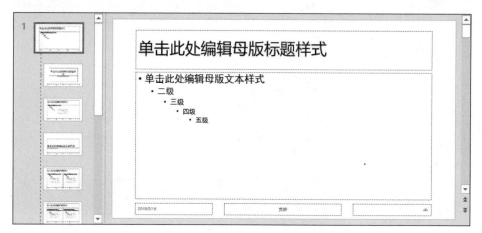

图 5-34　修改配色方案和字体方案的效果

（5）选中母版标题占位符，在"开始"菜单选项卡的"字体"区域，设置字号为 28，颜色为黑色，如图 5-35 所示。

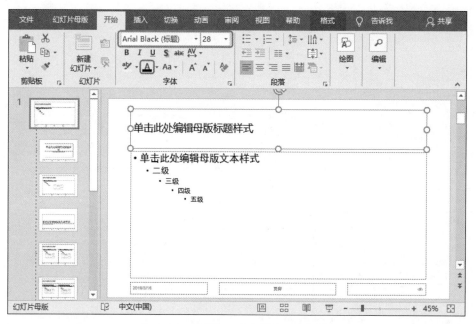

图 5-35　设置标题文本的字号和颜色

（6）选中幻灯片母版中的内容文本占位符，在"开始"菜单选项卡的"字体"区域，设置字号为24，颜色为黑色；然后选中一级文本，单击"段落"区域的"项目符号"命令按钮，在弹出的下拉列表框中选择"无"，这样，一级文本左侧不显示项目符号，效果如图 5-36 所示。

接下来插入形状装饰幻灯片。

（7）单击"插入"菜单选项卡"插图"区域的"形状"命令按钮，在形状列表中选择"等腰三角形"。当鼠标指针变为十字形十时，按下左键拖动，绘制一个三角形，如图 5-37 所示。

（8）选中形状，在"绘图工具格式"菜单选项卡的"排列"区域单击"旋转"命令按钮，在弹出的下拉菜单中选择"向右旋转 90°"命令，效果如图 5-38 所示。

（9）在"绘图工具格式"菜单选项卡的"形状样式"区域单击"形状效果"命令按钮，在效果下拉列表框中选择"阴影"，然后在级联菜单中的"外部"区域选择"偏移：右下"，效果如图 5-39 所示。

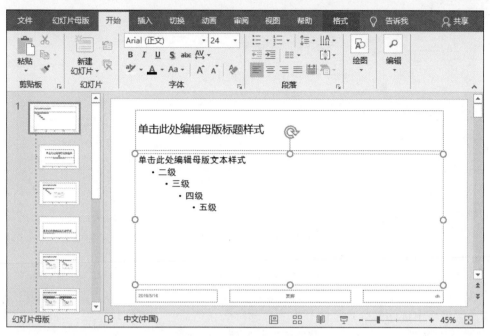

图 5-36 设置内容文本的格式

图 5-37 绘制形状

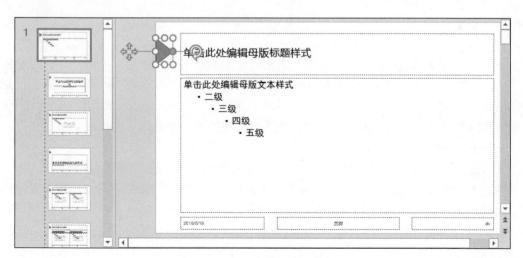

图 5-38 向右旋转形状的效果

图 5-39　添加阴影效果

　　在幻灯片母版中绘制形状后，包括标题幻灯片在内的所有幻灯片都将显示绘制的形状。由于标题幻灯片的外观通常与其他幻灯片不同，因此接下来修改标题母版，隐藏在幻灯片母版中绘制的形状。

　　（10）在左侧窗格中选中幻灯片母版下方的标题母版，然后在"幻灯片母版"菜单选项卡的"背景"区域，选中"隐藏背景图形"选项，效果如图 5-40 所示。

图 5-40　隐藏标题母版中的背景图形

　　至此，幻灯片母版的外观设计完成。

5.5.2　设计过渡页版式

　　通常，演示文稿中要表述的论点不止一个，为使演示文稿结构更有条理，可以在每一个论点之前添加一个过渡页，显示接下来要演讲的内容主题，以及表明一个章节的开始。

5-2　设计过渡页版式

　　（1）在左侧窗格中要添加版式的位置右击，在弹出的快捷菜单中选择"插入版式"命令，即可在指定位置插入一张版式幻灯片，如图 5-41 所示。

　　从图 5-41 可以看到，插入的版式默认显示幻灯片母版中绘制的形状。

　　（2）选中插入的版式，然后在"幻灯片母版"菜单选项卡的"背景"区域，选中"隐藏背景图形"选项，效果如图 5-42 所示。

　　（3）在"幻灯片母版"菜单选项卡的"母版版式"区域，取消选中"标题"选项，不显示标题占位符，效果如图 5-43 所示。

　　接下来在版式中添加图片和形状，美化版式。

图 5-41 插入的版式

图 5-42 隐藏背景图形的版式效果

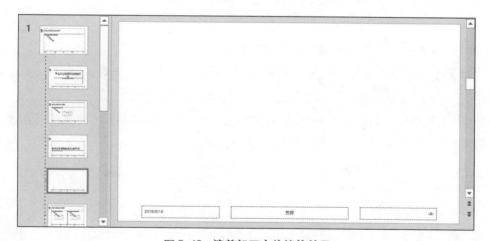

图 5-43 隐藏标题占位符的效果

（4）单击"插入"菜单选项卡"图像"区域的"图片"命令按钮，在弹出的"插入图片"对话框中选择需要的图片，单击"插入"按钮，关闭对话框。然后调整图片的大小和位置，效果如图 5-44 所示。

（5）单击"插入"菜单选项卡"插图"区域的"形状"命令按钮，在弹出的形状列表中单击"直线"图标按钮。当鼠标指针变为十字形时，按住 Shift 键的同时，再按下鼠标左键向下拖动，绘制一条垂直的线条，如图 5-45 所示。

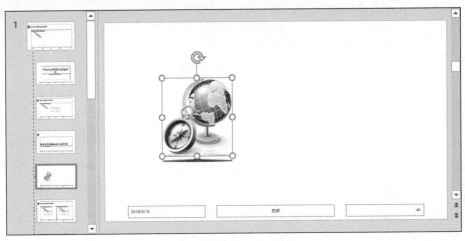

图 5-44　插入图片的效果

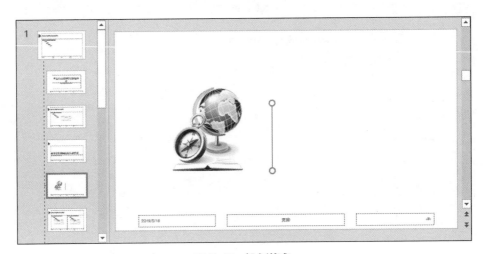

图 5-45　绘制线条

提示：

　　绘制线条时，按住 Shift 键可约束线条绘制的方向为 45°的倍数。

　　（6）在"绘图工具格式"菜单选项卡中，单击"形状轮廓"命令按钮打开下拉菜单。设置填充颜色为黑色，然后在"虚线"级联菜单中选择"短划线"，效果如图 5-46 所示。

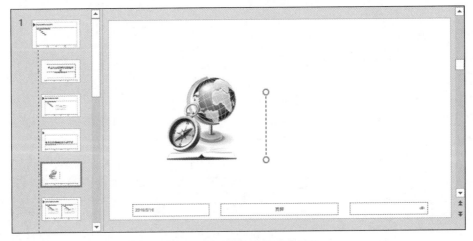

图 5-46　设置线条的样式和颜色

接下来在版式中插入占位符，用于显示过渡页中展示的内容主题。

（7）切换到"幻灯片母版"菜单选项卡，在"母版版式"区域单击"插入占位符"命令按钮，在弹出的下拉菜单中选择"文本"。此时，鼠标指针变为十字形，按下左键拖动，即可添加一个指定大小的占位符，如图5-47所示。

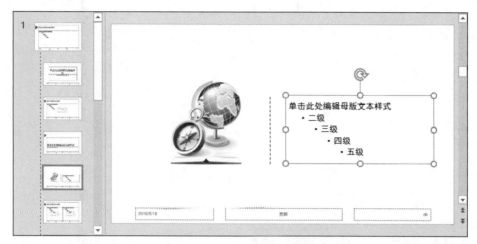

图5-47 插入"文本"占位符

（8）选中占位符，在"开始"菜单选项卡的"段落"区域单击"对齐文本"按钮，在弹出的下拉菜单中选择"中部对齐"，如图5-48所示。

图5-48 文本对齐方式选择"中部对齐"

（9）选中占位符，在"开始"菜单选项卡中设置文本字号为28，效果如图5-49所示。

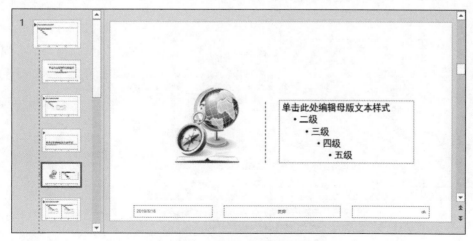

图5-49 修改文本字号后的效果

至此，过渡页版式制作完成。

5.5.3 设计图文版式

在本例中，为形象地介绍人类对地球形状认识的过程，会在一张幻灯片中显示多张图片，并配文说明。本节制作一个三幅图文交错排列的版式。

（1）在左侧窗格中要添加版式的位置单击设置插入点，然后在"幻灯片母版"菜单选项卡中单击"插入版式"命令，在指定位置插入一张版式幻灯片。

5-3 设计图文版式

（2）单击"母版版式"区域的"插入占位符"命令按钮，在弹出的下拉菜单中选择"图片"。当鼠标指针变为十字形时，按下左键拖动，绘制一个图片占位符，如图 5-50 所示。

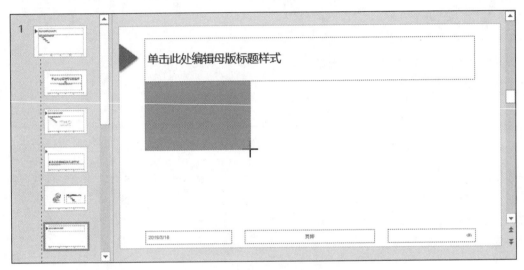

图 5-50 插入图片占位符

本版式中将插入多张图片，为使图片排列美观，插入的多张图片大小相同。可以复制图片占位符。

（3）选中插入的图片占位符，在按住 Ctrl 键的同时，按下左键拖动图片占位符。拖动时，幻灯片上将显示智能参考线，以方便调整图片的位置。拖动到合适位置后，释放按键和鼠标，即可在指定位置生成一个图片占位符的副本。采用同样的方法，再次复制一个图片占位符，效果如图 5-51 所示。

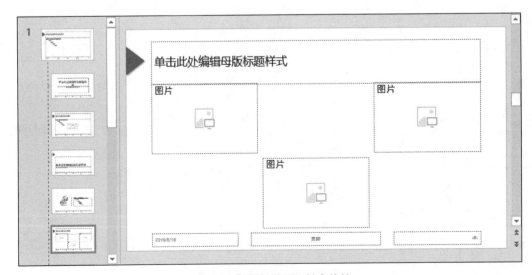

图 5-51 复制并排列图片占位符

接下来插入用于注释图片的文本占位符。

（4）单击"母版版式"区域的"插入占位符"命令按钮，在弹出的下拉菜单中选择"文本"。当鼠标指针变为十字形时，按下左键拖动，绘制一个文本占位符。

（5）按照第（3）步的操作方法，复制两个文本占位符，并排列整齐，效果如图 5-52 所示。

图 5-52 复制并排列文本占位符

至此，图片版式制作完成。

5.5.4 设计页脚样式

页脚常用于显示所有幻灯片中相同的信息，例如演讲主题和页码。本例中默认的页脚显示为浅灰色，且字号很小。本节将修改页脚的显示样式。

5-4 设计页脚样式

（1）选中幻灯片母版，单击"母版版式"命令按钮，在打开的"母版版式"对话框中取消选中"日期"复选框。单击"确定"按钮，母版底部的日期占位符不可见，效果如图 5-53 所示。

图 5-53 取消显示日期的效果

（2）选中页脚占位符中的占位文本，在弹出的快速格式工具栏中设置页脚字号为 18，颜色为深蓝色，效果如图 5-54 所示。

至此，页脚样式设置完成。

（3）单击"关闭母版视图"按钮，返回普通视图。

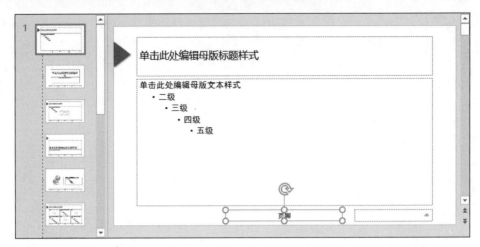

图 5-54　格式化文本的效果

5.5.5　基于母版制作幻灯片

5-5　基于母版制作
幻灯片

母版编辑完成后，就可以基于母版快速生成大量页面风格和布局相同的页面。

（1）在普通视图左侧窗格的标题幻灯片下右击，在弹出的快捷菜单中选择"新建幻灯片"命令，将基于母版列表中的第一个版式新建一个幻灯片，如图 5-55 所示。

图 5-55　新建的幻灯片

（2）选中新建的幻灯片，单击"开始"菜单选项卡"幻灯片"区域的"版式"命令按钮，在弹出的下拉菜单中选择自定义的过渡页版式，效果如图 5-56 所示。

图 5-56　修改版式的效果

（3）单击幻灯片中的文本占位符，输入演示文稿的章节标题，如图 5-57 所示。

图 5-57   输入章节标题

（4）重复步骤（1）~（3），制作其他过渡页面。也可以复制第（3）步完成的过渡页，然后修改章节标题。

接下来以创建第二节的内容页为例，介绍图文版式的使用方法。

（5）在第二节的过渡页下方新建一张幻灯片，然后在"开始"菜单选项卡的"版式"列表中选择自定义的图文版式，并输入第二节的标题文本，效果如图 5-58 所示。

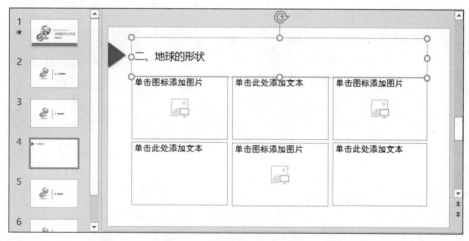

图 5-58   新建图文版式幻灯片

（6）单击图片占位符中间的图标，在弹出的"插入图片"对话框中选择需要的图片，然后单击"插入"按钮，关闭对话框。此时，可以看到插入的图片在指定的位置、以指定的大小显示，如图 5-59 所示。

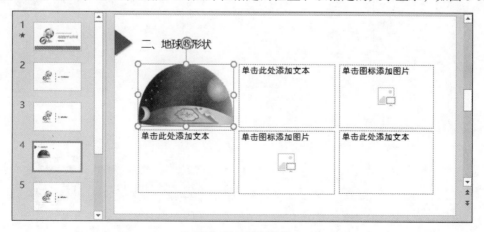

图 5-59   插入图片

（7）重复第（6）步的操作，插入其他图片，效果如图 5-60 所示。

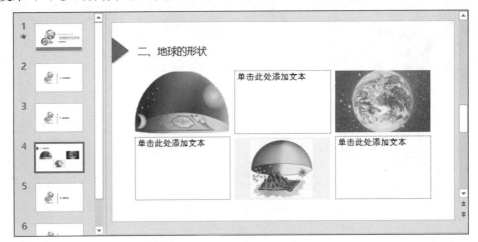

图 5-60　插入图片

（8）在文本占位符中单击，输入图片的说明文本。文本以指定的字体和字号显示，如图 5-61 所示。

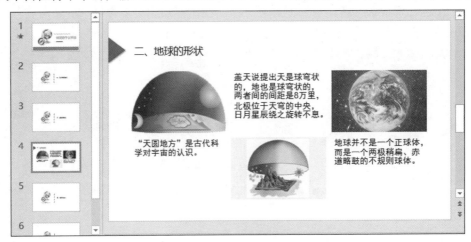

图 5-61　输入文本

内容页制作完成后，再制作封底页。封底页通常与封面页配套，本例使用与封面页相同的版式。

（9）选中封面页，按 Ctrl+D 键制作一个封面页的副本，并拖动到左侧窗格最底部。然后修改文本占位符中的文本，效果如图 5-62 所示。

图 5-62　封底页的效果

接下来设置幻灯片的页脚和页码，完善演示文稿。

（10）单击"插入"菜单选项卡"文本"区域的"页眉和页脚"命令，在弹出的对话框中选中"幻灯片编号""页脚""标题幻灯片中不显示"复选框，然后输入页脚内容，如图 5-63 所示。

图 5-63　设置页眉和页脚选项

（11）单击"全部应用"按钮，即可在当前演示文稿的所有幻灯片中插入页脚内容和页码，且页脚内容以指定的格式显示，如图 5-64 所示。

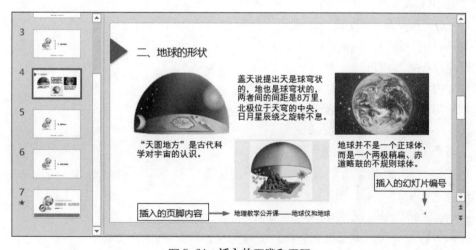

图 5-64　插入的页脚和页码

答 疑 解 惑

1. PowerPoint 2019 提供了 3 种母版：幻灯片母版、备注母版和讲义母版，它们各自有什么作用？

答：幻灯片母版可以为标题幻灯片之外的其他幻灯片提供标题、文本、页脚的默认样式，以及统一的背景颜色或图案。

备注母版用于设置在幻灯片中添加备注文本的默认样式。

讲义母版提供打印排版设置，可以设置在一张打印纸上同时打印多张幻灯片的讲义版面布局和页眉／页脚的默认样式。

　　2. 在模板中将几个对象进行了组合，并设置了动画效果。使用该模板制作演示文稿时，因内容展示的需要，要在组合中添加或删除某个对象，应该怎样操作？

　　答：单击组合中要复制的对象两次（注意，不是双击）选中对象，然后按 Ctrl+D 键，即可制作一个选中对象的副本。此时，可调整副本的位置和色彩效果等属性。

　　单击组合中的对象两次，然后按 Delete 键，即可将其删除。按照这种方法，可以删除组合中的多个对象。在这里，读者要注意的是，如果组合中的对象删除到仅剩一个时，组合状态则随之消失，组合上添加的动画效果也随之消失。

学习效果自测

一、选择题

1. 在 PowerPoint 2019 中，下列有关幻灯片母版的说法错误的是（　　　）。
   A. 只有标题区、文本区、日期区、页脚区
   B. 可以更改占位符的大小和位置
   C. 可以设置占位符的格式
   D. 可以更改文本格式

2. 下列关于进入母版视图的操作，不正确的是（　　　）。
   A. 执行"视图"菜单选项卡"母版"区域的"幻灯片母版"命令
   B. 按住 Shift 键同时单击"普通视图"按钮
   C. 按住 Shift 键同时单击"幻灯片浏览"按钮
   D. 按住 Shift 键同时单击"幻灯片放映"按钮

3. 下列关于幻灯片母版的叙述正确的是（　　　）。
   A. 幻灯片母版与幻灯片模板是同一概念
   B. 幻灯片母版的操作可通过幻灯片版式的设置来实现
   C. 幻灯片模板设置会影响幻灯片母版的内容
   D. 幻灯片母版实际上是扩展名为 pot 的文件

4. 以下不是 PowerPoint 2019 母版的是（　　　）。
   A. 讲义母版　　　　　　B. 标题母版　　　　　　C. 大纲母版　　　　　　D. 备注母版

5. 演示文稿中每张幻灯片都是基于某种（　　　）创建的，它预定义了新建幻灯片中各种占位符的布局。
   A. 视图　　　　　　B. 版式　　　　　　C. 母版　　　　　　D. 模板

6. 在 PowerPoint 2019 中，有关幻灯片母版中的页眉／页脚的说法，错误的是（　　　）。
   A. 页眉或页脚是加在演示文稿中的注释性内容
   B. 典型的页眉／页脚内容是日期、时间以及幻灯片编号
   C. 在打印演示文稿的幻灯片时，页眉／页脚的内容也可打印出来
   D. 不能设置页眉和页脚的文本格式

7. 在 PowerPoint 2019 中，有关页眉页脚的叙述正确的是（　　　）。
   A. 在幻灯片视图中双击页脚区可以进入页眉页脚编辑状态
   B. 在通常情况下幻灯片同时具有页眉区和页脚区
   C. 设置自动更新日期和时间后，时间区域会像数字时钟一样动态更新
   D. 页脚可以移动到页眉的位置

8. 如果要为所有幻灯片添加编号，下列方法中正确的是（　　　）。
   A. 执行"插入"菜单选项卡中的"幻灯片编号"命令

B. 在母版视图中，执行"插入"菜单选项卡中的"幻灯片编号"命令

C. 执行"插入"菜单选项卡中的"页眉和页脚"命令，在弹出的对话框中选中"幻灯片编号"复选框，然后单击"应用"按钮

D. 执行"插入"菜单选项卡中的"页眉和页脚"命令，在弹出的对话框中选中"幻灯片编号"复选框，然后单击"全部应用"按钮

9. 下列制作幻灯片模板的方法中，错误的是（　　）。

A. 更改已经应用的设计模板并保存为新的模板

B. 将一个已有的演示文稿另存为模板

C. 在模板库中选择模板

D. 在空白的幻灯片中自己设计模板

10. 在（　　）中插入徽标可以使其在每张幻灯片上的位置自动保持相同。

A. 讲义母版　　　　　　B. 幻灯片母版　　　　　　C. 标题母版　　　　　　D. 备注母版

11. 可以通过（　　）向讲义添加页眉和页脚。

A. 标题母版　　　　　　B. 幻灯片母版　　　　　　C. 讲义母版　　　　　　D. 备注母版

12. 在 PowerPoint 2019 中，执行（　　）操作，可切换到幻灯片母版视图。

A. 单击"视图"菜单选项卡"母版"区域的"幻灯片母版"命令

B. 按住 Alt 键的同时单击"幻灯片浏览"按钮

C. 按住 Shift 键的同时单击"普通视图"按钮

D. 按住 Tab 键的同时单击"普通视图"按钮

13. 幻灯片版式和母版之间的关系是（　　）。

A. 任何一种幻灯片版式都采用同样的母版风格

B. 母版可以成对建立，每一对母版包括"幻灯片母版"和"标题母版"，它们的风格会影响不同的幻灯片版式

C. 如果没有建立"标题母版"，只有唯一的"幻灯片母版"，则任何一种幻灯片版式都将采用同一母版的风格

D. 采用"标题幻灯片"版式的幻灯片将采用"标题母版"的风格

14. 在对幻灯片母版进行设计和修改时，应在（　　）菜单选项卡中操作。

A. 设计　　　　　　B. 审阅　　　　　　C. 插入　　　　　　D. 视图

15. 下列关于模板的说法，不正确的是（　　）。

A. 模板中的背景设置将应用到选定幻灯片

B. 模板中的母版设置将应用到选定幻灯片

C. 可对不同的幻灯片应用不同的模板

D. 模板中的母版设置将替换当前演示文稿的母版，无法保留当前的母版

16. 使用幻灯片母版可以修改的演示文稿元素有（　　）。

A. 幻灯片批注

B. 幻灯片切换方式

C. 演讲者备注字体和颜色

D. 幻灯片中的图形

17. 如果在母版中加入了公司 Logo 图片，每张幻灯片都会显示此图片。如果不希望在某张幻灯片中显示此图片，下列（　　）做法能实现。

A. 在母版中删除图片

B. 在幻灯片中删除图片

C. 在幻灯片中设置不同的背景颜色

D. 在幻灯片中进入"设置背景格式"面板，选中"隐藏背景图形"复选框

18. 关于 PowerPoint 2019 的母版，以下说法中错误的是（　　）。

A. 可以自定义幻灯片母版的版式

B. 可以对母版进行主题编辑

C. 可以对母版进行背景设置

D. 在母版中插入图片对象后，在幻灯片中可以根据需要进行编辑

19. 讲义母版包含（　　）占位符。

A. 3 个　　　　　　　　B. 4 个　　　　　　　　C. 5 个　　　　　　　　D. 6 个

二、填空题

1. 如果要在每张幻灯片上显示公司名称，可在＿＿＿＿＿＿中插入文本框，输入公司名称，公司名称将会自动显示在每张幻灯片中。

2. 如果要统一演示文稿中所有幻灯片的背景，可以在"设置背景格式"面板中设置背景后，单击"＿＿＿＿＿＿"按钮。

3. 幻灯片母版上有 5 个默认的占位符：＿＿＿＿＿＿、＿＿＿＿＿＿、＿＿＿＿＿＿、＿＿＿＿＿＿、＿＿＿＿＿＿。修改它们可以影响所有基于该母版创建的幻灯片。

4. 在 PowerPoint 2019 中，母版视图有 3 种，分别为＿＿＿＿＿＿、＿＿＿＿＿＿和＿＿＿＿＿＿。

5. 如果改动了幻灯片的外观，又希望恢复为母版的样式，可以单击"＿＿＿＿＿＿"菜单选项卡"＿＿＿＿＿＿"区域的"＿＿＿＿＿＿"按钮实现。

三、操作题

1. 打开一个完成的演示文稿，将其另存为模板。

2. 新建一个空白的演示文稿，自定义母版主题颜色、背景和文本样式，然后保存为主题。

3. 在上一步保存的主题的基础上，自定义两种内容版式。

4. 打开一个演示文稿，插入页脚和幻灯片编号。

第 6 章

编辑幻灯片文本

本章导读

　　文本是演示文稿的基本要素，演示文稿一般都包含一定数量的文本对象。合理地组织文本对象，可以使幻灯片更清楚易懂；恰当地设置文本对象的格式，可以使幻灯片更具吸引力。

　　PowerPoint 包含了几乎所有的文字处理功能。本章将重点介绍 PowerPoint 的文本加工处理技巧。

学习要点

❖ 在演示文稿中加注标题
❖ 在普通视图中加工文本
❖ 在大纲视图中加工文本

6.1　在普通视图中输入文本

在普通视图中可以很直观地以可视化方式输入文本。

6.1.1　在占位符中添加文本

新建一张幻灯片，在幻灯片中可以看到一些虚线方框，这些方框代表一些待确定的对象，例如幻灯片标题、文本、图表、表格、SmartArt 图形、图片、视频文件等，如图 6-1 所示。

图 6-1　幻灯片中的占位符

占位符是幻灯片设计模板的主要组成元素，在占位符中添加文本和其他对象可以方便地建立规整美观的演示文稿。

（1）单击文本占位符中的任意位置，占位符的虚线边框被控制手柄取代，且占位符中的占位文本消失，出现一个闪烁的插入点。

使用快捷键设置插入点

在大纲视图中添加文本时，可以使用键盘上的快捷键设置插入点。

❖ **Ctrl+ ←**：移动到前一个单词的开头。
❖ **Ctrl+ ↑**：移动到当前主题的开头。
❖ **Ctrl+ ↓**：移动到后一个主题的开头。
❖ **Ctrl+ →**：移动到后一个单词的开头。
❖ **Ctrl+Home**：移动到文稿大纲的顶端。
❖ **Ctrl+End**：移动到文稿大纲的底端。

（2）输入文本，如图 6-2 所示。

输入的文本长度超过占位符宽度时自动换行，也可按 Enter 键换行。如果在项目符号列表占位符中输入项目列表，按 Enter 键将开始一个新的项目列表项。按 Tab 键可将某个项目符号下移一级，按 Shift+Tab 键可上升一级。

　在 PowerPoint 2019 中输入文本时只有插入方式，没有改写方式，不能像在 Word 中输入文本一样按 Insert 键切换输入方式。

单击内容占位符中央的不同按钮，可以插入对应的幻灯片元素。

图 6-2　在占位符中输入文本

（3）输入完毕，单击幻灯片的空白区域结束输入。

（4）在占位符中双击，弹出如图 6-3 所示的格式工具栏，可快速设置输入文本的格式。

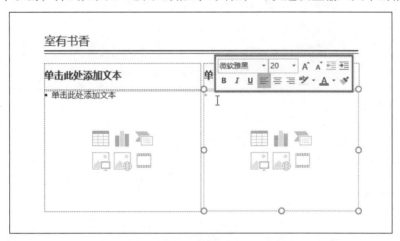

图 6-3　双击占位符设置占位符格式

6.1.2　使用文本框添加文本

顾名思义，文本框是文本对象的一种载体。使用文本框可以自由灵活地编排文本的位置，创建风格各异的文本布局。

 注意　文本框中的文本不显示在演示文稿的大纲中。

（1）单击"插入"菜单选项卡"文本"区域的"文本框"下拉按钮，弹出如图 6-4 所示的下拉菜单。

（2）选择文本框中文本的排列方向。如果选择"绘制横排文本框"，则鼠标指针变成↓形状；如果选择"竖排文本框"，则鼠标指针显示为——形状。

（3）在编辑区按下鼠标左键拖动绘制一个区域，或者直接单击，即可插入文本框，如图 6-5 所示。

（4）在光标闪烁的位置输入文本。

在这里要提请读者注意的是，按下鼠标左键拖动绘制的文本框是可以自动换行的固定宽度文本框，也就是说，当输入的文本宽度超出文本框宽度时，将自动换行，如图 6-6 所示。

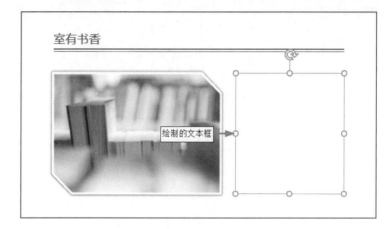

图 6-4　文本框下拉菜单　　　　　　　　　　图 6-5　绘制文本框

图 6-6　固定宽度文本框

文本框的宽度将随输入文本的长度自动扩充，不会自动换行，要按 Enter 键换行。因此，输入的内容过多时，其可能会从幻灯片的右侧溢出。

注意　　　　如果改变可变宽度文本框的大小，文本框变为固定宽度，不再自适应输入的文本宽度。

（5）输入完毕后，在文本框之外的任意位置单击或者按 Esc 键，退出文本输入状态。

6.1.3　插入特殊字符和公式

在使用 PowerPoint 制作幻灯片时，有时可能要输入一些特殊符号。读者可能会想到使用软键盘输入，其不便之处是要经常切换输入状态。其实 PowerPoint 2019 提供了插入符号的功能，利用此功能可直接插入各种特殊字符。

（1）单击要插入特殊符号的占位符或文本框，设置插入点。

注意　　　　符号应在文本输入状态下插入，如果没有选中文本框或占位符等文本载体，则"符号"命令按钮将显示为灰色，不可用。

（2）在"插入"菜单选项卡的"符号"区域，单击"符号"命令按钮，弹出如图 6-7 所示的"符号"对话框。

图 6-7 "符号"对话框

（3）在对话框左上角的下拉列表框中选择"字体"，在右上角的"子集"下拉列表框中选择符号所属类别。

> **提示：**
>
> 不同的字体对应的子集也不相同，某些特殊字符可能只在某种字体下存在。

（4）在符号列表中单击需要的符号后，单击"插入"按钮，选中的符号将显示在"近期使用过的符号"列表中。此时，"取消"按钮变为"关闭"按钮，如图 6-8 所示。

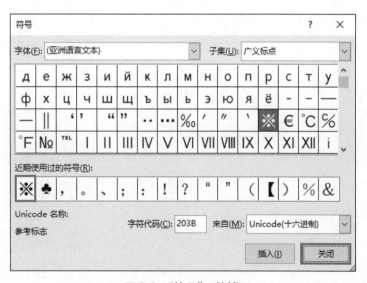

图 6-8 "符号"对话框

（5）单击"关闭"按钮关闭对话框，即可插入指定的特殊字符。例如，插入"亚洲语言文本"字体的"广义标点"子集中的重点符号的效果如图 6-9 所示。

如果要进行比较专业的学术演讲或研究汇报，通常会涉及一些数学公式。在 PowerPoint 早期的版本中，在演示文稿中插入公式通常要调出公式编辑器，嵌入公式对象。PowerPoint 2019 提供了强大的公式编辑功能，用户可以利用此功能直接插入常用的公式，也可以使用内置的数学符号和结构构造公式，甚至可以使用墨迹工具手写输入公式。

图 6-9　插入的特殊字符

（1）在"插入"菜单选项卡的"符号"区域单击"公式"下拉按钮，弹出如图 6-10 所示的下拉菜单。下拉菜单中列示了一些常用的数学公式，单击即可插入指定的公式，如图 6-11 所示。

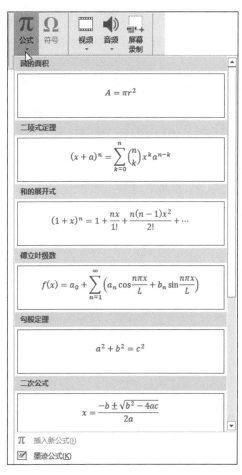

图 6-10　"公式"下拉菜单

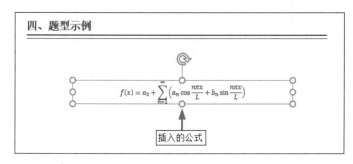

图 6-11　插入内置的公式

如果内置的公式列表中没有需要的公式，可以使用"公式"下拉菜单中的"插入新公式"命令自定义公式。

（2）在占位符或文本框中设置插入点之后，单击"插入"菜单选项卡中的"公式"命令下拉按钮，在弹出的下拉菜单中选择"插入新公式"命令。

此时，占位符或文本框中将显示公式的占位文本"在此处键入公式。"，如图 6-12 所示。

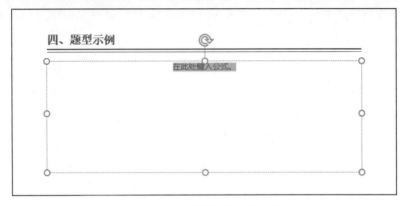

图 6-12　插入的新公式占位符

读者需要注意的是，与符号一样，公式也应显示在占位符或文本框中。如果没有选择相应的载体，则"插入新公式"命令灰显，如图 6-10 所示。

提示：　直接单击"公式"命令按钮，可以同时插入一个文本框和占位文本，不用事先在占位符或文本框中设置插入点。

（3）选中公式占位文本，在菜单功能区可以看到如图 6-13 所示的"公式工具设计"菜单选项卡。

图 6-13　"公式工具设计"菜单选项卡

在图 6-13 中可以看到，PowerPoint 2019 内置了丰富的数学符号和公式结构，其使用方法与公式编辑器类似。

（4）选择需要的结构和符号，并输入数字，完成公式输入。

如果觉得频繁地选择结构和符号比较烦琐，还可以使用墨迹工具"手写"公式，PowerPoint 2019 可以对墨迹公式进行很好的识别，并转换为标准的公式样式。

（1）在占位符或文本框中设置插入点之后，单击"插入"菜单选项卡中的"公式"命令下拉按钮，在弹出的下拉菜单中选择"墨迹公式"命令，打开如图 6-14 所示的"数学输入控件"对话框。

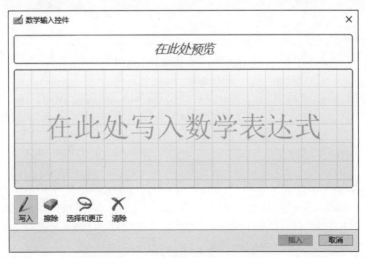

图 6-14　"数学输入控件"对话框

（2）按下鼠标左键拖动"书写"公式，对话框顶部的预览区域将显示识别的结果，如图 6-15 所示。

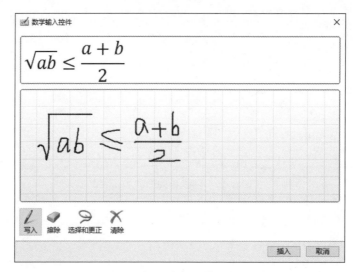

图 6-15 书写墨迹公式

如果识别有误，可以使用对话框底部的"擦除"工具单击识别有误的笔划进行擦除，然后单击"写入"按钮重新书写。或者使用"选择和更正"工具单击要修改的笔划，在弹出的窗口中选择正确的书写方式，如图 6-16 所示。

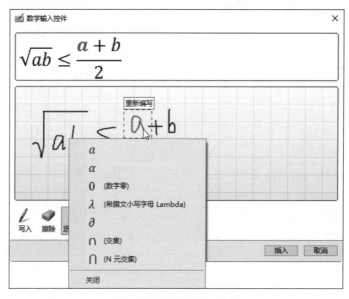

图 6-16 选择和更正笔划

如果要删除书写的墨迹，重新书写，则单击对话框底部的"清除"按钮。

（3）更正完成后，单击"插入"按钮关闭对话框，即可在指定位置插入书写的公式。

6.1.4 添加备注

在使用 PPT 进行演讲时，为避免忘记一些要讲的内容，往往会添加演讲者备注。演讲者备注是用来对幻灯片中的内容进行解释、说明或补充的文字材料，用于提示并辅助演示者完成演讲。

（1）切换到普通视图或大纲视图，在编辑窗口的右下窗格中直接输入该页幻灯片的提示性文字、说明性文字，或幻灯片窗格无法容纳的详细内容等文本，如图 6-17 所示。

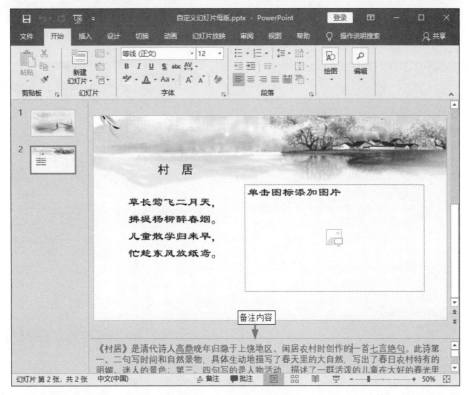

图 6-17 输入备注文本

> **注意** 在备注窗格中不能插入图片、表格等内容。要插入这些内容，应使用备注页视图。

如果右下窗格不显示，则应单击状态栏上的"备注"按钮 备注；拖动备注窗格顶部的分隔线，可以调整备注窗格的高度，如图 6-18 所示。

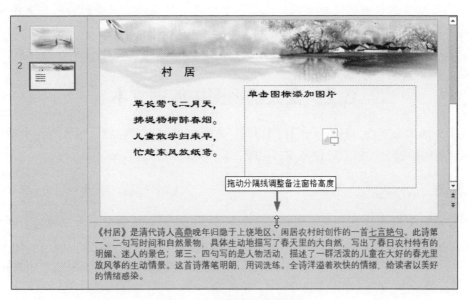

图 6-18 调整备注窗格高度

在备注窗格中还可以设置文本格式、段落格式。不过有些格式设置在备注窗格中看不到效果，可以切换到备注页视图查看。

（2）单击"视图"菜单选项卡"演示文稿视图"区域的"备注页"按钮，切换到备注页视图，可以更方便地查看、编辑备注，如图 6-19 所示。

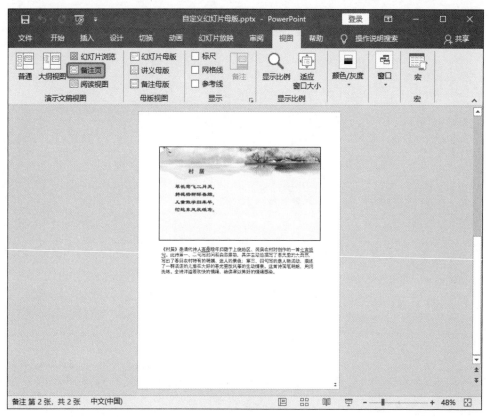

图 6-19　备注页视图

选中备注文本，可以像格式化普通文本一样设置备注格式，例如设置字体、字号、显示颜色等。

提示：　　　在备注页中设置的文本格式只能应用于当前页的备注，不会影响到其他备注页。如果要在每个备注页上都添加相同的内容，或使用统一的文本格式，可以使用备注母版。

6.2　在大纲视图中编辑文本

在大纲视图中编辑文本的方法与普通视图相同，之所以单独列节介绍，是因为在大纲视图中可以很轻松地添加幻灯片的标题、设置幻灯片文本的层级，极大地提高办公效率。

6.2.1　加注标题

讲演的内容通常会包括多个重点和次重点，对应地，在演示文稿中显示为并列的多个主题，以及主题下并列的多个小标题。使用大纲视图可以在展开的文稿中加入一系列的标题和小标题，使文稿更加丰满。

（1）切换到大纲视图，在"大纲"窗格中文稿大纲的第一行输入文稿的主标题，如图 6-20 所示。

（2）按 Enter 键新建一张幻灯片，编号为 2，输入第一个主题，如图 6-21 所示。

（3）按照与第（2）步相同的方法输入其他主题，最终的主题列表如图 6-22 所示。

图 6-20 输入文稿主标题

图 6-21 输入标题

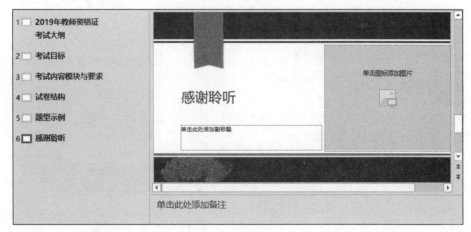

图 6-22 主题列表

6.2.2 更改大纲标题级别

主题输入完毕之后，就可以建立小标题（论点）了。

（1）将光标定位于要添加论点的主标题的末尾（例如"考试目标"），按 Enter 键自动插入一张新的幻灯片，然后输入主题，如图 6-23 所示。

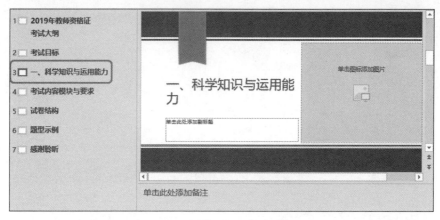

图 6-23　插入一个新的主题

（2）在输入的主题上右击弹出快捷菜单，选择"降级"命令，即可将插入点所在的主题降级一层，且自动调整缩进尺寸，以反映新的层次级别，如图 6-24 所示。

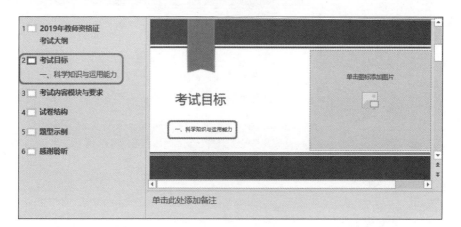

图 6-24　主题降级的效果

技巧：　　直接按 Tab 键也可以将当前插入点降级，按 Shift+Tab 键可以将当前插入点升级，利用这两个快捷键可以很快地建立各层的标题。

（3）将光标定位于降级后的小标题的末尾，按 Enter 键添加第二个小标题。采用同样的方法添加其他小标题，效果如图 6-25 所示。

图 6-25　添加第一层小标题

（4）如果在最后一个主题下添加若干小标题后，要增加下一个主题，则在最后一个小标题末尾按 Enter 键，然后右击，在弹出的快捷菜单中选择"升级"命令；或者直接按 Shift+Tab 键，即可将插入点升级一层。

提示： 　　每张幻灯片最多能加入五个不同层次的小标题，每一层都会向右缩进几格，以表示层次关系。如果多次选择"升级"命令，可将某一级小标题变成一个幻灯片标题，从而将一张幻灯片分成两张幻灯片。

此外，使用鼠标拖动也可以调整大纲级别。

（5）将鼠标指针移到要升高级别的小标题（例如"教学设计能力"）左侧，当指针变为四向箭头 时，按下鼠标左键向左拖动。拖动时，会出现一条灰色的垂直线指示目前到达的位置，如图 6-26 所示。当指示线显示在幻灯片图标左侧时，释放鼠标，即可将选中的小标题升级为主题。

图 6-26　鼠标拖动升级小标题

（6）将鼠标指针移到要降低级别的标题左侧，当指针变为四向箭头 时，按下鼠标左键向右拖动，可以降级标题。

教你一招

在大纲列表中显示文本格式

❖ 大纲窗格中的内容默认以宋体显示，并不是幻灯片中的实际文本格式。

❖ 在大纲窗格中右击，在弹出的快捷菜单中选择"显示文本格式"命令，可使大纲窗格中的各级标题按实际格式显示，如图 6-27 所示。

图 6-27　显示文本格式

❖ 再次选择"显示文本格式"命令，可恢复默认显示方式。

6.2.3 选择文本

对文本进行编辑时，首先需要选中文本。

在要选取的文本的起始处按下鼠标左键，拖动到文本结束处释放鼠标，即可选中指定范围内的文本。选中的文本反白显示，如图 6-28 所示。

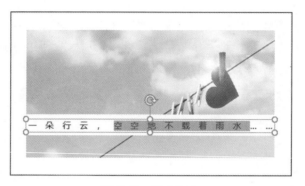

图 6-28　选中文本

使用键盘上的方向键也可以很方便地选定部分文本。

（1）将插入点放置在要选定文本的开始位置。

（2）按住 Shift 键的同时，按键盘上的方向键或 Home、End 键选定文本。

快速选择文本

❖ **选择一个单词**：双击要选取的单词。

❖ **选择一个段落及其所有子段落**：在段落任意位置连击 3 次。

❖ **选择单张幻灯片中的所有文本**：在大纲窗格中单击幻灯片图标。

❖ **选择整个演示文稿**：按 Ctrl+A 键，或者在"开始"菜单选项卡"编辑"区域的"选择"菜单中选择"全选"命令。

❖ **选择一个小标题下的全部文本**：在大纲窗格中单击该标题的项目符号。

6.2.4 移动、复制文本

移动是指将选定的文本从一个位置移到另一个位置，原位置的文本消失；复制是在目标位置制作一个选定文本的副本，且原位置的文本仍保留。

使用"复制""剪切""粘贴"菜单命令移动、复制文本的操作比较简单，本节主要介绍使用鼠标拖动移动、复制文本的方法。

1. 移动、复制整个占位符或文本框

（1）单击占位符或文本框的任意位置，将鼠标指针移到占位符或文本框的边框上，指针显示为。

（2）按下左键拖动。

拖动鼠标的同时按下 Ctrl 键，可以复制占位符或文本框到指定位置。

（3）到达目的位置后，释放鼠标左键。

2. 移动、复制占位符或文本框中的部分文本

（1）选中要移动或复制的文本，在选中的文本上按下鼠标左键，此时鼠标指针显示为。

（2）按下鼠标左键拖动，移到的目的位置显示一条灰色的短竖线，如图6-29所示。

图6-29 移动文本

如果拖动鼠标的同时按下Ctrl键，则可以复制文本到指定位置。

（3）释放鼠标左键。

6.3 格式化文本

良好的文本格式能够充分体现文档要表述的意图，激发观众的阅读兴趣。在文档中采用恰当的字体、合理的段落格式达到赏心悦目的文本效果，是一个优秀的演示文稿必不可少的要求之一。

6.3.1 定义字体样式

选中要设置格式的文本，利用"开始"菜单选项卡"字体"区域的命令按钮（图6-30），可以很方便地设置文本的字体、字号、颜色、字距等显示外观。

右击选中的文本，也可调出类似的工具栏（图6-31），方便用户快速设置文本格式。

图6-30 "字体"工具栏

图6-31 右键快捷工具栏

对于其中的绝大多数命令按钮，读者应该不会感到陌生，下面简要介绍几个不太常用，但作用强大的命令按钮的功能。

❖ "增大字号" 和"减小字号" ：单击一次可以将字号增大或减小4号。
❖ "文字阴影" ：在所选文本后面添加阴影，使文本更醒目。
❖ "删除线" ：在所选文本中间显示一条删除线。
❖ "更改大小写" ：将选定文本更改为大写、小写或其他常见的大写方式，如图6-32所示。
❖ "清除所有格式" ：清除所选文本的所有格式。

如果要更全面地设置文本格式，例如上标、下标或双删除线，可以单击"字体"工具栏右下角的扩展按钮 ，打开如图6-33所示的"字体"对话框。

句首字母大写(S)

小写(L)

大写(U)

每个单词首字母大写(C)

切换大小写(T)

图 6-32 "更改大小写"下拉菜单   图 6-33 "字体"对话框

该对话框中的大部分内容在"字体"工具栏中有相应的命令，使用起来更为方便。要注意的是选中"上标"或者"下标"复选框之后，可以在"偏移量"文本框中指定设为上标或者下标的文本相对于文本中线的偏移量。

教你一招

替换演示文稿中的字体

如果要将演示文稿内的某种字体的文本全部替换为另一种字体，若逐页逐个文本框进行修改，不仅花费时间及精力，还容易遗漏。使用"替换字体"功能可以轻松解决这个问题。

（1）打开要修改字体的演示文稿。

（2）在"开始"菜单选项卡的"编辑"区域单击"替换"下拉按钮，在弹出的下拉菜单中单击"替换字体"命令，如图 6-34 所示，弹出"替换字体"对话框。

（3）在"替换"下拉列表框中选择要替换的字体；在"替换为"下拉列表框中选择要应用的新字体，如图 6-35 所示。

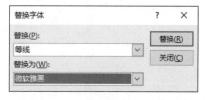

图 6-34 选择"替换字体"命令   图 6-35 "替换字体"对话框

（4）单击"替换"按钮替换字体，然后单击"关闭"按钮关闭对话框。

6.3.2 设置文本框格式

文本框是一种展示文本的载体，也是一种形状。选中文本框之后，在菜单功能区可以看到如图 6-36 所示的"绘图工具格式"菜单选项卡。

通过设置文本框的填充颜色和边框样式等，可以创建丰富多彩的文本样式。

图 6-36　"绘图工具格式"菜单选项卡

（1）选中要设置格式的文本框。

（2）套用内置样式。单击"形状样式"列表框右下角的"其他"下拉按钮，在弹出的形状样式列表中选择一种合适的样式，例如，应用"细微效果 - 橙色，强调颜色 2"样式后的效果如图 6-37 所示。

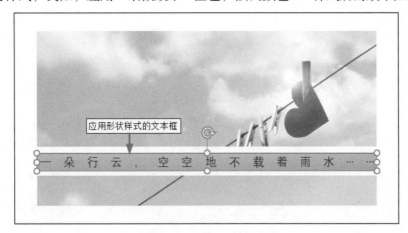

图 6-37　设置文本框样式

PowerPoint 2019 不仅提供了丰富的内置形状样式，还支持自定义文本框的样式。分别单击"形状填充"按钮、"形状轮廓"按钮和"形状效果"按钮，可以分别设置文本框内部的填充效果、边框样式和外观效果（例如阴影、发光、映像或三维效果）。

（3）使用内置样式设置文本格式。单击"艺术字样式"列表框右下角的"其他"下拉按钮，弹出如图 6-38 所示的样式列表。单击样式图标，即可应用样式。

此外，分别单击"文本填充"按钮和"文本轮廓"按钮，可以自定义文本填充效果和轮廓样式；单击"文字效果"按钮，可以设置文本的阴影、发光、映像或三维效果等外观效果。

值得一提的是，"文字效果"下拉菜单中有一项"转换"命令，利用此命令可以使文本跟随路径或按某种形状弯曲排列，如图 6-39 所示。

图 6-38　艺术字样式列表

图 6-39　"层叠：前近后远"排列效果

除了可以使用菜单命令设置文本框格式外，还有一种更简便的方法，就是打开"设置形状格式"面板格式化文本框。

单击"形状样式"区域右下角的扩展按钮 ，或在选中的文本框上右击，在弹出的快捷菜单中选择"设置形状格式"命令，打开如图 6-40 所示的"设置形状格式"面板。

❖ **"填充与线条"** ：设置文本框的填充效果和轮廓样式。

❖ **"效果"** ：设置文本框的外观效果，如图 6-41 所示。

❖ **"大小和属性"** ：设置文本框的大小、位置以及文本对齐方式和边距，如图 6-42 所示。

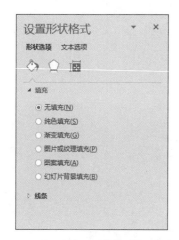

图 6-40 "设置形状格式"面板

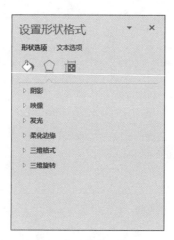

图 6-41 "效果"选项

图 6-42 "大小和属性"选项

使用鼠标拖动文本框四周的变形手柄，可以更直观地调整文本框尺寸。

默认情况下，"根据文字调整形状大小"选项处于选中状态，也就是说，当文本内容超出文本框时，文本框将随着文本的增多而自动扩展。

注意

当文本内容超出文本框大小时，如果"垂直对齐方式"为"顶端对齐"或"顶部居中"，文本或文本框将向下方扩展；如果"垂直对齐方式"为"中部对齐"或"中部居中"，文本或文本框将向上下两个方向扩展；如果"垂直对齐方式"为"底端对齐"或"底部居中"，则文本或文本框将向上方扩展。

修改文本框默认格式

为统一演示文稿的风格，通常会将具有相同用途的文本框设置为相同的格式，例如字体、字号、文本框的填充和边框效果。逐个文本框设置格式显然很烦琐，如果在插入文本框时设置文本框的默认格式，可以使后续插入的文本框自动应用指定的格式，从而达到事半功倍的效果。

（1）插入一个文本框，设置文本框及文本格式。

（2）在文本框上右击弹出快捷菜单，选择"设置为默认文本框"命令，如图 6-43 所示。

（3）在演示文稿中插入新的文本框，并输入文本。可以看到新插入的文本框自动应用与指定文本框相同的格式设置。

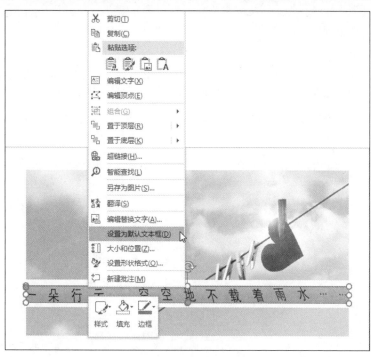

图 6-43　选择"设置为默认文本框"命令

6.3.3　调整对齐方式

PowerPoint 2019 在"开始"菜单选项卡的"段落"区域提供了多种对齐文本和段落的方式,如图 6-44 所示,既可在水平方向上对齐文本,也可在垂直方向上对齐文本。

≡≡≡≡≣：水平对齐方式,依次为左对齐、居中对齐、右对齐、两端对齐和分散对齐。

⬚对齐文本▾：垂直对齐方式,单击下拉按钮,弹出如图 6-45 所示的下拉菜单。如果选择"其他选项"命令, 可以打开"设置形状格式"面板,在"垂直对齐方式"下拉列表框中可以看到更多的垂直对齐方式,如图 6-46 所示。

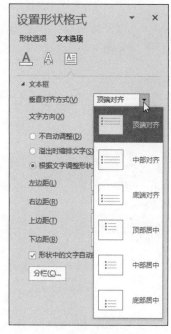

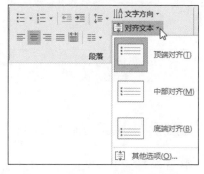

图 6-44　"段落"工具栏　　　图 6-45　"对齐文本"下拉菜单　　　图 6-46　"设置形状格式"面板

6.3.4 更改缩进方式

段落缩进可以使演示文稿层次分明、有条理。使用标尺，可以很方便地设置段落的缩进格式。

（1）在要设置缩进格式的段落中单击，选中整个段落。

（2）在"视图"菜单选项卡的"显示"区域选中"标尺"复选框，在文档编辑窗口显示标尺，如图 6-47 所示。

图 6-47　显示标尺

（3）拖动标尺上的首行缩进符号，设置段落首行的缩进位置；拖动左缩进符号设置段落中其他行的左缩进位置，如图 6-48 所示。

图 6-48　水平标尺上的缩进符号

提示：　　左缩进符号由一个三角滑块和一个矩形方块组成，拖动三角滑块，只调整首行以外的其他行的缩进，不影响首行缩进的位置；拖动矩形方块，首行缩进符号会随之移动，保持首行和其他行的相对位置不变。

使用制表符对齐文本

将光标放置在段落中，在水平标尺上，除了缩进符号外，还可以看到一些黑色的短竖线，即默认制表符，如图 6-49 所示。

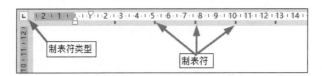

图 6-49　水平标尺上的默认制表符

在文本中按 Tab 键时，输入光标将自动移至下一个最近的默认制表符上，光标后的文本也随之移动。

水平标尺左端为制表符类型，其意义如表6-1所示。单击制表符类型图标，可以在各种类型之间依次切换。

表6-1　制表符类型

制表符类型	文本对齐方式	制表符类型	文本对齐方式
∟	左对齐	⌐	右对齐
⊥	居中	⊥	小数点对齐

有时默认制表位不能满足设计需要，还可以自定义制表位的位置。

（1）选定要自定义制表位的文本。

（2）单击制表符类型图标，选择一种制表符类型。

（3）在标尺上单击要设置制表位的位置，即可添加指定类型的制表符。

 注意　在标尺上添加制表符时，其左侧的默认制表符将被自动清除，文本的格式也将按照新的制表符自动调整。

如果要清除自定义的制表位，只需要用鼠标将其拖离标尺即可。

6.3.5　修改行距和段间距

更改段落中的行距或者段落之间的段间距，可以使段落结构分明，增强可读性。

（1）选中段落，在"开始"菜单选项卡的"段落"区域，单击"行距"下拉按钮，弹出行距下拉菜单，如图6-50所示。

（2）在下拉菜单中可以选择常用的行距。如果要自定义行距，可选择"行距选项"命令，打开如图6-51所示的"段落"对话框。

图6-50　"行距"下拉菜单

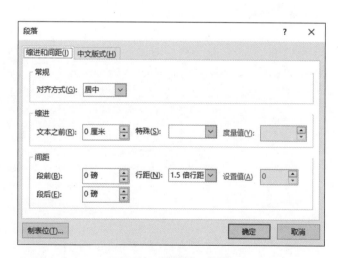

图6-51　"段落"对话框

直接单击"段落"区域右下角的扩展按钮 ，也可以打开"段落"对话框。

（3）在"行距"下拉菜单可以指定行距为多倍行距或固定值；在"段前"和"段后"文本框中可以指定段前、段后的间距，单位可以选择"行"或者"磅"。

（4）设置完毕，单击"确定"按钮关闭对话框。

6.4　使用项目符号和编号

项目符号和编号是幻灯片的常用元素，使用它们可以使幻灯片的项目层次更加清晰。两者的区别在于：项目符号没有次序，通常用于没有顺序之分的多个项目；而编号则以阿拉伯数字、汉字或者英文字母作为项目编排次序，适用于有顺序限制的多个项目。

6.4.1　创建列表

要创建列表，可以选择一种项目符号或编号，然后逐项输入各项内容；也可以选定已有的一些段落，然后添加项目符号或者编号。

（1）选定要创建为列表的文本或者占位符。

（2）在"开始"菜单选项卡的"段落"区域，单击"项目符号"或"编号"命令按钮（图6-52），即可添加默认的项目符号或编号，如图6-53所示。

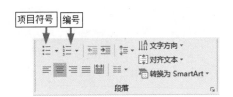

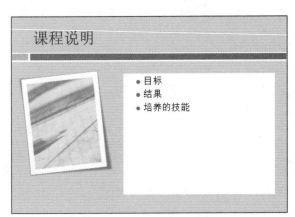

图 6-52　"项目符号"或"编号"命令按钮　　　　图 6-53　创建的项目列表

如果单击"项目符号"或"编号"命令按钮右侧的下拉按钮，在弹出的下拉菜单中可以选择内置的符号或编号样式，如图6-54（a）和（b）所示。

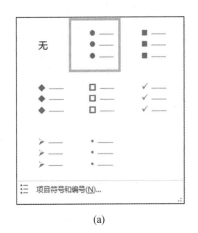

(a)

(b)

图 6-54　"项目符号"和"编号"下拉菜单

如果选择"无"，可以删除项目符号或编号。

在某一个列表项之后按 Enter 键，可自动新建一个空白的列表项。

6.4.2　修改项目符号或编号外观

默认的项目符号或编号可能不太美观，PowerPoint 2019 允许用户修改内置符号或编号的大小和颜色，还可以将图片、特殊符号作为项目符号，并指定起始编号。

（1）选中要修改项目符号或编号的列表。

 注意 　　　　由于项目符号是文本格式的一种属性，并不是文本的一部分，所以要更改项目符号时，应选择与此项目符号相关的文本，而不是项目符号本身。

（2）在"开始"菜单选项卡的"段落"区域，单击"项目符号"或"编号"命令按钮右侧的下拉按钮，在如图 6-54 所示的下拉菜单中选择"项目符号和编号"命令，打开如图 6-55（a）和（b）所示的"项目符号和编号"对话框。

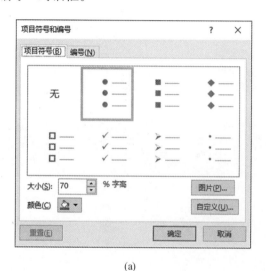

(a)　　　　　　　　　　　　　　(b)

图 6-55　"项目符号和编号"对话框

（3）在"大小"文本框中设置符号或编号相对于文本的大小；单击"颜色"按钮，修改符号或编号的显示颜色。修改"起始编号"文本框中的值，可以指定编号列表的起始编号。

如果要自定义项目符号，则单击图 6-55（a）中的"自定义"按钮，在如图 6-56 所示的"符号"对话框中可以从计算机的所有字符集中选择一种符号作为项目符号，如图 6-57 所示。

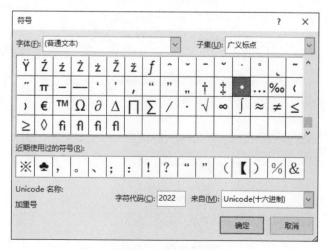

图 6-56　"符号"对话框

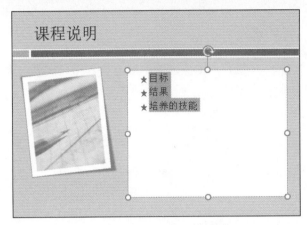

图 6-57　自定义项目符号

单击"图片"按钮，在如图 6-58 所示的对话框中可以选择一张图片作为项目符号。

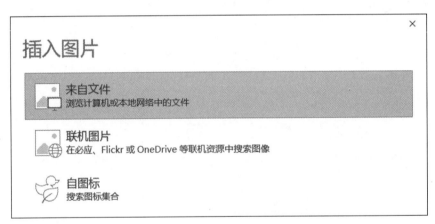

图 6-58　"插入图片"对话框

6.4.3　更改列表项的级别

一个列表中通常包含多个层次的列表项。更改列表项目的层次级别有两种常用的方法，下面分别进行介绍。

1. 使用缩进命令按钮

（1）选中要修改层次级别的列表项，如图 6-59 所示。

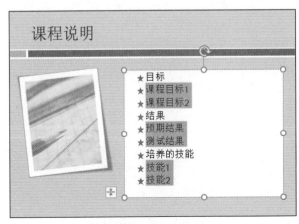

图 6-59　选中要修改的列表项

按下 Ctrl 键的同时拖动鼠标选择，可以选中多个不相邻的列表项。

（2）在"开始"菜单选项卡的"段落"区域，单击"增大缩进级别"命令按钮 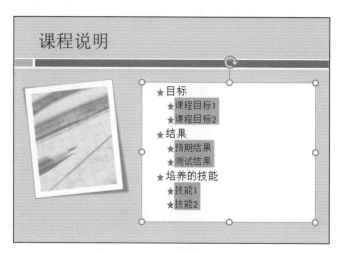，选中的列表项即可向右缩进，且文本字号自动缩小，以表明层次关系，如图 6-60 所示。

图 6-60　增大缩进级别的效果

单击"减小缩进级别"按钮 ，选中的列表项将向左缩进，提高列表级别。

选中列表项后，按 Tab 键，一次可降低一个级别；按 Shift+Tab 键可提高一个级别。

2. 使用标尺上的缩进符号

使用标尺上的两个缩进符号也可以更改列表项的级别，但用法与设置文本缩进时稍有不同。两个缩进符号中，总是靠左的缩进符号决定项目符号或者编号的位置，靠右的缩进符号决定文本的左缩进位置，如图 6-61 所示。

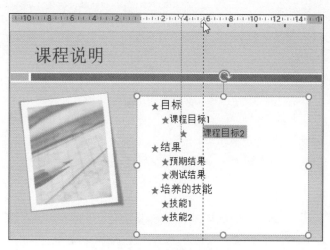
图 6-61　使用缩进符号调整缩进

6.5　实例精讲——美文赏析

　　本节练习制作一个展示有关四月的诗词欣赏演示文稿。通过对操作步骤的详细讲解，可以使读者进一步掌握在占位符中编辑文本、使用文本框添加文本、修改项目编号，以及设置文本格式和调整段落缩进的操作方法。

　　首先在母版中自定义背景样式和目录页、内容页版式；然后分别使用横排文本框和竖排文本框创建竖排文字，制作标题幻灯片；接下来自定义项目符号外观和缩进，对目录页和内容页进行排版；最后使用文本框和内置的艺术字效果，制作结束页。

操作步骤

6.5.1　设计版式

（1）新建一个空白的演示文稿，并切换到幻灯片母版视图。选中幻灯片母版，单击"背景样式"命令按钮，在下拉菜单中选择"设置背景格式"命令，打开"设置背景格式"面板。

（2）在"填充"区域选中"纯色填充"选项，然后设置填充色为浅蓝色，效果如图6-62所示。

6-1　设计版式

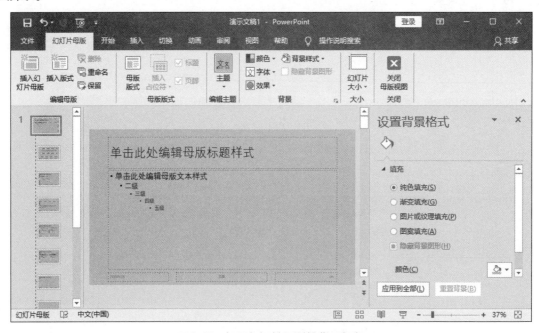

图6-62　设置幻灯片母版的背景颜色

首先制作内容页的版式。

（3）在"幻灯片母版"菜单选项卡中单击"插入版式"命令按钮，新建一个版式。然后单击"插入"菜单选项卡"插图"中的"形状"命令按钮，在弹出的形状列表中选择"矩形"。

（4）按下鼠标左键拖动，绘制一个长条矩形。然后选中绘制的矩形，切换到"绘图工具格式"菜单选项卡，单击"形状填充"命令按钮，设置填充颜色为玫瑰红，效果如图6-63所示。

（5）单击"插入"菜单选项卡"插图"中的"形状"命令按钮，在弹出的形状列表中选择"矩形"。再次绘制一个矩形，并设置矩形的填充颜色为白色，效果如图6-64所示。

图 6-63　绘制并填充矩形 1

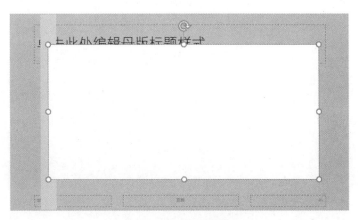

图 6-64　绘制并填充矩形 2

（6）在白色矩形上右击打开快捷菜单，选择"设置形状格式"命令，打开"设置形状格式"面板。然后切换到"效果"选项卡，设置阴影效果的模糊值为 15 磅，距离为 18 磅，如图 6-65 所示。

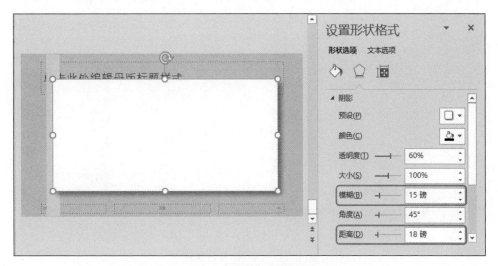

图 6-65　设置矩形的阴影效果

（7）在"幻灯片母版"菜单选项卡的"母版版式"区域，取消选中"标题"和"页脚"复选框，效果如图 6-66 所示。

至此，内容版式制作完成。接下来制作目录页的版式。

（8）在"幻灯片母版"菜单选项卡中单击"插入版式"命令按钮，新建一个版式。然后按照制作内容页版式的方法绘制三个矩形，并进行填充、设置阴影效果，如图 6-67 所示。

图 6-66　隐藏标题和页脚的效果

图 6-67　绘制并填充矩形 3

（9）单击"幻灯片母版"菜单选项卡中的"插入占位符"命令按钮，在下拉菜单中选择"图片"。当鼠标指针变为十字形时，按下左键拖动，绘制一个图片占位符，如图 6-68 所示。

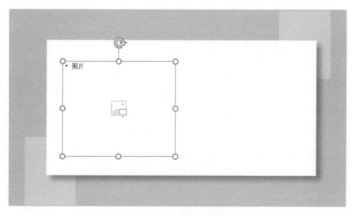

图 6-68　插入图片占位符

（10）单击"幻灯片母版"菜单选项卡中的"插入占位符"命令按钮，在下拉菜单中选择"文本"。当鼠标指针变为十字形时，按下左键拖动，绘制一个文本占位符，如图 6-69 所示。

默认情况下，文本占位符中的项目符号显示为小圆形，用户可以根据设计需要修改项目符号的外观。

（11）选中文本占位符中的一级文本，在"开始"菜单选项卡的"段落"区域单击"项目符号"命令按钮，在弹出的下拉菜单中选择"项目符号和编号"命令，打开"项目符号和编号"对话框。

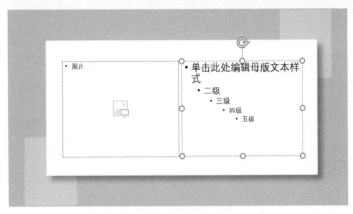

图 6-69　插入文本占位符

（12）在项目符号列表中选择大圆形，然后设置项目符号的大小为 120% 字高，如图 6-70 所示。

（13）单击"确定"按钮关闭对话框，在版式中可以看到修改后的项目符号效果，如图 6-71 所示。

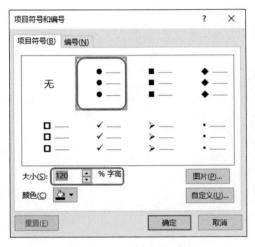

图 6-70　设置项目符号

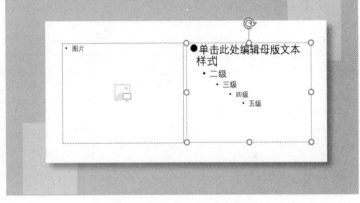

图 6-71　修改项目符号后的效果

（14）选中文本占位符，在"开始"菜单选项卡的"段落"区域单击"对齐文本"命令按钮，在弹出的下拉菜单中选择"中部对齐"命令，效果如图 6-72 所示。

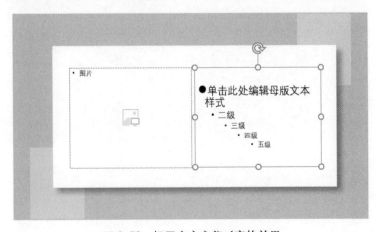

图 6-72　设置文本中部对齐的效果

至此，目录页的版式制作完成。

（15）单击"关闭母版视图"按钮，返回普通视图。

6.5.2　制作标题幻灯片

（1）在标题幻灯片上右击弹出快捷菜单，选择"设置背景格式"命令，打开"设置背景格式"面板。

（2）在"填充"区域选中"图片或纹理填充"选项，然后单击"文件"按钮，在打开的"插入图片"对话框中选择需要的背景图片，单击"插入"按钮关闭对话框。效果如图 6-73 所示。

6-2　制作标题幻灯片

图 6-73　设置标题幻灯片的背景样式

（3）单击"插入"菜单选项卡中的"文本框"命令按钮，在弹出的下拉菜单中选择"绘制横排文本框"命令。然后在标题幻灯片上绘制一个文本框，并输入文本。

（4）选中输入的文本，在"开始"菜单选项卡的"段落"区域，设置文字方向为"竖排"，居中对齐；在"字体"区域设置字体为"等线"，字号为 48，效果如图 6-74 所示。

图 6-74　设置文字的格式

（5）选中文本框，在"绘图工具格式"菜单选项卡中单击"形状填充"按钮，设置文本框的填充颜色为玫瑰红，效果如图 6-75 所示。

（6）单击"插入"菜单选项卡"插图"区域的"形状"命令按钮，在弹出的形状列表中选择"椭圆"，然后在按住 Shift 键的同时，按下鼠标左键拖动，绘制一个正圆形。

（7）选中圆形，在"绘图工具格式"菜单选项卡中单击"形状填充"按钮，设置圆形的填充颜色为浅灰色，效果如图 6-76 所示。

（8）单击"插入"菜单选项卡中的"文本框"命令按钮，在弹出的下拉菜单中选择"竖排文本框"命令。然后在标题幻灯片上绘制一个文本框，并输入文本，如图6-77所示。

图 6-75　设置文本框的填充颜色

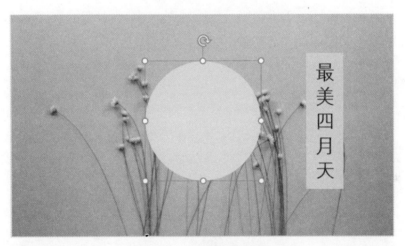

图 6-76　绘制并填充圆形

图 6-77　插入竖排文本框并输入文本

（9）选中输入的文本，在"开始"菜单选项卡的"段落"区域，设置行距为1.5，字体为"等线"，字号为14。然后调整文本框的位置，效果如图6-78所示。

至此，标题幻灯片制作完成。

图 6-78 设置文本格式的效果

6.5.3 制作目录页

6-3 制作目录页

（1）在"开始"菜单选项卡的"幻灯片"区域，单击"新建幻灯片"命令按钮，在弹出的下拉菜单中选择自定义的目录页版式，新建一个目录页，如图 6-79 所示。

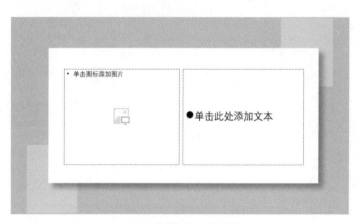

图 6-79 基于自定义版式新建的幻灯片

（2）单击图片占位符中间的图标，弹出"插入图片"对话框，选择需要的图片后，单击"插入"按钮插入图片。然后选中图片，在"图片工具格式"菜单选项卡的"图片样式"列表框中单击"柔化边缘矩形"样式，效果如图 6-80 所示。

图 6-80 插入图片并设置样式

（3）在文本占位符中输入导航目录，完成一项后按 Enter 键输入第二项，效果如图 6-81 所示。

图 6-81 输入导航目录

（4）选中文本占位符中的所有文本，在"开始"菜单选项卡的"段落"区域单击"行距"下拉按钮，在弹出的下拉菜单中选择 1.5，效果如图 6-82 所示。

图 6-82 设置行距的效果

从图 6-82 中可以看到，项目符号和其后的文本默认的间距很小，影响美观。下面通过水平标尺上的缩进符号调整文本的缩进。

（5）选中文本占位符中的所有文本，然后切换到"视图"菜单选项卡，在"显示"区域选中"标尺"复选框，显示标尺。

（6）拖动水平标尺上的左缩进符号，调整缩进位置，如图 6-83 所示。

图 6-83 调整缩进位置

至此，目录页的内容制作完成。如果希望目录页能发挥在幻灯片之间导航的作用，还应为目录项添加超链接。有关创建超链接的内容将在第 11 章进行介绍。

6.5.4 制作内容页

（1）在"开始"菜单选项卡的"幻灯片"区域，单击"新建幻灯片"命令按钮，在弹出的下拉菜单中选择自定义的内容页版式，新建一个内容页。

6-4　制作内容页

（2）单击"插入"菜单选项卡中的"文本框"命令按钮，在弹出的下拉菜单中选择"绘制横排文本框"命令。然后在幻灯片上绘制一个文本框，并输入文本。

（3）选中输入的文本，在"开始"菜单选项卡的"字体"区域，设置字体为"等线"，字号为 40，效果如图 6-84 所示。

图 6-84　在文本框中输入文本并格式化

（4）单击"插入"菜单选项卡"插图"区域的"形状"命令按钮，在弹出的形状列表中选择"矩形"，然后按下鼠标左键拖动，绘制一个长条矩形。

（5）选中矩形，在"绘图工具格式"菜单选项卡中单击"形状填充"按钮，设置矩形的填充颜色为深灰色，效果如图 6-85 所示。

图 6-85　绘制并填充矩形

（6）单击"插入"菜单选项卡中的"文本框"命令按钮，在弹出的下拉菜单中选择"绘制横排文本框"命令，在幻灯片上绘制一个文本框，并输入文本。

（7）选中输入的文本，在"开始"菜单选项卡的"字体"区域，设置字体为"等线"，字号为 18；在"段落"区域设置行距为 1.5，效果如图 6-86 所示。

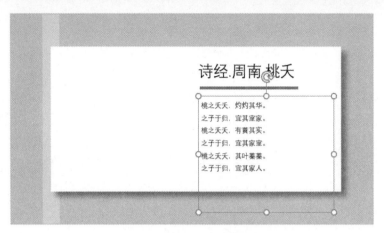

图 6-86　输入文本并格式化

（8）切换到"插入"菜单选项卡，单击"图片"命令按钮，在弹出的对话框中选择需要的插图，单击"插入"按钮插入图片。然后调整图片的大小和位置，效果如图 6-87 所示。

图 6-87　插入图片的效果

本例中所有内容页的版式基本相同，可以重复步骤（1）~（8）的方法制作其他幻灯片，也可以通过复制上一步制作好的幻灯片再进行修改。

（9）选中上一步制作完成的幻灯片，按 Ctrl+D 键复制幻灯片。然后修改文本内容和插图，还可以调整文本框的位置，如图 6-88 所示。

图 6-88　制作其他幻灯片

6.5.5　制作结束页

（1）在"开始"菜单选项卡的"幻灯片"区域，单击"新建幻灯片"命令按钮，在弹出的下拉菜单中选择"空白"版式，新建一张幻灯片。

6-5　制作结束页

此时新建的幻灯片只有在母版中定义的背景颜色。

（2）单击"插入"菜单选项卡"插图"区域的"形状"命令按钮，在弹出的形状列表中选择"矩形"，然后按下鼠标左键拖动，绘制一个矩形。

（3）选中矩形，在"绘图工具格式"菜单选项卡中单击"形状填充"按钮，设置矩形的填充颜色为白色。

（4）切换到"插入"菜单选项卡，单击"图片"命令按钮，在弹出的对话框中选择需要的插图，单击"插入"按钮插入图片。然后调整图片的大小和位置，效果如图 6-89 所示。

图 6-89　插入图片

（5）单击"插入"菜单选项卡中的"文本框"命令按钮，在弹出的下拉菜单中选择"绘制横排文本框"命令，在幻灯片上绘制一个文本框，并输入文本。

（6）选中输入的文本，在"开始"菜单选项卡的"字体"区域，设置字体为"等线"，字号为 60，效果如图 6-90 所示。

图 6-90　在文本框中输入文本并格式化

（7）选中文本框，在"绘图工具格式"菜单选项卡的"艺术字样式"列表框中选择一种样式，效果如图 6-91 所示。

至此，结束页制作完成。

（8）切换到幻灯片浏览视图，可以查看演示文稿中所有制作的幻灯片效果，如图6-92所示。

图 6-91　应用艺术字样式的效果

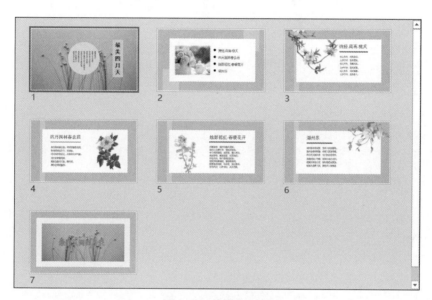

图 6-92　浏览幻灯片

答 疑 解 惑

1. 在一些 PPT 模板中，可以看到其中的文字逐渐变淡，和图片能很好地融合，在 PPT 中能直接实现吗？

答：使用 PowerPoint 2019 强大的文字编辑功能，可以很轻松地制作多种常见的文字特效，包括逐渐淡化的渐隐字。

（1）选中要设置渐隐效果的文本，单击"绘图工具格式"菜单选项卡中的"文本填充"按钮，在弹出的菜单中单击"渐变"命令，然后在级联菜单中选择"其他渐变"命令。

（2）在"设置形状格式"面板中，选择"渐变填充"单选按钮，然后将渐变光圈两端设置为白色，右端透明度设置为 100%。

（3）修改中间位置的填充颜色，并可通过左右移动来调整效果。

2. 在演示文稿中使用了一些特别的字体美化文本，但复制到其他计算机上查看时，发现字体显示为常见的宋体了，怎样解决这个问题？

答：出现这种问题是因为其他计算机上没有安装演示文稿中使用的某些字体，可在保存演示文稿时嵌入使用的字体。

（1）单击"文件"菜单选项卡中的"选项"命令，打开"PowerPoint 选项"对话框。

（2）切换到"保存"分类，选中右侧窗格底部的"将字体嵌入文件"复选框。

（3）单击"确定"按钮关闭对话框，然后保存演示文稿。

学习效果自测

一、选择题

1. 在 PowerPoint 中，创建新的幻灯片时出现的虚线框称为（　　）。
    A. 占位符　　　　　　B. 文本框　　　　　　C. 图片边界　　　　　　D. 表格边界

2. 在 PowerPoint 中，占位符实质上是（　　）。
    A. 一种特殊符号　　　　　　　　　　B. 一种特殊的文本框
    C. 含有提示信息的对象框　　　　　　D. 在所有的幻灯片版式中都存在的一种对象

3. 幻灯片中占位符的作用是（　　）。
    A. 表示文本的长度　　　　　　　　　B. 限制插入对象的数量
    C. 表示图形的大小　　　　　　　　　D. 为文本、图形预留位置

4. 在 PowerPoint 中，如果文本占位符中有光标闪烁，证明此时是（　　）状态。
    A. 移动　　　　　　　B. 文字编辑　　　　　　C. 复制　　　　　　D. 文字框选取

5. 在编辑演示文稿时，按快捷键（　　）可选定全部幻灯片。
    A. Shift + A　　　　B. Ctrl + A　　　　C. Shift + C　　　　D. Ctrl + C

6. 在大纲视图下输入标题后，若要输入文本内容，正确的操作是（　　）。
    A. 按 Enter 键，再输入文本　　　　　B. 按 Ctrl + Enter 键，再输入文本
    C. 按 Shift + Enter 键，再输入文本　　D. 按 Alt + Enter 键，再输入文本

7. 在 PowerPoint 中，使字体加粗的快捷键是（　　）。
    A. Shift + B　　　　B. Esc + B　　　　C. Ctrl + B　　　　D. Alt + B

8. 在普通视图模式下，要在当前幻灯片中制作"标题"文本，正确的操作是（　　）。
    A. 插入文本框后，在新建的文本框中输入标题内容
    B. 在"版式"下拉列表框中选择具有"标题"的自动版式
    C. 在"版式"下拉列表框中选择"空白"版式
    D. 在"版式"下拉列表框中选择"标题幻灯片"

9. 要在"空白"版式的幻灯片中输入标题，比较简单方便的操作是（　　）。
    A. 使用普通视图　　　　　　　　　　B. 使用大纲视图
    C. 使用幻灯片浏览视图　　　　　　　D. 使用备注页视图

10. 将文本框旋转 45°，正确的方法是（　　）。
    A. 按住 Shift 键，同时用鼠标拖动文本框的旋转手柄
    B. 按住 Alt 键，同时用鼠标拖动文本框的旋转手柄
    C. 在"设置形状格式"面板的"大小与属性"选项卡中设置旋转角度
    D. 在"设置形状格式"面板的"文本框"选项卡中设置旋转角度

11. 在幻灯片的大纲编辑区，按 Shift+Tab 键可以（　　）。
    A. 进入正文　　　　　　　　　　　　B. 使段落升级
    C. 使段落降级　　　　　　　　　　　D. 交换正文位置

12. 在大纲视图窗格中输入演示文稿的标题时，执行（　　）操作，可以在幻灯片的大标题后面输入小标题。
    A. 右键菜单中的"升级"命令　　　　B. 右键菜单中的"降级"命令

C. 右键菜单中的"上移"命令　　　　　　　D. 右键菜单中的"下移"命令

13. 在大纲窗格中，无法实现的功能是（　　　　）。

A. 升级 / 降级段落　　　　　　　　　　　B. 上移 / 下移幻灯片

C. 展开 / 折叠幻灯片　　　　　　　　　　D. 设置幻灯片版式

14. 将 Word 文档的大纲加入 PowerPoint 2019，可用（　　　　）方法。

A. 在"开始"菜单选项卡的"新建幻灯片"下拉菜单中选择"复制幻灯片"命令

B. 在"插入"菜单选项卡的"新建幻灯片"下拉菜单中选择"幻灯片（从大纲）"命令

C. 在"插入"菜单选项卡的"新建幻灯片"下拉菜单中选择"重用幻灯片"命令

D. 将 Word 文档另存为 pptx 格式

15. PowerPoint 2019 支持用图片或特殊字符作为项目符号，以下说法不正确的是（　　　　）。

A. 只能将 PowerPoint 内部列出的图片用作项目符号

B. 在"项目符号和编号"对话框中，单击"图片"按钮，可选择图片作为项目符号

C. 在"项目符号和编号"对话框中，单击"自定义"按钮，可选择特殊字符作为项目符号

D. 如果用作项目符号的图片尺寸比较大，可在"项目符号和编号"对话框中调整图片的百分比

二、填空题

1. _____是指创建新幻灯片时出现的虚线方框，这些方框代表着一些待确定的对象。

2. 在文本中按_____键时，输入光标将自动移至下一个最近的默认制表符上，以方便对齐文本。

3. 将文本添加到幻灯片最简易的方式，是直接将文本输入幻灯片的任何占位符中。要在占位符之外的其他地方添加文字，可以在幻灯片中插入_____或_____。

4. 项目列表包括项目符号和编号，两者的区别在于：_____通常用于没有顺序之分的多个项目；而_____则适用于有顺序限制的多个项目。

5. 在 PowerPoint 2019 中，符号和公式应显示在_____或_____中。

三、操作题

1. 新建一个演示文稿，分别在占位符和文本框中输入文本。

2. 使用插入新公式的方法，插入傅里叶级数。

3. 在演示文稿中插入并列多标题。

4. 新建一张幻灯片，添加逐层多标题。

5. 制作一个含有项目符号的演示文稿，并自定义项目符号的大小和颜色。

第 7 章

使用图形对象

本章导读

　　图形是一种视觉化的语言。不同语种的人在使用语言进行交流时可能会遇到种种障碍，但如果观看同一幅图片，可能引发相似的感觉和认识。

　　图形对象不仅能使幻灯片的界面更加丰富多彩，而且更重要的是能够使幻灯片内容更加清晰直观，能够更形象地传达要表述的内容。因此，在制作幻灯片时，不妨考虑将图形和文字有机地结合起来，以获得最佳的展示效果。

学习要点

❖ 插入图片和图标，并编辑显示外观

❖ 绘制、编辑形状

❖ 编辑 SmartArt 图形

❖ 排列图形

7.1　使　用　图　片

图片是 PowerPoint 演示文稿最常用的对象，一张适时应景的图片往往有胜于千言万语的功效，在幻灯片中使用图片，还可以避免观众面对单调的文字和数据产生厌烦的心理，而且能丰富幻灯片的演示效果。

在 PowerPoint 中使用图片有四种方法：图片（即本机图片）、联机图库、屏幕截图和相册，如图 7-1 所示。本节主要介绍图片和相册的使用方法。

图 7-1　图像工具栏

7.1.1　插入图片

在 PowerPoint 中使用图片的方法与在其他 Office 程序中一样。

（1）在幻灯片的内容占位符上单击图片按钮，或直接在"插入"菜单选项卡的"图像"区域单击"图片"命令按钮，打开"插入图片"对话框。

如果单击"联机图片"命令按钮，将打开在线图片库，如图 7-2 所示。

图 7-2　在线图片库

单击某个图片类别，可以展开对应的图片列表；或者在对话框顶部的搜索栏中输入关键词查找图片。

（2）选中需要的图片后，单击"插入"按钮，即可将指定图片插入幻灯片。

自动更新插入的图片

如果在外部图像编辑器中修改了演示文稿中的图片，通常要重新插入图片，才能反映对演示文稿的更改。其实，PowerPoint 2019 提供了自动更新图片的功能。

（1）单击"插入"菜单选项卡上的"图片"命令按钮，弹出"插入图片"对话框。

（2）在图片列表中选中要插入的图片，然后单击"插入"按钮右侧的下拉按钮，在弹出的下拉菜单中选择"插入和链接"命令，如图 7-3 所示。

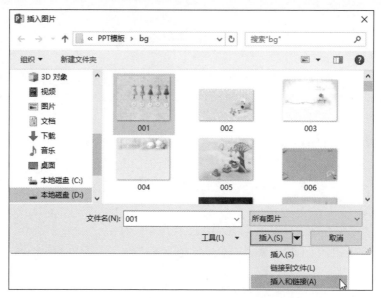

图 7-3　选择"插入和链接"命令

（3）关闭演示文稿，然后在外部图像编辑器中修改图片并保存。

（4）重新打开演示文稿，则修改的图片自动更新。

7.1.2　设置图片效果

选中插入的图片，在图片四周显示有 8 个白色圆圈控制手柄和一个旋转控制手柄的变形框，如图 7-4 所示。

图 7-4　选中图片

将鼠标指针移到旋转手柄 上，指针变为 形状。按下左键拖动，可以图片中心点为中心旋转图片。将鼠标指针移到任意一个白色的控制手柄上，指针变为双向箭头。按下左键拖动，可以缩放图片。

> **技巧：** 拖动变形框角上的控制手柄，可以保持纵横比例缩放图片；如果要以图形对象的中心为基点进行缩放，则按住 Ctrl 键拖动变形框角上的控制手柄。

PowerPoint 2019 还提供了丰富的、简单易用的图片编辑工具。选中图片，在菜单功能区可以看到如图 7-5 所示的"图片工具格式"菜单选项卡。

图 7-5 "图片工具格式"菜单选项卡

在"调整"区域可以校正图片的亮度、对比度和颜色，或删除背景、设置图片的艺术效果，以匹配文档内容；在"图片样式"区域可以一键套用内置的边框、效果样式，或自定义样式，还可以使用 SmartArt 布局排版图片；在"排列"区域可以设置幻灯片上多个元素的层叠顺序、对齐方式和旋转角度，使用"选择窗格"命令可以方便地选取幻灯片上的某个对象；在"大小"区域可以裁剪图片，修改图片尺寸。

将图片裁剪为形状

PowerPoint 2019 具备强大的图形编辑功能，只需要简单的操作，就可以轻松地将图片裁剪成某种形状，丰富幻灯片的视觉效果。

（1）选中要裁剪的图片，如图 7-6 所示。

（2）在"图片工具格式"菜单选项卡中，单击"裁剪"下拉按钮，在弹出的下拉菜单中选择"裁剪为形状"命令。

（3）单击需要的形状，例如"卷形：水平"，即可裁剪图片，效果如图 7-7 所示。

图 7-6 要裁剪的图片

图 7-7 裁剪为形状的图片

为使图片效果更明显，可以添加轮廓线，效果如图 7-8 所示。

图 7-8 图片的最终效果

上机练习——制作“产品展示”幻灯片

练习目标

本节练习制作一张展示产品的幻灯片。通过对操作步骤的详细讲解，可以使读者进一步掌握在幻灯片中插入图片，并使用 PowerPoint 2019 内置的图片编辑工具美化图片效果的操作方法。

7-1 上机练习——制作“产品展示”幻灯片

设计思路

首先打开一个已创建基本布局的演示文稿，插入产品图片；然后通过智能参考线和对齐命令缩放和排列图片；最后设置图片的边框和阴影效果。

操作步骤

（1）打开一个已创建基本布局的演示文稿“产品宣传 .pptx”，定位到产品展示幻灯片，如图 7-9 所示。

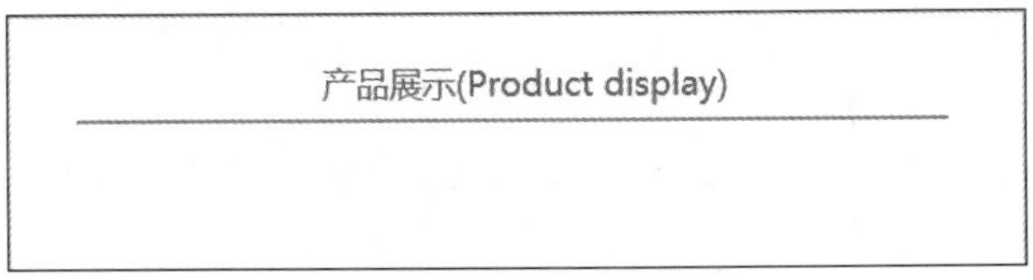

产品展示(Product display)

图 7-9 幻灯片的初始状态

（2）单击“插入”菜单选项卡“图像”区域的“图片”按钮，在弹出的“插入图片”对话框中选择需要的产品图片，单击“插入”按钮关闭对话框，即在幻灯片中插入图片，如图 7-10 所示。

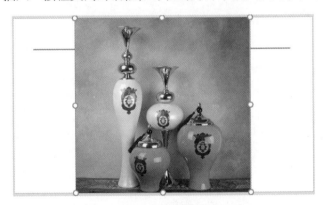

图 7-10 插入图片

插入的图片默认以原始大小显示，不符合设计需要，应对图片进行缩放。

（3）选中图片，将鼠标指针移到图片四个角上的控制手柄上，当指针变为双向箭头时，按下鼠标左键拖动到合适大小，释放鼠标，结果如图 7-11 所示。

产品展示(Product display)

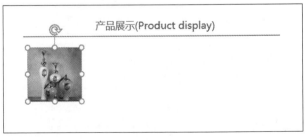

图 7-11 缩放图片

（4）按照与第（2）步和第（3）步相同的方法插入其他产品图片，然后调整图片大小，使产品图片的高度相同，效果如图 7-12 所示。

图 7-12　插入其他产品图片

在幻灯片中移动或缩放其他图片时，会显示一条智能参考线，借助参考线可以很方便地对齐图像，或将图像缩放到相同高度或宽度，如图 7-13 所示。

提示：　　　如果不显示智能参考线，则在"视图"菜单选项卡的"显示"区域，单击右下角的扩展按钮，打开"网格和参考线"对话框，选中"形状对齐时显示智能向导"复选框，如图 7-14 所示。

图 7-13　借助智能参考线缩放图片

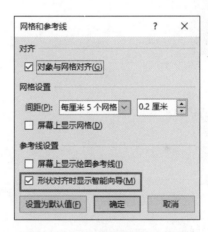

图 7-14　"网格和参考线"对话框

接下来分别使用鼠标拖动和"对齐对象"命令排列图片。

（5）分别选中最左侧和最右侧的图片，按下鼠标左键拖动，调整图片位置，使两幅图片与幻灯片的左、右边距相同，如图 7-15 所示。

图 7-15　调整图片位置

（6）按住 Shift 键依次单击各张产品图片，然后单击"图片工具格式"菜单选项卡"排列"区域的"对齐对象"按钮，在弹出的下拉菜单中选择"横向分布"命令，使产品图片在水平方向上等距离分布，效果如图 7-16 所示。

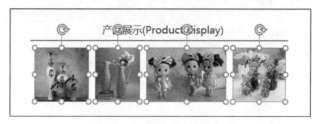

图 7-16　图片横向分布效果

　　如果在缩放图片的步骤中没有对齐图片，可以单击"图片工具格式"菜单选项卡中的"对齐对象"命令按钮，在下拉菜单中选择"顶端对齐"或"底端对齐"命令（图 7-17），使图片在水平方向上对齐。

　　接下来为图片添加边框和效果，美化图片。

　　（7）选中所有产品图片,在"图片工具格式"菜单选项卡中单击"图片样式"列表框右侧的下拉按钮,在样式列表中选择一种图片样式，例如"简单框架，白色"样式的效果如图 7-18 所示。

图 7-17　选择对齐方式

图 7-18　设置图片样式的效果

　　如果图片样式列表中没有理想的样式，可以使用"图片样式"区域的命令按钮自定义图片边框和图片效果。

　　接下来添加文本框，输入产品说明。

　　（8）单击"插入"菜单选项卡"文本"区域的"文本框"下拉按钮，在弹出的下拉菜单中选择"绘制横排文本框"命令，在幻灯片上绘制一个与图片宽度相当的文本框，然后输入文本，并设置字号为10，行距为 1.5，效果如图 7-19 所示。

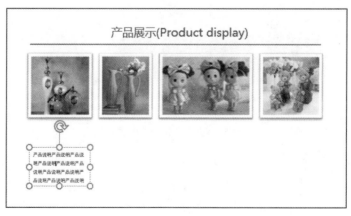

图 7-19　添加文本框

（9）选中文本框，按下 Ctrl 键拖动，复制文本框。然后调整文本框位置，使文本框顶端对齐，效果如图 7-20 所示。

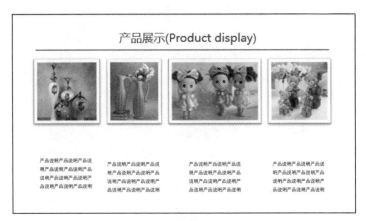

图 7-20　复制并排列文本框

7.1.3　制作相册

随着智能手机的普及，随手拍照变得平常无奇。如果能把照片做成电子相册，不仅方便浏览，而且趣味横生。提到制作电子相册，很多读者会想到视频软件，其实使用 PowerPoint 就能创建精美的电子相册。

制作相册首先要选好要制作的相片或图片，准备好之后，就可以开始制作了。

（1）新建或打开一个演示文稿，在"插入"菜单选项卡的"图像"区域，单击"相册"命令按钮，弹出如图 7-21 所示的"相册"对话框。

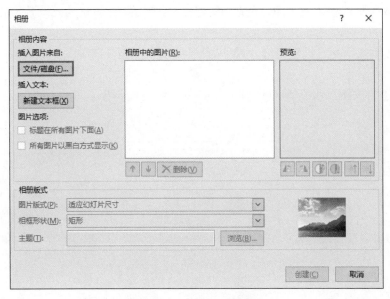

图 7-21　"相册"对话框 1

（2）单击"文件 / 磁盘"按钮，打开"插入新图片"对话框，选择一组用于制作相册的图片。添加的图片名称显示在"相册中的图片"列表框中。

（3）选中图片名称左侧的复选框，"相册中的图片"列表框下方的按钮变为可用状态；图片预览窗口下方的编辑工具按钮也变为可用状态，如图 7-22 所示。

使用图片预览窗口下方的编辑工具可以设置相册中图片的显示样式，调整图片的亮度和对比度、旋转图片等。

图 7-22 "相册"对话框 2

（4）根据需要编辑图片，改变图片在相册中的顺序，或者删除图片。

（5）单击"新建文本框"按钮，在相册中插入说明性的文本框。

 注意　　　插入的文本框只能在相册建立以后，在文档编辑窗口进行编辑。

（6）在"相册版式"选项区设置图片的版式，包括每张幻灯片显示几张图片、相框的形状和幻灯片的设计主题。

如果设置的图片版式不是"适应幻灯片尺寸"，还可以在"图片选项"区域设置图片标题是否显示在图片下方。

（7）单击"创建"按钮，将新建一个演示文稿存放创建的相册。其在幻灯片浏览视图中的效果如图 7-23 所示。

图 7-23 相册示例

（8）在幻灯片编辑窗口填写相册的标题幻灯片、每张幻灯片的标题和相册中的文本框。创建相册以后，还可以对相册幻灯片进行修改。

（9）在"插入"菜单选项卡的"图像"区域单击"相册"下拉按钮,在弹出的下拉菜单中选择"编辑相册"命令,打开如图 7-24 所示的"编辑相册"对话框。

图 7-24　"编辑相册"对话框

（10）添加、修改相册的内容或外观。

（11）单击"更新"按钮。

注意　更新相册后,在"相册"对话框之外对相册幻灯片所作的更改（例如幻灯片背景和动画效果）可能会丢失。单击快速访问工具栏上的"撤消"按钮可以恢复这些修改。

7.2　绘 制 形 状

使用 PowerPoint 2019 内置的形状,即使是没有经过专业的绘画训练的人,也可以绘制出很出色的形状。

在幻灯片中插入形状后,可以调整形状的位置、大小、旋转、颜色等属性,还可以在形状中添加文本,以及将多个基本形状组合成复杂的图形。

7.2.1　添加形状

（1）单击"插入"菜单选项卡"插图"区域的"形状"命令按钮,打开如图 7-25 所示的形状列表。

（2）在形状列表中单击需要的形状,鼠标指针变为十字形十。

（3）在幻灯片中按下鼠标左键拖出一个矩形区域,可以同时确定形状的大小和位置。拖到合适的大小时,释放鼠标,即可在幻灯片中添加一个指定大小的形状,如图 7-26 所示。

如果在形状列表中选中形状后直接在幻灯片中单击,可插入一个默认大小的形状。

技巧:　绘制直线（或箭头）时,按住 Shift 键可以保持直线或箭头呈垂直、水平或 45º 的方向。绘制几何图形时,按住 Shift 键可绘制正几何形状。

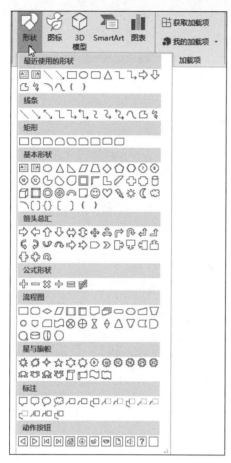

图 7-25　形状列表

图 7-26　绘制的形状

锁定绘图模式

　　默认情况下，如果要绘制多个相同的形状，每绘制一个形状后，都要重新在形状列表中选择相同的形状，然后在幻灯片上绘制。锁定绘图模式，可以使用同一绘图工具连续绘制多个形状。

　　（1）打开形状列表，在需要的形状上右击打开快捷菜单。

　　（2）选择"锁定绘图模式"命令，如图 7-27 所示。

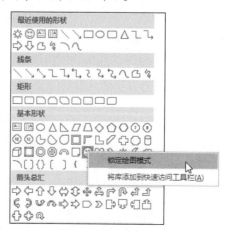

图 7-27　锁定绘图模式

这样，绘制完一个形状后，该绘图工具仍然处于被选中的状态，可以直接绘制下一个同类的图形对象。如果要绘制其他形状，则单击其他绘图工具按钮或按 Esc 键，取消锁定。

7.2.2 修改形状的几何外观

选中绘制的形状，形状四周显示多个控制手柄，如图 7-28 所示。调整控制手柄可以改变形状的几何外观。

各种控制手柄的功能简要介绍如下：

❖ **旋转控制手柄**：将鼠标指针移到旋转手柄 上，按下左键拖动，以形状中心为变形点改变形状的角度，如图 7-29 所示。

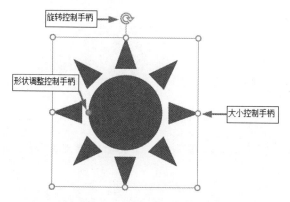

图 7-28 插入的形状及控制手柄

图 7-29 旋转形状

❖ **形状调整控制手柄**：将鼠标指针移到形状调整控制手柄（橙色的圆圈）上，按下左键拖动，可以调整形状的几何特征，如图 7-30（a）和（b）所示。

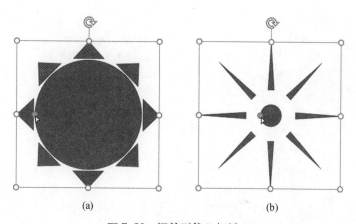

(a)　　　　　　　　　　(b)

图 7-30 调整形状几何外观

❖ **大小控制手柄**：将鼠标指针移到大小控制手柄（白色圆圈，共有8个）上，按下左键拖动，即可改变尺寸。

使用控制手柄可以使形状按既定的方案进行改变。如果在设置图形时，希望形状按自己的需要任意改变几何外观，成为和原来截然不同的形状，可以使用"编辑顶点"命令。

（1）选中要编辑的形状。

（2）在"绘图工具格式"菜单选项卡的"插入形状"区域，单击"编辑形状"命令按钮，打开下拉菜单，如图 7-31 所示。

图 7-31　"编辑形状"下拉菜单

（3）单击"编辑顶点"命令，则形状的各个顶点上显示黑色的控制手柄，如图 7-32 所示。

（4）将鼠标指针移到黑色控制手柄上，按下左键拖动，可以调整形状的外观，如图 7-33 所示。

图 7-32　形状顶点上显示控制手柄

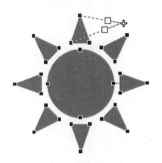

图 7-33　调整形状外观

（5）将鼠标指针移到白色方形的控制手柄上，可以调整线条的曲度，如图 7-34 所示。

（6）将鼠标指针移到一个黑色控制手柄上右击，在弹出的快捷菜单中可以看到更多顶点编辑的命令，如图 7-35 所示。

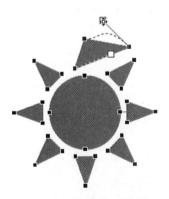

图 7-34　调整线条曲度

图 7-35　右键快捷菜单

使用快捷菜单中的命令，可以多种方式编辑形状的顶点，从而创建独特的形状。

7.2.3　设置填充和效果

选中绘制的形状，在功能选项卡上可以看到绘图工具的"格式"选项卡，如图 7-36 所示，在这里，可以很便捷地设置形状的格式。

图 7-36　绘图工具的"格式"选项卡

1. 形状填充

（1）选中要填充的形状。

（2）切换到"绘图工具格式"菜单选项卡，在"形状样式"区域单击"形状填充"命令按钮，弹出如图 7-37 所示的下拉菜单。

（3）单击需要的填充颜色或效果，即可在弹出的下拉菜单或对话框中设置填充效果，可以是颜色、图片、渐变效果或纹理。

如果对内置的填充效果不满意，还可以自定义填充方式。

右击选中的形状，在弹出的快捷菜单中选择"设置形状格式"命令，展开如图 7-38 所示的"设置形状格式"面板。选择不同的填充命令，将显示不同的填充选项。

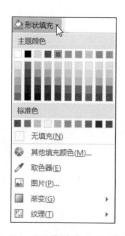

图 7-37　"形状填充"下拉菜单

图 7-38　自定义填充效果

2. 形状轮廓

（1）选中要设置轮廓线的形状。

（2）切换到"绘图工具格式"菜单选项卡，在"形状样式"区域单击"形状轮廓"命令按钮，弹出如图 7-39 所示的下拉菜单。

（3）设置轮廓线的颜色、粗细和样式。

与设置形状填充类似，在"设置形状格式"面板中可以自定义线条样式，如图 7-40 所示。

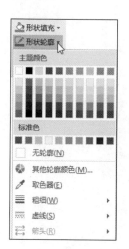

图 7-39　"形状轮廓"下拉菜单

图 7-40　自定义线条样式

3. 形状效果

（1）选中要设置效果的形状。

（2）切换到"绘图工具格式"菜单选项卡，在"形状样式"区域单击"形状效果"命令按钮，在弹出的菜单中选择一种效果样式，级联菜单中显示对应的内置效果列表，如图 7-41 所示。

（3）单击需要的效果，即可应用。

在"设置形状格式"面板的"效果"选项卡中还可以自定义效果，如图 7-42 所示。

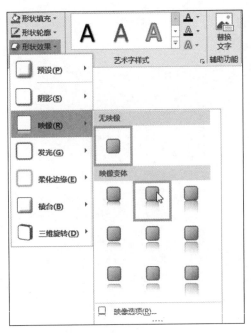

图 7-41 "形状效果"级联菜单

图 7-42 自定义效果

7.2.4 在形状中添加文本

绘制形状之后，还可以在形状中添加文本。

（1）选中要添加文本的形状。

（2）在形状上右击，在弹出的快捷菜单中选择"编辑文字"命令。此时，光标将显示在形状中。

（3）输入文本，如图 7-43 所示。

（4）选中文本，在弹出的快速格式工具栏中可以设置字体、字号、颜色或对齐方式，如图 7-44 所示。

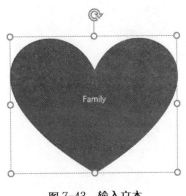

图 7-43 输入文本

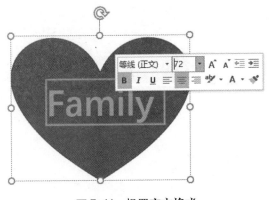

图 7-44 设置文本格式

注意 采用这种方式添加的文本与形状是一个整体，默认情况下不能单独移动文本的位置，如果文本较多时，部分文本可能不能显示。如果旋转或翻转形状，文本也会随之旋转或翻转。

如果要修改形状中的文本，则直接点击形状中的文字部分，即可进行编辑。

上机练习——制作按钮

 本节练习继续上一节实例的制作，绘制产品名称按钮。通过对操作步骤的详细讲解，可以使读者进一步掌握绘制形状、修改形状的几何外观、编辑形状的填充颜色和效果，以及在形状中添加文本的方法。

7-2　上机练习——制作按钮

 首先打开上一节制作的产品展示幻灯片；然后绘制圆角矩形并填充；接下来绘制一个相同填充颜色的矩形，通过组合形状，生成一个新的形状；最后在形状中添加文本。

操作步骤

（1）打开"产品展示"幻灯片，单击"插入"菜单选项卡"插图"区域的"形状"命令按钮，弹出形状列表。然后单击"流程图"类别中的"流程图：终止"形状按钮。此时，鼠标指针变为十字形，按下鼠标左键在幻灯片上拖动，绘制一个圆角矩形，如图7-45所示。

（2）在形状上右击，在弹出的格式快捷菜单中设置填充色为浅蓝，无边框，如图7-46所示。

图 7-45　绘制形状

图 7-46　设置形状外观

接下来，添加一个形状，并将两个形状组合成较为复杂的图形。

（3）单击"插入"菜单选项卡"插图"区域的"形状"命令按钮，弹出形状列表，然后单击"矩形"形状按钮。当鼠标指针变为十字形十时，按下鼠标左键在幻灯片上拖动，绘制一个矩形，如图7-47所示。

（4）选中矩形，在"绘图工具格式"菜单选项卡的"大小"区域设置矩形尺寸；在"形状样式"区域设置形状的填充色为浅蓝，无轮廓，如图7-48所示。

图 7-47　绘制矩形

图 7-48　设置矩形的外观

（5）选中两个形状，在"绘图工具格式"菜单选项卡的"排列"区域单击"对齐"按钮，在弹出的下拉菜单中选择"水平居中"命令；采用同样的方法，选择"垂直居中"命令。然后在形状上右击，在弹出的快捷菜单中选择"组合"命令，将两个形状组合为一个形状，如图7-49所示。

（6）右击组合形状中的矩形，在弹出的快捷菜单中选择"编辑文字"命令，输入文本"产品一"。

然后选中文本，在"开始"菜单选项卡的"字体"区域，设置字号为14，颜色为白色，效果如图7-50所示。

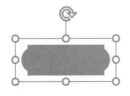

图 7-49　组合形状

图 7-50　在形状中添加文本

本实例中要用到四个这样的形状，可以复制形状实现。

（7）选中组合形状，将鼠标指针移到形状上，当指针变为四向箭头。时，按下 Ctrl 键拖动到合适的位置，释放鼠标，即可在指定位置制作一个形状副本，如图7-51所示。

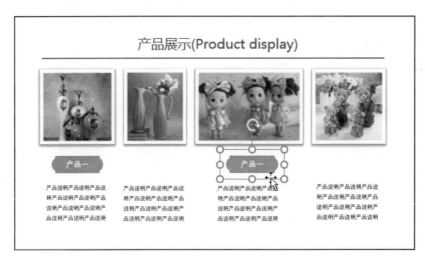

图 7-51　复制形状

（8）按照与第（7）步相同的方法制作其他形状副本。在两个形状副本上右击，在弹出的格式快捷菜单中设置填充色，如图7-52所示。

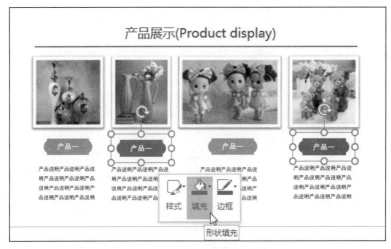

图 7-52　更改形状填充色

（9）修改形状中的文本，然后选中形状，在"绘图工具格式"菜单选项卡的"排列"区域单击"对齐"按钮，在弹出的下拉菜单中选择"顶端对齐"命令，效果如图7-53所示。

图 7-53　对齐形状

7.3　创建 SmartArt 图形

　　SmartArt 图形用于直观地描述各单元的层次结构和相互关系。PowerPoint 2019 内置了多种不同布局的 SmartArt 图形，可以帮助用户轻松创建具有设计师水准的各种图示。

7.3.1　插入 SmartArt 图形

　　（1）在"插入"菜单选项卡的"插图"区域，单击 SmartArt 命令按钮，打开如图 7-54 所示的"选择 SmartArt 图形"对话框。

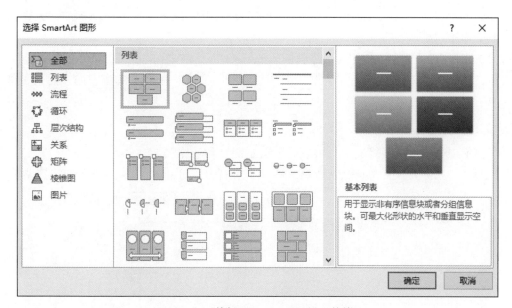

图 7-54　"选择 SmartArt 图形"对话框

　　（2）在左侧窗格中选择图示类型，然后在中间窗格的图示列表中选择图示，右侧窗格中将显示选中图示的简要说明。

　　（3）单击"确定"按钮，即可在幻灯片中插入指定类型的 SmartArt 图形。例如，插入的"圆形重点日程表"如图 7-55 所示。

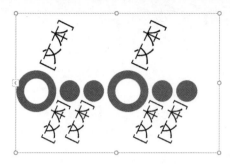

图 7-55　圆形重点日程表

7.3.2　编辑图示文本和图片

1. 编辑文本和图片

单击图示中的文本占位符，可以直接输入文本，如图 7-56 所示。

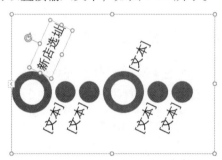

图 7-56　输入图示中的文本

如果选择的图示可以包含图片，单击图片占位符，将打开"插入图片"对话框。插入图片后，图片将以指定的大小和样式显示。

单击图示左边框上的"展开"按钮 ，或单击"SmartArt 工具格式"菜单选项卡"创建图形"区域的"文本窗格"按钮，可以打开如图 7-57 所示的文本窗格编辑图示文本。在文本窗格中输入的文字将实时显示在图示中。

2. 调整文本级别和顺序

如果要在图示中分层显示多级文本，可以设置文本级别和顺序。

打开文本窗格，在需要设置文本级别或格式的文本上右击，打开如图 7-58 所示的快捷菜单。

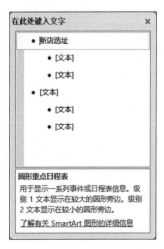

图 7-57　文本窗格

图 7-58　快捷菜单

选择"降级"或"升级"命令，可以调整文本的级别；选择"上移"或"下移"命令，可以调整文本的排列顺序。

在快速工具栏中可以设置 SmartArt 图示的样式、配色，或更改图示的布局。

3. 根据需要添加或删除图示中的形状

默认的形状个数通常与实际需要不符，因此，需要在图示中添加或删除形状。

选中一个形状，在"SmartArt 工具设计"菜单选项卡的"创建图形"区域，单击"添加形状"命令，在如图 7-59 所示的下拉菜单中选择形状位置即可。

图 7-59 "添加形状"下拉菜单

>
> 注意
>
> 　　选中 SmartArt 图形中的形状后，按 Delete 键并不能删除选中的形状。如果要删除 SmartArt 图形中的某个形状，应选中对应的文本框，然后按 Delete 键。

4. 调整图示的大小和位置

将鼠标指针移到图示边框上的控制手柄上，当指针变为双向箭头时，按下左键拖动，可以调整图示的大小；将鼠标指针移到图示上，当指针变为四向箭头时，按下左键拖动，可以移动图示。

7.3.3 美化 SmartArt 图形

好的图示必须有漂亮的"外表"，这样才能增强图示的吸引力。美化图示不仅对于图形本身很重要，而且对于增加整篇演示文档的表达效果也有不可估量的作用。

选中图示，在"SmartArt 工具设计"菜单选项卡的"SmartArt 样式"区域（图 7-60），可以使用 PowerPoint 内置的配色方案和样式列表美化图示。

在"SmartArt 工具格式"菜单选项卡中可以自定义形状和文本的外观。

此外，在 SmartArt 图形上右击弹出快捷菜单，选择"设置对象格式"命令打开如图 7-61 所示的"设置形状格式"面板，可以分别自定义 SmartArt 图形中形状和文本的外观样式。

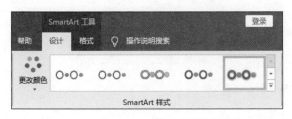

图 7-60 SmartArt 样式

图 7-61 "设置形状格式"面板

上机练习——制作"产品特色"幻灯片

本节练习利用 SmartArt 图形展示某项产品的特色。通过对操作步骤的详细讲解，可以使读者进一步掌握编辑 SmartArt 图形的结构和文本，以及设置 SmartArt 图形显示外观的操作方法。

7-3 上机练习——制作"产品特色"幻灯片

首先打开一个已创建基本布局的幻灯片，插入射线列表图示；然后编辑图示中的图片和文本；接下来使用文本窗格设置文本格式，并调整文本的层次级别；最后在图示中添加形状，修改图示的外观。

操作步骤

（1）打开"产品特色"幻灯片，如图 7-62 所示。

图 7-62 "产品特色"幻灯片初始效果

（2）单击"插入"菜单选项卡"插图"区域的 SmartArt 命令按钮，弹出"选择 SmartArt 图形"对话框。在左侧的分类列表中选择"关系"，然后在中间窗格的图示列表中选择"射线列表"，右侧窗格显示该图示的简要说明，如图 7-63 所示。

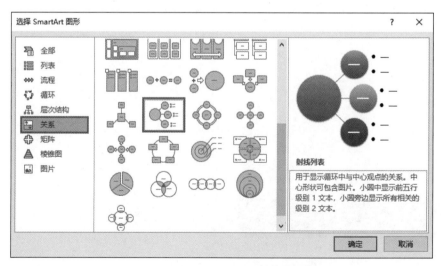

图 7-63 "选择 SmartArt 图形"对话框

（3）单击"确定"按钮关闭对话框，即可在当前幻灯片中插入图示，如图 7-64 所示。将鼠标指针移到图示边框上的变形手柄上，当指针变为双向箭头时，按下左键拖动，调整图示的大小。

（4）单击图示左侧中心形状中的图像占位符，弹出"插入图片"对话框。选择需要的产品图像后，单击"插入"按钮关闭对话框，效果如图 7-65 所示。

（5）单击第一个小圆，输入文本。选中文本，在"开始"菜单选项卡设置字号为 16，颜色为白色，效果如图 7-66 所示。

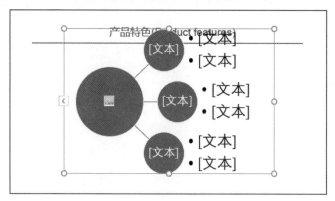

图 7-64　插入射线列表图示

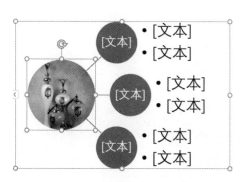

图 7-65　在图示中插入图片

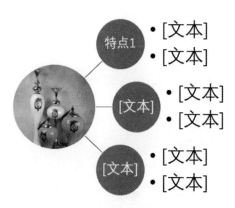

图 7-66　在图示中输入文本

　　除了可以直接在图示形状中输入文本外,利用文本窗格也可以很便捷地插入图示文本,设置文本格式,并调整文本的层次级别。

　　(6)选中 SmartArt 图形,单击图示外框左边线上的"展开"按钮 ，即可打开文本窗格,如图 7-67 所示。此时,"展开"按钮变为"折叠"按钮 。

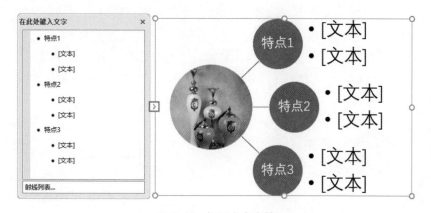

图 7-67　打开文本窗格

　　在"SmartArt 工具设计"菜单选项卡的"创建图形"区域,单击"文本窗格"命令按钮,也可以打开文本窗格。

　　(7)在文本窗格中输入文本,图示则实时反映所作的修改,如图 7-68 所示。

　　(8)按住 Ctrl 键选中所有二级标题文本后右击,在弹出的格式工具栏中设置字号为 11,如图 7-69 所示。

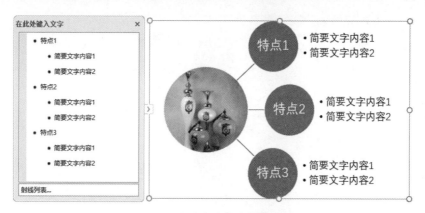

图 7-68 在文本窗格中输入文本

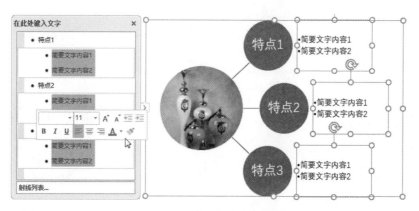

图 7-69 更改二级文本的格式

接下来修改图示中形状的外观。

（9）选中图示中的第一个小圆，在"SmartArt 工具格式"菜单选项卡的"形状样式"区域，单击"形状填充"命令按钮，修改形状的填充色。采用同样的方法，更改其他两个小圆的填充色，效果如图 7-70 所示。

插入的图示默认显示 1 个中心形状和 3 个子形状，当然，用户可以根据演讲的论点数量在图示中添加或删除形状。

（10）选中最下方的子形状，在"SmartArt 工具设计"菜单选项卡的"创建图形"区域，单击"添加形状"命令按钮，在弹出的下拉菜单中选择"在后面添加形状"命令，即可在选中形状下方添加一个形状，如图 7-71 所示。

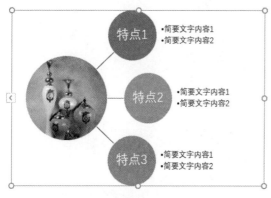

图 7-70 修改形状的填充色

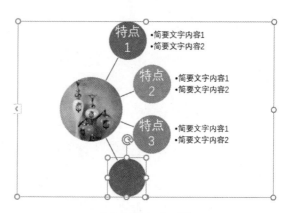

图 7-71 添加形状

（11）打开文本窗格，输入一级标题文本"特点4"之后，按Enter键，然后输入二级文本内容。此时，一级文本和二级文本处于同一级，如图7-72所示。

（12）选中二级文本内容后右击，在弹出的快捷菜单中选择"降级"命令，选中的文本将向右缩进，显示为二级文本，如图7-73所示。

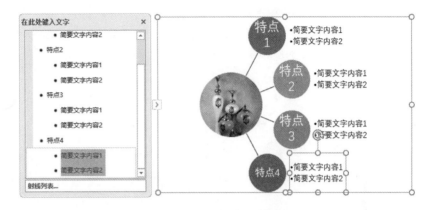

图 7-72　输入一级文本和二级文本内容　　　　图 7-73　设置文本层次级别

（13）按住Shift键单击中心形状和子形状之间的连接线，在"SmartArt工具格式"菜单选项卡的"形状样式"区域设置线条样式为虚线，粗细为2磅，颜色为浅蓝，效果如图7-74所示。

至此，SmartArt图示基本制作完成。

默认情况下，本例选择的射线列表图示，中心观点位于左侧，子观点位于右侧。用户可以根据浏览习惯翻转图示，在左侧显示子观点，右侧显示中心观点。

（14）选中图示，单击"SmartArt工具设计"菜单选项卡"创建图形"区域的"从右向左"命令按钮，可以翻转图示的布局，如图7-75所示。

图 7-74　设置线条样式　　　　　　　　　图 7-75　翻转图示布局

从图7-75可以看到，翻转图示后，中心观点和主观点之间的连接线太短，影响美观。

（15）按住Shift键选中图示中的所有子观点形状，按下鼠标左键向左拖动，连接线即可随之自动延长，如图7-76所示。

本例要实现的效果是中心观点位于上方，子观点排列在下方，因此还需要旋转SmartArt图形。

如果选中SmartArt图形中单个的形状，可以看到旋转手柄，按下左键拖动，可以旋转或者翻转形状。如果选中整个SmartArt图形，不显示旋转手柄，无法对图示进行旋转，应该怎么办呢？

尽管在 PowerPoint 中不能直接旋转 SmartArt 图形，但是可以旋转形状，因此，可以将 SmartArt 图形先转变为形状，再进行旋转操作。

 注意 将 SmartArt 图形转换为形状是不可逆的，也就是说，转换之后的形状失去了 SmartArt 图形的功能，只是普通的形状，不能再转换为 SmartArt 图形。因此，建议在转换之前先保留一个副本。

（16）先复制一个 SmartArt 图形，然后右击，在弹出的快捷菜单中选择"转换为形状"命令。选中形状，拖动形状边框上的旋转手柄，即可旋转图形。例如，向左旋转 90° 的效果如图 7-77 所示。

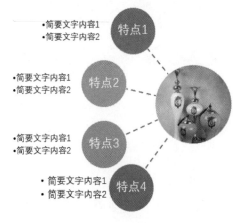

图 7-76 修改图示中的连接线

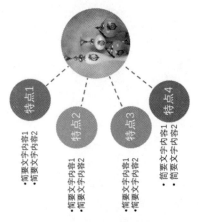

图 7-77 向左旋转 90° 的效果

（17）选中除连接线以外的所有形状，在"绘图工具格式"菜单选项卡的"排列"区域，单击"旋转"按钮，然后在弹出的下拉菜单中选择"向右旋转 90°"命令，效果如图 7-78 所示。

（18）调整文本框到合适的位置，最终效果如图 7-79 所示。

图 7-78 形状向右旋转 90° 的效果

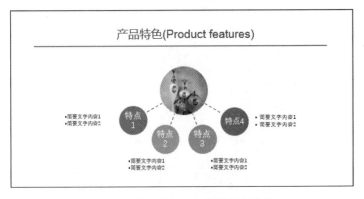

图 7-79 "产品特色"幻灯片的最终效果

7.4 插入其他图形

在 PowerPoint 2019 中，除了常见的图片、形状、SmartArt 图形和图表之外，通常还会插入图标增强视觉效果，或插入 3D 模型多角度展示说明对象，或直接嵌入其他应用程序中的文档对象进行跨平台协作。

7.4.1 插入 SVG 图标

图标结构简单、传达力强，是具有明确指代含义的图形。相比于纯文本，图标能更直观、形象地展示信息。PowerPoint 2019 新增了在线图标库，可以像插入图片一样，在幻灯片中一键插入可编辑的 SVG 图标。

（1）单击"插入"菜单选项卡"插图"区域的"图标"命令按钮，打开如图 7-80 所示的"插入图标"对话框。

图 7-80 "插入图标"对话框

（2）单击要插入的图标素材，选中的图标上显示选中标记，对话框底部的"插入"按钮变为可用状态，如图 7-81 所示。

图 7-81 选中要插入的图标

（3）单击"插入"按钮，即可在当前幻灯片中插入图标，如图7-82所示。

图7-82　插入图标

插入的在线图标是矢量元素，进行任意变形后仍然可以保持清晰度。

（4）将鼠标指针移到图标变形框上的任意一个手柄上，当指针变为双向箭头时，按下左键拖动，可调整图标的大小，如图7-83所示。

图7-83　调整图标大小

插入的图标不仅可以不失真地随意改变大小，而且可以自定义填充和描边，甚至拆分后分项填色。

（5）选中插入的图标，在菜单功能区可以看到"绘图工具格式"菜单选项卡。分别使用"形状填充"命令和"形状轮廓"命令填充图标并描边，如图7-84所示。

图7-84　图标填充和描边

（6）单击"绘图工具格式"菜单选项卡中的"组合"命令按钮，在弹出的下拉菜单中选择"取消组合"

命令，弹出如图 7-85 所示的对话框，询问用户是否将图标转换为 Microsoft Office 图形对象。

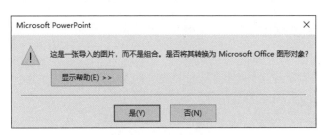

图 7-85　提示对话框

（7）单击"是"按钮，将图标转换为形状。此时，可以分项填充图标，并设置形状的效果，如图 7-86 所示。

图 7-86　分项填充图标

7.4.2　插入 3D 模型

PowerPoint 2019 支持将标准的 3D 模型导入演示文稿中，打造 3D 电影级的演示。

在演示文稿中插入 3D 模型的操作方法如下：

（1）单击"插入"菜单选项卡"插图"区域的"3D 模型"命令按钮，弹出"插入 3D 模型"对话框，如图 7-87 所示。

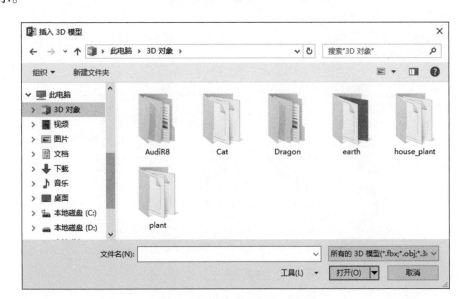

图 7-87　"插入 3D 模型"对话框

（2）单击"文件名"右侧的格式下拉按钮，在弹出的下拉列表框中选择要插入的 3D 模型的格式，如图 7-88 所示。

从图 7-88 可以看出，尽管目前的 3D 格式很多，但 PowerPoint 2019 支持的 3D 格式只有 fbx、obj、3mf、ply、stl 和 glb 几种。

（3）在文件列表中选中一个 3D 模型，单击"插入"按钮，即可在当前幻灯片中插入指定的模型。模型周围显示 8 个白色的控制手柄，中间显示一个灰色的按键，如图 7-89 所示。

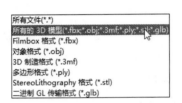

图 7-88　选择 3D 模型的格式　　　　　　　　图 7-89　插入 3D 模型

（4）将鼠标指针移到白色的控制手柄上，当指针变为双向箭头时，按下鼠标左键拖动，可调整 3D 模型的大小，如图 7-90 所示。

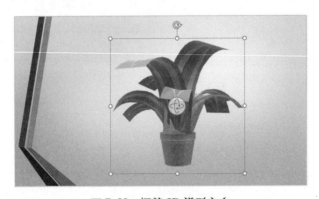

图 7-90　调整 3D 模型大小

（5）将鼠标指针移到灰色的按键上，当指针变为旋转图标时，按下鼠标左键拖动，可调整 3D 模型的视角，如图 7-91 所示。

图 7-91　调整 3D 模型的视角

选中 3D 模型，在菜单功能区可以看到"3D 模型工具格式"菜单选项卡。单击"3D 模型视图"列表框右下角的"其他"下拉按钮,打开视图列表。单击其中一种视图,可将模型调整到指定的视角,如图 7-92 所示。

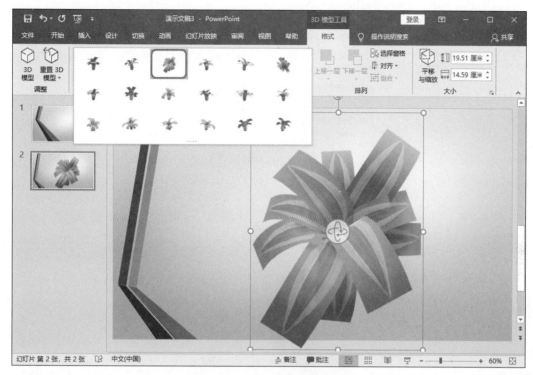

图 7-92 选择 3D 模型视图

(6)如果 3D 模型有可使用的场景,则默认播放"场景 1"。单击"3D 模型工具格式"菜单选项卡中的"场景"下拉按钮,可以选择模型播放的场景,如图 7-93 所示。

(7)单击"3D 模型工具格式"菜单选项卡中的"对齐"下拉按钮,可以设置模型在幻灯片中的位置。

除此之外,PowerPoint 2019 中的 3D 模型还自带了特殊的三维动画,为 3D 模型添加特有的三维动画,可以更好地展示模型本身。有关动画的设置方法,将在第 10 章进行讲解。

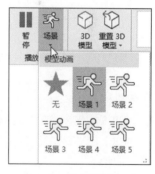

图 7-93 选择播放场景

7.5 排列图形

在幻灯片中插入多个图形对象之后,往往还需要对插入的对象进行对齐、排列以及叠放次序等操作。

7.5.1 组合图形对象

将多个对象组合在一起,就可以对它们进行统一的操作,也可以同时更改对象组合中所有对象的属性。

(1)按住 Shift 键或 Ctrl 键单击要组合的对象,同时选中幻灯片中的多个对象。

(2)单击"图片工具格式"菜单选项卡中的"组合"命令按钮 组合。

如果要撤销组合,则单击"图片工具格式"菜单选项卡中的"组合"命令按钮,在弹出的下拉菜单中选择"取消组合"命令。

7.5.2 对齐与分布

为了使图形看起来更加整齐，可以将它们的位置进行重新分布或对齐调整。

（1）按住 Ctrl 或 Shift 键选中要对齐的多个图形对象。

（2）在"图片工具格式"菜单选项卡中单击"对齐"按钮，弹出如图 7-94 所示的下拉菜单。

图 7-94 对齐和分布子菜单

（3）单击需要的对齐或分布命令。

7.5.3 叠放图形对象

在默认情况下，工作表中的图形对象发生重叠时，后添加的图形总是在先添加的图形之上，从而挡住下方图形。用户可以根据需要改变它们的层次关系。

（1）选中要改变层次的绘图对象。

（2）打开"图片工具格式"菜单选项卡，在如图 7-95 所示的"排列"区域选择一种叠放次序，即可完成操作。

如果图形对象很多且相互重叠，排列图形的层次会很困难。使用"选择"窗格可以轻松解决这个问题。

（3）在"图片工具格式"菜单选项卡的"排列"区域单击"选择窗格"命令，打开如图 7-96 所示的"选择"窗格。

图 7-95 叠放次序命令

图 7-96 "选择"窗格

在这里可以看到当前幻灯片中所有对象的名称列表。

（4）单击图形名称，即可选中对应的图形。

（5）选中一个图形名称，按下鼠标左键拖动；或单击右上角的"上移一层"按钮、"下移一层"按钮，可以更改对象的排列顺序。

（6）单击图形名称右侧的眼睛图标，可以修改对象的可见性。

（7）单击"全部显示"或"全部隐藏"按钮，可以同时显示或隐藏当前幻灯片中的所有图形。

7.6　实例精讲——某项目规划方案

本节制作一个简单的项目规划演示文稿，主体为文本。通过对操作步骤的详细讲解，可以使读者进一步掌握在幻灯片中使用各种图形对象，以及使用图形对象排版文本的操作方法。

首先自定义内容页的版式，通过插入、编辑形状美化版面；然后基于自定义的版式制作风格统一的内容页。通过图片、形状、SmartArt 图形和图标的使用，以及文本的排布方式，提升纯文本演示文稿的设计感。

操作步骤

7.6.1　设计内容页版式

（1）打开一个已搭建基本结构的演示文稿，除内容页以外，其他页面已制作完成。幻灯片浏览视图如图 7-97 所示。

7-4　设计内容页版式

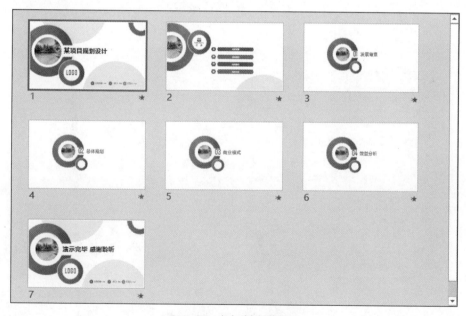

图 7-97　幻灯片浏览视图

（2）切换到幻灯片母版视图，单击"插入版式"命令按钮，新建一张版式幻灯片。然后选中标题占位符，在"开始"菜单选项卡的"字体"区域，设置字体为"微软雅黑"，加粗，字号为 24，颜色为深灰色，效果如图 7-98 所示。

接下来使用形状修饰标题占位符。

（3）在"插入"菜单选项卡的"插图"区域单击"形状"命令按钮，在弹出的形状列表中选择"圆：空心"形状。然后在按住 Shift 键的同时，按下鼠标左键拖动，绘制一个圆环，如图 7-99 所示。

如果绘制时不按下 Shift 键，则不能精确地绘制圆形。

（4）在形状上右击打开快捷菜单，选择"设置形状格式"命令，打开"设置形状格式"面板。设置填充方式为"渐变填充"，然后分别编辑两个渐变光圈的颜色，并修改渐变方向为"线性向右"，如图 7-100

所示。

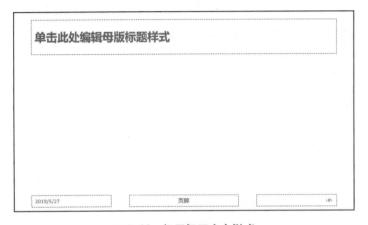

图 7-98　设置标题文本样式

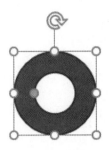

图 7-99　绘制圆环

绘制的圆环宽度不符合本例的设计需要，因此还要进一步编辑形状的顶点，修改形状。

（5）选中形状，将鼠标指针移到形状内侧的橙色控制手柄上，当鼠标指针显示为箭头形状时，按下左键向左拖动，可以减小圆环的宽度，如图 7-101 所示。

（6）复制一个圆环，调整副本的大小和位置，然后选中两个圆形，按 Ctrl+G 键进行组合，效果如图 7-102 所示。

图 7-100　设置形状的填充方式

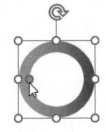

图 7-101　调整圆环宽度

图 7-102　复制并组合形状

（7）选中组合形状，形状四周显示变形框。将鼠标指针移到变形框角上的控制手柄上，当指针变为双向箭头时，按下 Shift 键的同时，按下鼠标左键拖动调整形状的大小。然后将缩放后的形状移到合适的位置，效果如图 7-103 所示。

调整形状的大小时，应按下 Shift 键约束比例，否则形状会变形。

至此，内容版式制作完成。

（8）单击"幻灯片母版"菜单选项卡中的"关闭母版视图"按钮，返回普通视图。

图 7-103　自定义版式的效果

7.6.2　制作"发展背景"幻灯片

（1）在普通视图左侧窗格中的第一张过渡页上右击，在弹出的快捷菜单中选择"新建幻灯片"命令，新建一张空白的幻灯片。

（2）在"开始"菜单选项卡的"版式"列表中选择上一节自定义的内容页版式。然后输入幻灯片标题，如图 7-104 所示。

（3）单击"插入"菜单选项卡中的"图片"命令按钮，在弹出的"插入图片"对话框中选择需要的图片，然后单击"插入"按钮关闭对话框，效果如图 7-105 所示。

7-5　制作"发展背景"幻灯片

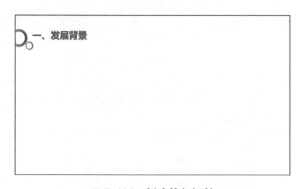

图 7-104　新建的幻灯片

图 7-105　插入图片

接下来修饰图片。

（4）单击"插入"菜单选项卡中的"形状"命令按钮，在弹出的形状列表中选择矩形。当鼠标指针显示为十字形时，按下左键拖动，绘制一个矩形。然后在"绘图工具格式"菜单选项卡中设置矩形的填充色为深灰色，效果如图 7-106 所示。

（5）在矩形上右击打开快捷菜单，选择"置于底层"命令，矩形将显示在图片下方。调整矩形和图片的位置，效果如图 7-107 所示。

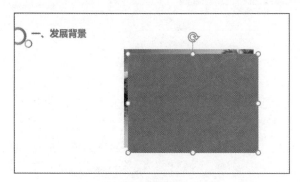

图 7-106　绘制并填充矩形

图 7-107　修改矩形的排列层次

（6）单击"插入"菜单选项卡中的"形状"命令按钮，在弹出的形状列表中选择矩形。当鼠标指针显示为十字形时，按下左键拖动，绘制一个长条矩形。然后在矩形中输入文本，效果如图 7-108 所示。

（7）切换到"绘图工具格式"菜单选项卡，单击"形状样式"区域右下角的扩展按钮，打开"设置形状格式"面板。

（8）设置填充方式为"渐变填充"，然后分别编辑两个渐变光圈的颜色，并修改填充方向为"线性向右"，如图 7-109 所示。

图 7-108　绘制形状并添加文本

图 7-109　设置矩形的填充样式

（9）选中形状中的文本，在弹出的快速格式工具栏中设置字体为"微软雅黑"，字号为 28，居中对齐，如图 7-110 所示。

图 7-110　设置文本格式

接下来添加幻灯片中的文本内容。

（10）单击"插入"菜单选项卡中的"文本框"命令按钮，在弹出的下拉菜单中选择"绘制横排文本框"命令。当鼠标指针显示为十字形时，按下左键拖动，绘制一个文本框，然后在文本框中输入文本。

（11）选中文本，在"开始"菜单选项卡中设置字体为"等线"，字号为 12，两端对齐；然后单击"行距"命令按钮，在下拉菜单中选择"行距选项"命令，打开"段落"对话框，设置行距为 1.2，效果如图 7-111 所示。

图 7-111　设置文本的格式

7.6.3　制作"形象定位"幻灯片

（1）在普通视图左侧窗格中的第二张过渡页上右击，在弹出的快捷菜单中选择"新建幻灯片"命令，新建一张空白的幻灯片。

（2）在"开始"菜单选项卡的"版式"列表中选择自定义的内容页版式。然后输入幻灯片标题，如图 7-112 所示。

7-6　制作"形象定位"幻灯片

为避免纯文本幻灯片太单调、枯燥，可以使用一些形状进行修饰，增强设计感。

（3）单击"插入"菜单选项卡中的"形状"命令按钮，在弹出的形状列表中选择"椭圆"。按住 Shift 键的同时，按下鼠标左键拖动，绘制一个正圆形。然后在形状列表中选择"直角三角形"，按下鼠标左键拖动，绘制一个直角三角形，如图 7-113 所示。

图 7-112　新建的幻灯片

图 7-113　绘制正圆形和直角三角形

（4）移动直角三角形，使水平的直角边与正圆相切。然后在"绘图工具格式"菜单选项卡中单击"编辑形状"命令按钮，在弹出的下拉菜单中选择"编辑顶点"命令。

（5）将鼠标指针移到三角形的一个顶点上，当指针显示为 ◈ 时，按下左键移动，使三角形的斜边与正圆相切，如图 7-114（a）所示；释放鼠标，可以查看编辑顶点的效果，如图 7-114（b）所示。

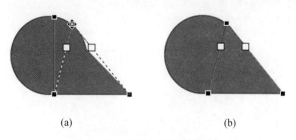

(a)　　　　　　　　　　(b)

图 7-114　编辑三角形的顶点

接下来，将两个形状合并成一个新的形状。

（6）选中圆形和三角形，单击"绘图工具格式"菜单选项卡中的"合并形状"命令按钮，在下拉菜单中选择"结合"命令，即可将形状合并为一个类似泪滴形状的几何图形，如图 7-115 所示。

（7）复制并粘贴合并后的形状，然后选中形状副本，在"绘图工具格式"菜单选项卡的"排列"区域单击"旋转对象"命令，在下拉菜单中选择"水平翻转"命令。效果如图 7-116 所示。

（8）选中幻灯片中的两个形状，复制并粘贴副本。选中形状副本，在"绘图工具格式"菜单选项卡的"排列"区域单击"旋转对象"命令，然后在下拉菜单中选择"垂直翻转"命令。效果如图 7-117 所示。

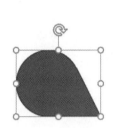 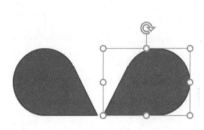 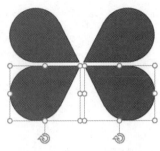

图 7-115　结合形状的效果　　　　图 7-116　水平翻转形状的效果　　　　图 7-117　垂直翻转形状的效果

（9）选中翻转后的形状，调整形状的大小和位置，效果如图 7-118 所示。

（10）按住 Shift 键选中对角线上的两个形状，在"绘图工具格式"菜单选项卡中单击"形状填充"命令按钮，修改形状的填充颜色，效果如图 7-119 所示。

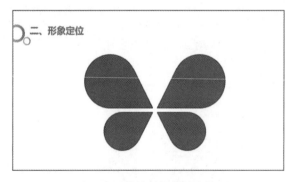 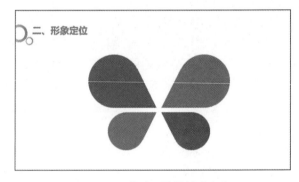

图 7-118　缩放并调整形状位置　　　　　　　图 7-119　修改形状的填充颜色

绘制形状后，可以将要表述的观点显示在形状上。由于直接在形状上添加的文本不便于编辑，因此本例使用文本框添加文本。

（11）单击"插入"菜单选项卡中的"文本框"命令按钮，在弹出的下拉菜单中选择"绘制横排文本框"命令，在形状上绘制一个文本框，并输入文本。然后选中文本，设置字体为"等线"，字号为 18，加粗显示。

（12）按住 Ctrl 键，在文本框上按下鼠标左键拖动到其他形状上，复制三个文本框。然后修改文本框中的文本，效果如图 7-120 所示。

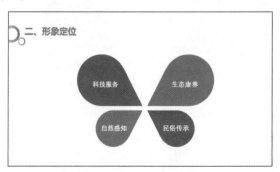

图 7-120　复制文本框的效果

（13）单击"插入"菜单选项卡中的"文本框"命令按钮，在弹出的下拉菜单中选择"绘制横排文本框"命令，绘制一个文本框，并输入文本。然后选中文本，设置字体为"等线"，字号为12，行距为1.2，段落右对齐，效果如图7-121所示。

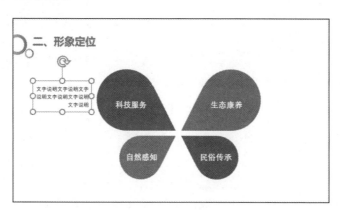

图 7-121　插入文本框的效果

（14）按住 Ctrl 键，在文本框上按下鼠标左键拖动，复制三个文本框。然后修改文本框中的文本和对齐方式。左侧的文本框右对齐，右侧的文本框左对齐，效果如图7-122所示。

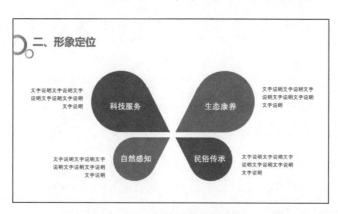

图 7-122　幻灯片的最终效果

7.6.4　制作"商业模式"幻灯片

（1）在普通视图左侧窗格中的第三张过渡页上右击，在弹出的快捷菜单中选择"新建幻灯片"命令，新建一张空白的幻灯片。

（2）在"开始"菜单选项卡的"版式"列表中选择自定义的内容页版式。然后输入幻灯片标题，如图7-123所示。

7-7　制作"商业模式"幻灯片

图 7-123　新建的幻灯片

（3）单击"插入"菜单选项卡中的 SmartArt 命令按钮，在打开的"选择 SmartArt 图形"对话框左侧窗格中选择"矩阵"，中间窗格中选择"基本矩阵"，如图7-124所示。

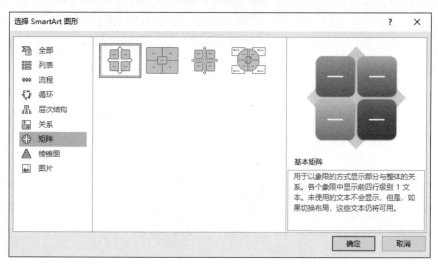

图 7-124　"选择 SmartArt 图形"对话框

　　基本矩阵能以象限的方式显示部分与整体的关系，比较符合本例中要展示的信息的结构。

　　（4）单击"确定"按钮，即可关闭对话框，在当前幻灯片中插入指定类型的图形，并打开文本窗格，如图 7-125 所示。

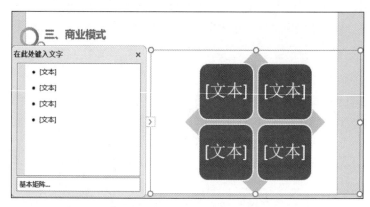

图 7-125　插入的 SmartArt 图形

　　（5）在文本窗格中输入要展示的一级文本，右侧的图形实时反映所作的任何修改，如图 7-126 所示。

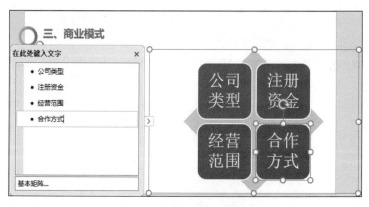

图 7-126　编辑图形中的文本

　　（6）在文本窗格中选中输入的所有文本，然后在弹出的快速格式工具栏中设置文本字体为"等线"，字号为 24，效果如图 7-127 所示。

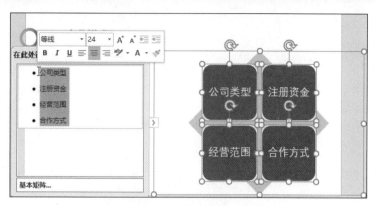

图 7-127　修改图形中的文本格式

（7）单击 SmartArt 图形左边框上的"折叠"按钮 ，隐藏文本窗格。然后选中 SmartArt 图形对角线上的两个形状，在"SmartArt 工具格式"菜单选项卡的"形状样式"区域，单击"形状填充"命令按钮，修改形状的填充颜色，效果如图 7-128 所示。

（8）单击"插入"菜单选项卡中的"文本框"命令按钮，在弹出的下拉菜单中选择"绘制横排文本框"命令，绘制一个文本框，并输入文本。然后选中文本，设置字体为"等线"，字号为 12，行距为 1.2，段落右对齐，效果如图 7-129 所示。

图 7-128　修改形状的填充颜色

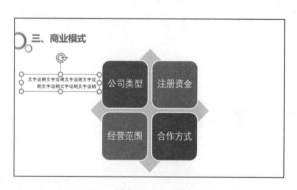

图 7-129　插入文本框并格式化文本

（9）按住 Ctrl 键，在文本框上按下鼠标左键拖动，复制三个文本框。然后修改文本框中的文本和对齐方式。左侧的文本框右对齐，右侧的文本框左对齐，效果如图 7-130 所示。

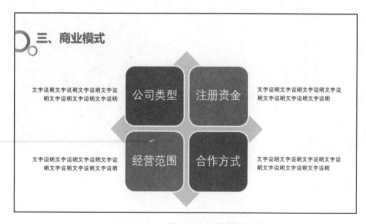

图 7-130　排列文本框的效果

至此，幻灯片基本制作完成。为了美化幻灯片，并进一步强调展示信息整体与部分的关系，可以在矩阵中间放置项目的整体图形。

（10）单击"插入"菜单选项卡中的"图片"命令按钮，在弹出的"插入图片"对话框中选择一张项目的整体图片，单击"插入"按钮关闭对话框。然后调整图片的大小和位置，效果如图 7-131 所示。

图 7-131　插入图片的效果

为使插入的图片更具设计感，可以对图片的显示外观进行修饰。

（11）选中图片，在"图片工具格式"菜单选项卡中单击"裁剪"命令按钮，在下拉菜单中选择"裁剪为形状"命令。然后在形状列表中选择"椭圆"。

本例希望实现的效果是，将图片以圆形显示，因此还要修改图片的长和宽。

（12）选中裁剪后的图片，单击"图片工具格式"菜单选项卡"大小"区域右下角的扩展按钮，打开"设置图片格式"面板。在"大小"选项区中，取消选中"锁定纵横比"复选框，然后设置高度和宽度，如图 7-132 所示。

 注意　　直接在"图片工具格式"菜单选项卡的"大小"区域指定宽度和高度，将约束图片的纵横比进行缩放。除非图片高度和宽度正好相同，否则不能得到圆形的效果。

修改图片宽度和高度之后的效果如图 7-133 所示。

图 7-132　"设置图片格式"面板

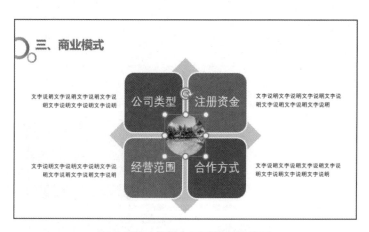

图 7-133　裁剪为圆形的图片效果

（13）选中图片，单击"图片工具格式"菜单选项卡中的"图片边框"命令按钮，设置边框粗细为 6 磅，颜色为白色，效果如图 7-134 所示。

至此，幻灯片制作完成。

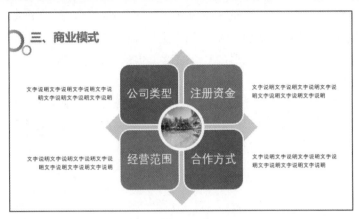

图 7-134　设置图片边框的效果

7.6.5　制作"效益分析"幻灯片

（1）在"普通"视图左侧窗格中的第四张过渡页下方右击，在弹出的快捷菜单中选择"新建幻灯片"命令，新建一张空白的幻灯片。

（2）在"开始"菜单选项卡的"版式"列表中选择自定义的内容页版式。然后输入幻灯片标题，如图 7-135 所示。

7-8　制作"效益分析"幻灯片

（3）单击"插入"菜单选项卡中的"形状"命令按钮，在弹出的形状列表中选择"矩形"。按下鼠标左键拖动，绘制一个矩形，如图 7-136 所示。

图 7-135　新建的幻灯片

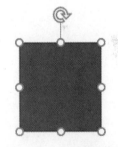

图 7-136　绘制的矩形

（4）选中矩形，在"绘图工具格式"菜单选项卡中单击"编辑形状"命令按钮，在弹出的下拉菜单中选择"编辑顶点"命令。

（5）将鼠标指针移到矩形左上角的顶点上，当指针显示为 ✛ 时，按下左键向下移动，将矩形变形为直角梯形，如图 7-137（a）所示；释放鼠标，可以查看编辑顶点的效果，如图 7-137（b）所示。

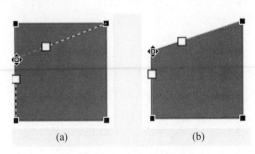

(a)　　　　　　(b)

图 7-137　编辑矩形的顶点

（6）按住 Ctrl 键拖动梯形，复制形状。选中形状副本，在"绘图工具格式"菜单选项卡的"排列"

区域单击"旋转对象"命令，在下拉菜单中选择"水平翻转"命令。然后对齐两个形状。

（7）选中幻灯片中的两个形状，复制并粘贴副本。选中形状副本，在"绘图工具格式"菜单选项卡的"排列"区域单击"旋转对象"命令，然后在下拉菜单中选择"垂直翻转"命令。再调整形状的位置，效果如图 7-138 所示。

（8）选中对角线上的两个形状，在"绘图工具格式"菜单选项卡中单击"形状填充"命令按钮，设置形状的填充颜色。单击"形状轮廓"命令按钮，设置轮廓颜色为白色。然后将四个形状组合为一个整体，调整形状的大小和位置，效果如图 7-139 所示。

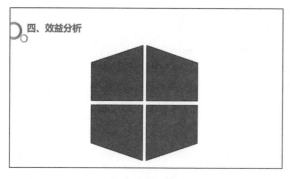

图 7-138　复制并排列形状

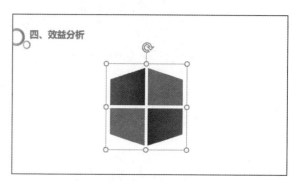

图 7-139　填充形状

为使各个形状具有透视效果，可以填充渐变色。调整好各个形状的相对位置之后，将形状组合，可以在需要继续调整形状的大小和位置时保持相对位置不变。如果要在后续的步骤中分别设置各个形状的动画效果，可以取消组合。

（9）单击"插入"菜单选项卡中的"形状"命令按钮，在弹出的形状列表中选择"直线"。按下鼠标左键拖动，绘制一条线段。采用同样的方法再绘制一条线段，使两条线段构成一条折线，如图 7-140 所示。

（10）同时选中两条线段，在"绘图工具格式"菜单选项卡中单击"形状填充"命令按钮，设置形状的填充颜色；单击"形状轮廓"命令按钮，设置轮廓粗细为 4.5 磅。此时，放大幻灯片显示比例，可以看到两条线段的接口处显示有空隙，如图 7-141 所示。

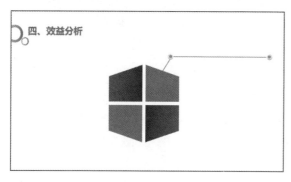

图 7-140　绘制线条

图 7-141　两条线段的接口位置

（11）在线条上右击打开快捷菜单，选择"设置形状格式"命令。然后在打开的"设置形状格式"面板中，设置线端类型为"圆"。此时两条线段的接口位置不显示空隙，如图 7-142 所示。

（12）选中两条线段，按 Ctrl+G 组合键。然后复制线段，并进行翻转。调整线段的位置后，选中所有线段后右击，在弹出的快捷菜单中选择"置于底层"命令，效果如图 7-143 所示。

（13）单击"插入"菜单选项卡中的"文本框"命令按钮，在弹出的下拉菜单中选择"绘制横排文本框"命令，在形状上绘制一个文本框，并输入文本。然后选中文本，设置字体为"等线"，字号为 18，加粗显示。

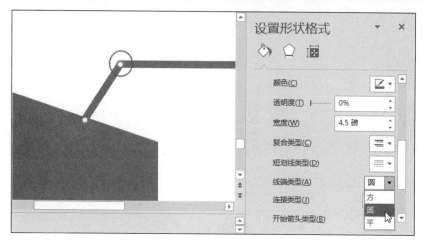

图 7-142　设置线端类型

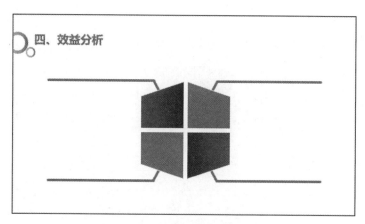

图 7-143　排列线段位置的效果

（14）按住 Ctrl 键，在文本框上按下鼠标左键拖动到其他位置，复制三个文本框。然后修改文本框中的文本，效果如图 7-144 所示。

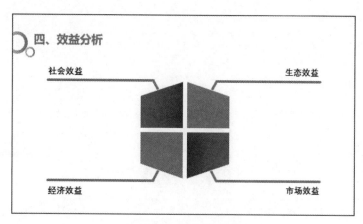

图 7-144　复制文本框

（15）单击"插入"菜单选项卡中的"文本框"命令按钮，在弹出的下拉菜单中选择"绘制横排文本框"命令，绘制一个文本框，并输入文本。然后选中文本，设置字体为"等线"，字号为 12，行距为 1.2，段落右对齐，效果如图 7-145 所示。

（16）按住 Ctrl 键，在文本框上按下鼠标左键拖动，复制三个文本框。然后修改文本框中的文本和对齐方式。左侧的文本框右对齐，右侧的文本框左对齐，效果如图 7-146 所示。

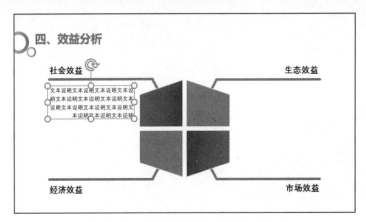

图 7-145　插入文本框并格式化文本

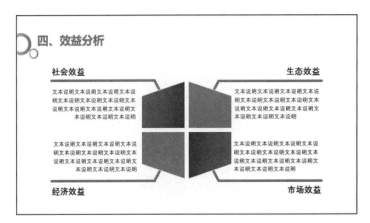

图 7-146　文本框的排列效果

接下来通过插入图标，使表述的主题更形象。

（17）单击"插入"菜单选项卡"插图"区域的"图标"命令按钮，在打开的在线图标库中选中不同类别的四个图标，然后单击"插入"按钮关闭对话框，即可在幻灯片中看到指定的图标，如图 7-147 所示。

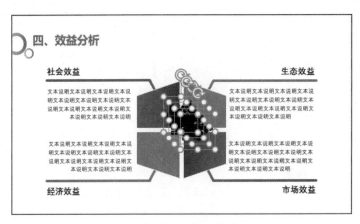

图 7-147　插入图标

（18）调整图标的大小和位置之后，选中所有图标，在"图形工具格式"菜单选项卡中单击"图形填充"命令按钮，设置图标的填充颜色为白色，效果如图 7-148 所示。

至此，幻灯片制作完成。

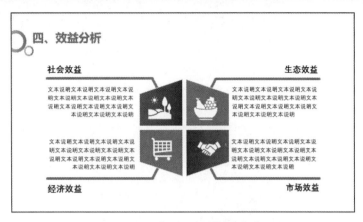

图 7-148　设置图标的填充颜色

答 疑 解 惑

1. 在一张幻灯片中输入了大量文本，用什么方法可将文本快速排版为图形？

答：在 PowerPoint 2019 中，可以一键将文本转化为 SmartArt 图形。

在文本框内右击弹出快捷菜单，选择"转换为 SmartArt"命令，然后在弹出的级联菜单中选择需要的图形布局。

2. 在形状中添加文字时，有时一行可以显示的文本却自动分成了两行，影响版式的美观。在不缩小字体和放大形状的前提下，怎样使形状中的文本显示在一行？

答：形状格式中默认设置了文本自动换行，取消选中该项即可。

（1）在形状上右击打开快捷菜单，选择"设置形状格式"命令，打开"设置形状格式"面板。

（2）切换到"文本"选项卡，单击"文本框"按钮，在面板底部取消选中"形状中的文字自动换行"复选框。

3. 当演示文稿中的图片较多时，文件的体积相应地也会很大，如何在不影响放映质量的情况下压缩演示文稿的大小？

答：通常图片占用较大的空间，因此可以压缩图片减小演示文稿的体积。在压缩图片之前，建议将演示文稿另存一个副本，以便用于其他有高质量需求的演示场合。

（1）单击"文件"菜单选项卡中的"另存为"命令，在打开的"另存为"任务窗格中选择保存位置，弹出"另存为"对话框。

（2）单击对话框底部的"工具"下拉按钮，在弹出的下拉菜单中选择"压缩图片"命令，如图 7-149 所示。

图 7-149　选择"压缩图片"命令

（3）在弹出的"压缩图片"对话框中选择"Web（150ppi）：适用于网页和投影仪"单选按钮，如图 7-150 所示。然后单击"确定"按钮关闭对话框。

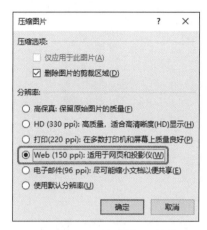

图 7-150　"压缩图片"对话框

学习效果自测

一、选择题

1. 在 PowerPoint 2019 中，下列有关裁剪图片的说法错误的是（　　）。
   A. 裁剪图片是指保存图片的大小不变，而将不希望显示的部分隐藏起来
   B. 当需要重新显示被隐藏部分时，可以使用裁剪工具进行恢复
   C. 要裁剪图片时，可选定图片，单击"图片工具格式"菜单选项卡中的"裁剪"按钮
   D. 按住鼠标右键向图片内部拖动时，可以隐藏图片的部分区域

2. 若要在 PowerPoint 中插入图片，下列说法错误的是（　　）。
   A. 允许插入在其他图形程序中创建的图片
   B. 选择"插入"菜单选项卡中的"联机图片"命令
   C. 选择"插入"菜单选项卡中的"图片"命令
   D. 在插入图片前，不能预览图片

3. 如果要选定多个图形，需（　　），然后单击要选定的图形对象。
   A. 先按住 Alt 键　　　　　　　　　　　　　B. 先按住 Home 键
   C. 先按住 Shift 键　　　　　　　　　　　　D. 先按住 Ctrl 键

4. 关于对象的组合 / 取消组合，以下正确的叙述是（　　）。
   A. 任何图片都可以通过取消组合分解为若干独立部分
   B. 只能在普通视图中对图片取消组合
   C. 组合操作的对象只能是图形或图片
   D. 对图元格式的图片可以取消组合

5. 一张幻灯片中有多个图片、文本框等对象，执行（　　）操作，不可以调整它们的位置和对齐方式。
   A. 显示参考线，对象移动到参考线旁边时，将自动对齐参考线
   B. 显示参考线，拖动水平或垂直参考线到预定位置，再移动对象与参考线对齐
   C. 选中多个对象，在"图片工具格式"菜单选项卡中选择"对齐对象"按钮，使用下拉菜单中的命令，可快速调整所选对象的对齐或分布
   D. 按住 Ctrl 键拖动对象，可微调某个对象的位置

6. 下列在 PowerPoint 2019 中使用图片的操作，不正确的是（　　　　）。

　　A. 一张幻灯片中包含多张图片时，图片之间会互相遮挡，可在图片上右击，选择相应的命令调整先后顺序

　　B. 如果图片的背景色为单一色调，可选中图片，利用"图片工具格式"菜单选项卡中的"删除背景"工具，将图片背景设为透明

　　C. 如果希望整个图片作为幻灯片的背景，可调整图片大小，使其覆盖整个幻灯片

　　D. 如果要减小演示文稿文件占用存储空间的大小，可利用"压缩图片"命令

二、填空题

1. 选中要绘制的形状后，在幻灯片中按下鼠标左键拖出一个矩形区域，可以确定形状的_____。如果直接在幻灯片中单击，可插入一个_____的形状。

2. 在形状上右击，在弹出的快捷菜单中选择"_____"命令，可以在形状中输入文本。

3. 在编辑 SmartArt 图形时，除了可以直接在文本占位符中输入文本以外，还可以使用_____编辑图示文本。

4. PowerPoint 2019 新增了在线图标库，改变图标的大小_____图标的分辨率，而且可以自定义_____和_____，美化图标。

5. PowerPoint 2019 支持在幻灯片中展示 3D 模型。尽管目前的 3D 格式很多，但 PowerPoint 2019 支持的 3D 格式只有_____、_____、_____、_____、_____和_____几种。

三、操作题

1. 在演示文稿中，插入一个形状，并在形状中添加文本，然后设置形状的填充颜色和轮廓样式。

2. 在计算机上选择一些图片，制作一个简单的相册。

3. 在幻灯片中插入一个在线图标，将图标取消组合后，分项填充颜色和轮廓。

4. 使用 SmartArt 图形创建新店开业的流程图，并进行美化。

第 8 章

表格和图表

本章导读

　　表格和图表是帮助阅读者快速理解传达信息的两种可视化显示方式。使用表格可以轻松地组织和显示信息，比较多组相关值；图表与生成它的工作数据相链接，是一种快速、有效地表达数据关系的数据组织方式，可以使人一目了然地查看数据的差异或变化趋势。

学习要点

- ❖ 插入表格和绘制表格的方法
- ❖ 编辑表格结构和设置表格样式的方法
- ❖ 图表的相关术语
- ❖ 编辑图表的方法

8.1　使用表格展示信息

表格由按行、列排布的文本或者数据构成，如图 8-1 所示。

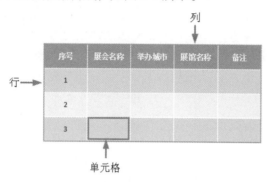

图 8-1　表格的基本结构

位于水平方向上的一排单元格称作一行；位于垂直方向上的一排单元格称作一列；行、列交叉处的小方格称为单元格。分隔单元格的线条就是单元格的边框，称为内侧框线；包围整个表格的线条是表格的边框，也称为外侧框线。

8.1.1　插入表格

在 PowerPoint 2019 演示文稿中，可以使用多种方式插入表格。本节主要介绍两种常用的方法：使用表格模型和"插入表格"对话框。

1. 使用表格模型

（1）切换到普通视图或大纲视图。

（2）单击"插入"菜单选项卡"表格"区域的"表格"下拉按钮，在表格模型中右下角移动鼠标指针，选择表格所需的行数和列数。移动鼠标时，在当前幻灯片中可实时显示表格的效果，如图 8-2 所示。

 注意　使用这种方式只能插入最多 8 行 10 列的表格。

（3）单击鼠标，即可在当前幻灯片中插入指定大小的表格，且表格默认套用主题样式。

2. 使用"插入表格"对话框

在如图 8-2 所示的下拉菜单中选择"插入表格"命令，弹出如图 8-3 所示的"插入表格"对话框，分别设置行数和列数后，单击"确定"按钮。

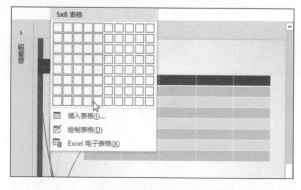

图 8-2　在表格模型中设置表格行数和列数

图 8-3　"插入表格"对话框

此外，还可以从 Word 或者 Excel 中复制表格，然后粘贴到演示文稿中。

提示： 在如图 8-2 所示的下拉菜单中选择"Excel 电子表格"命令，可以嵌入功能强大的 Excel 电子表格，如图 8-4 所示。

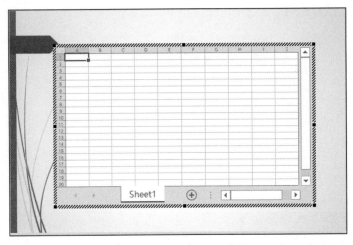

图 8-4　插入 Excel 电子表格

8.1.2　绘制表格

在 PowerPoint 2019 中除了可以直接插入表格外，还可以灵活地绘制表格。

（1）单击"插入"菜单选项卡的"表格"命令按钮，在弹出的下拉菜单中选择"绘制表格"命令，此时，鼠标指针变为铅笔形状。

（2）按下左键拖动到合适大小后，释放鼠标左键，可以绘制表格的外边框，如图 8-5 所示。

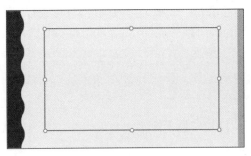

图 8-5　绘制表格外边框

此时，菜单功能区显示"表格工具设计"菜单选项卡，如图 8-6 所示。利用该菜单选项卡，可以很方便地设计表格的结构和布局。

图 8-6　"表格工具设计"菜单选项卡

（3）单击"表格工具设计"选项卡中的"绘制表格"命令按钮，鼠标指针显示为铅笔形状。

"绘制边框"区域的"绘制表格"按钮和"橡皮擦"按钮都是状态按钮，也就是说，单击便进入使用该功能状态，再次单击便取消使用该功能状态。

（4）在"表格工具设计"选项卡的"绘制边框"区域，设置线条粗细、颜色和样式，然后在需要拆分单元格的位置按下鼠标左键拖动，对应的位置将显示一条浅灰色的虚线，如图 8-7 所示。

（5）释放鼠标左键，即可在指定位置拆分单元格，效果如图 8-8 所示。

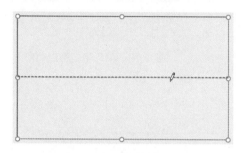

图 8-7　显示拆分的虚线

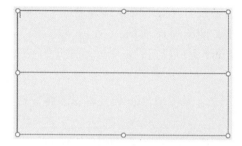

图 8-8　拆分单元格的效果

（6）按照与第（3）～（5）步相同的方法，可以绘制垂直方向的线条拆分单元格，如图 8-9 所示。

（7）采用同样的方法绘制斜线，如图 8-10 所示。

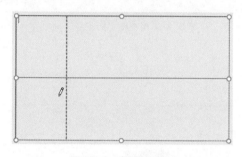

图 8-9　绘制竖线

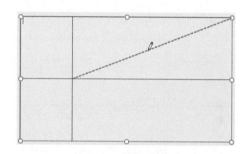

图 8-10　绘制斜线

注意　　　斜线只能在一个单元格中绘制，而且在单元格没有被拆分情况下。如果拆分绘制了斜线的单元格，拆分后的每一个单元格中都将显示斜线，如图 8-11 所示。

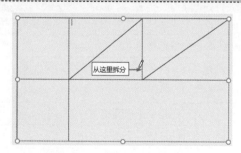

图 8-11　拆分有斜线的单元格

如果要擦除表格线，可执行以下操作：

（1）单击"表格工具设计"菜单选项卡中的"橡皮擦"按钮，鼠标指针显示为橡皮擦形状 。

（2）在要擦除的表格线段上单击，即可删除指定的线段。

在擦除状态下，按下鼠标左键拖动，可以一次擦除跨越多个单元格的线条。

8.1.3 在表格中添加文本

在表格中输入文本的方法与在文本框中输入文本的方法类似。

（1）单击表格内要输入内容的单元格，光标在指定位置开始闪烁。

（2）在插入点的位置输入文本。

在单元格中输入数据时，输入的内容将在当前单元格的宽度范围内自动换行。如果内容行数超过单元格高度，单元格高度将向下扩张，如图 8-12 所示。

图 8-12　单元格高度自动向下扩张

按 Enter 键可以结束一个段落并开始一个新段落。

提示：

按 Ctrl+Tab 键可以在表格中输入制表符。

（3）单击其他单元格，输入文本内容。

按 Tab 键可以将插入点快速移到右侧相邻的单元格中；按 Shift+Tab 键可以将插入点快速移到左侧相邻的单元格中。

注意

当插入点为最后一行的最后一个单元格的末尾时，按 Tab 键将在表格的底部增加一个新行。

（4）单击表格以外的任意位置结束表格的编辑。

在表格中快速移动插入点

使用键盘上的快捷键可以在表格中快速移动插入点，熟练使用快捷键，可提高工作效率。常用的快捷键如表 8-1 所示。

表 8-1　在表格中移动插入点的常用快捷键

按　键	功　能
Tab	移动到后一个单元格。如果插入点在表格最后一个单元格中，按 Tab 键可增加一行
Shift+Tab	移动到前一个单元格
↑	移动到上一行
↓	移动到下一行
Alt+Home	移动到当前行的第一个单元格中
Alt+End	移动到当前行的最后一个单元格中
Alt+PageUp	移动到当前列的第一个单元格中
Alt+PageDown	移动到当前列的最后一个单元格中

在这里要提请读者注意的是，使用方向键移动插入点时，如果单元格中输入了文本，则一次只能移动一个字符，只有当插入点移动到该单元格的开头或末尾时，再按一次方向键才可以移到前一个（或前一行）单元格或下一个（或后一行）单元格中。而按 Tab 键，则不论当前单元格中是否存在文本，都可以快速将插入点移动到下一个单元格中。

8.1.4　选定表格元素

在对表格进行操作之前，还需要了解如何选定表格元素。在 PowerPoint 中，可以通过鼠标或菜单命令快速选定一行、一列或者某个单元格区域。

❖ **选取单元格**：在单元格中单击。

❖ **选取单元格中的部分文本**：按下鼠标左键拖动，选中的文本反白显示。

❖ **选取整行**：将鼠标指针移到该行最左侧或最右侧，当指针变为➡或⬅时单击，即可选中一行。按住鼠标左键上下拖动可以选取多行。

❖ **选取整列**：将鼠标指针移到该列顶部或底部，当指针变为⬇或⬆时单击，即可选中一列。按住鼠标左键左右拖动可以选取多列。

❖ **选取表格**：单击表格中的任意一个单元格，或表格的边框。

使用菜单命令也可以方便地选择一行、一列或整个表格。

选中要选取的行或列中的一个单元格，单击"表格工具布局"菜单选项卡"表"区域的"选择"下拉按钮，弹出如图 8-13 所示的下拉菜单，可分别选择当前单元格所在的表格、列或者行。

❖ **选取单元格区域**：按下鼠标左键在表格中拖动一个矩形区域，即可选中矩形区域中的所有单元格。或者选中一个单元格，然后按住 Shift 键单击另一个单元格，可以选中两个单元格之间的矩形区域或者行、列。

图 8-13　"选择"命令的下拉菜单

注意　　使用 Shift+ 方向键也可以选取单元格区域，如果起始单元格中有文本，按住 Shift+ 方向键将选取单元格中的文本，当选取光标超过单元格的时候，才开始选取多个单元格的区域。

8.1.5　插入、删除行和列

插入行或列有以下三种常用方法。

1. 使用菜单命令

在表格中单击要插入行或列的位置，在"表格工具布局"菜单选项卡的"行和列"区域可以看到如图 8-14 所示的命令。选择"在上方插入"或"在下方插入"命令，可以插入行；选择"在左侧插入"或"在右侧插入"命令，可以插入列。

快速插入表格行

将插入点放在表格最后一行的最后一个单元格的末尾，按 Tab 键可以在表格的底部插入一行。

2. 使用快捷菜单

右击表格中要插入行或列的位置，在弹出的快捷工具栏中单击"插入"按钮，弹出如图 8-15 所示的下拉菜单。选择新的行或列要插入的位置，即可在指定位置插入行或列。

3. 利用绘图方式插入行、列

选中表格，在"表格工具设计"菜单选项卡中单击"绘制表格"命令，当鼠标指针变为铅笔形状✏时，在表格内按下左键绘制横线，可以插入一行；绘制纵线，可以插入一列，如图 8-16 所示。

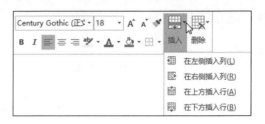

图 8-14 "行或列"相关的命令　　　　　　　　　　　　图 8-15 快捷菜单

与插入行或列类似，删除行或列也有三种对应的常用方法，如图 8-17 所示。读者可以参考前面讲解的方法，这里不再叙述。

图 8-16 绘制单元格边框线插入行和列　　　　　　　　图 8-17 "删除"命令

注意　　　选中单元格区域或者行、列时，按 Delete 键并不会删除单元格行、列，而是删除单元格中的内容。

8.1.6 移动、复制表格元素

在表格中移动、复制行、列或者单元格区域的方法与其他的移动、复制操作类似。

（1）选择要移动或者复制的行、列或单元格区域。

（2）按下鼠标左键，当鼠标指针变为时，拖动到目标区域释放鼠标，即可移动选中的表格元素。

如果拖动的同时按住 Ctrl 键，即可复制选中的表格元素。

此外，使用"剪切""复制""粘贴"命令，或者使用 Ctrl+X、Ctrl+C、Ctrl+V 快捷键，也可以很方便地实现移动或复制操作。

8.1.7 合并和拆分单元格

通常情况下，直接插入的表格并不能满足数据排布的需求，因此还需要对表格的结构进行修改，例如合并某些单元格，或将某个单元格拆分为一行或一列。

合并单元格有以下三种常用的方法。

1. 使用菜单命令

（1）选定要合并的单元格区域，如图 8-18 所示。

（2）单击"表格工具布局"选项卡中的"合并单元格"按钮。

单元格合并后的效果如图 8-19 所示。

2. 使用快捷菜单

选中需要合并的单元格区域后右击，在弹出的快捷菜单中选择"合并单元格"命令。

3. 使用"橡皮擦"工具

（1）选中表格或任意一个单元格。

图 8-18　选中要合并的单元格　　　　　图 8-19　单元格合并后的效果

（2）在"表格工具设计"菜单选项卡中单击"橡皮擦"命令按钮，鼠标指针变为橡皮擦形状。

（3）单击要合并区域中的单元格边框线，即可擦除指定的框线，合并相应区域的单元格，如图 8-20
所示。

图 8-20　擦除边框线合并单元格

与合并单元格相对应，拆分单元格也有三种方法，不同的是，选择"拆分单元格"命令将打开如图 8-21
所示的"拆分单元格"对话框，可以设置将单元格拆分为多行多列。

将单元格拆分为多个单元格后，原单元格中的内容将显示在拆分后的
单元格区域左上角的单元格中。

8.1.8　设置表格样式

一张说服力强的表格不仅要求结构明晰，数据排布合理，漂亮的外观
也必不可少。

图 8-21　"拆分单元格"对话框

表格的外观样式不仅包括表格边框和填充效果，还包括表格中文本的显示效果。使用如图 8-22 所示
的"表格工具设计"菜单选项卡可以详细、全面地设置表格外观。

图 8-22　"表格工具设计"菜单选项卡

1. 设置行列样式

选中表格，在"表格样式选项"区域可以设置表格行和列的布局样式。

❖ "标题行"和"汇总行"：表格的首行或最后一行显示为特殊的格式。

❖ "镶边行"和"镶边列"：表格奇数行（列）和偶数行（列）显示为不同的格式，以增强可读性。

❖ "第一列"和"最后一列"：表格的首列或最后一列显示为特殊的格式。

2. 套用内置样式

单击"表格样式"列表框右下角的"其他"按钮,在如图 8-23 所示的内置样式列表中单击某种样式图标,可以直接套用表格样式。

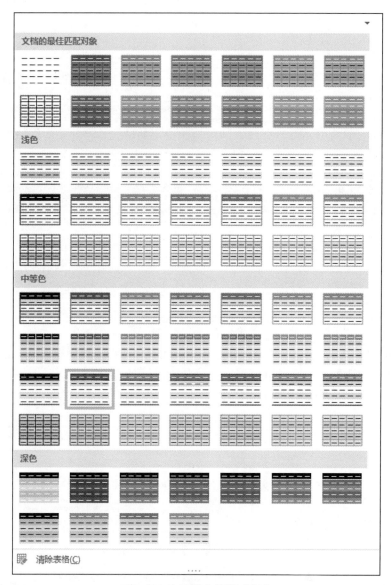

图 8-23　内置的表格样式列表

如果要清除套用的表格样式,应在如图 8-23 所示的列表中选择"清除表格"命令。

3. 自定义表格样式

除了套用内置的表格样式,还可以自定义表格填充底纹和边框样式,以及为表格添加阴影或映像等外观效果。

(1)利用"表格工具设计"选项卡中的"底纹"下拉菜单,可以对选中的单元格(区域、行、列)进行填充。选择"表格背景"命令,在级联菜单中可以设置整个表格的背景样式,如图 8-24 所示。

(2)选中要添加框线的表格元素,在"绘制边框"区域设置框线的样式、粗细和颜色,如图 8-25所示。

(3)在"表格工具设计"选项卡中单击"边框"按钮,弹出如图 8-26 所示的框线列表菜单。单击需要的框线。

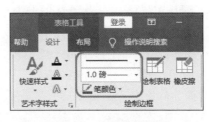

图 8-24　选择"表格背景"命令　　　图 8-25　设置框线样式　　　图 8-26　"边框"下拉菜单

将表格保存为图片

将表格保存为图片，可以防止表格内容被他人修改。

（1）在表格上右击，弹出快捷菜单。

（2）选择"另存为图片"命令，打开"另存为图片"对话框。

（3）选择保存路径，输入文件名称之后，单击"保存"按钮。

上机练习——制作"主打产品"幻灯片

　　本节练习制作一张介绍主打产品规格参数的幻灯片。通过对操作步骤的详细讲解，可以使读者进一步掌握在幻灯片中插入表格、设置表格底纹和边框、在表格中添加数据，以及通过插入行、合并单元格等操作修改表格结构的方法。

8-1　上机练习——制作"主打产品"幻灯片

　　首先在已创建基本布局的幻灯片中插入要介绍的产品图片，并设置图片的显示边框和效果；然后插入表格，设置表格的样式选项；接下来设置各行单元格的底纹和表格边框样式，并添加文本；最后修改表格结构，扩充文本说明。

（1）打开演示文稿"产品宣传 .pptx"，并定位到幻灯片"主打产品"，如图 8-27 所示。

（2）单击"插入"菜单选项卡"图像"区域的"图片"按钮，在弹出的"插入图片"对话框中选择需要的产品图片，单击"打开"按钮，在幻灯片中插入图片。调整图片的大小和位置，效果如图 8-28 所示。

图 8-27 幻灯片"主打产品"的初始效果　　　　　　　图 8-28 插入产品图片

（3）选中产品图片，在"图片工具格式"菜单选项卡中单击"图片样式"列表框右侧的下拉按钮，在样式列表中选择图片样式"旋转，白色"，效果如图 8-29 所示。

接下来插入表格，编辑产品参数。

（4）单击"插入"菜单选项卡"表格"区域的"表格"下拉按钮弹出下拉菜单，在表格模型中，按下鼠标左键向右下角拖动，选择 2 行 5 列，如图 8-30 所示。

图 8-29 设置图片样式　　　　　　　图 8-30 在表格模型中设置表格行数和列数

（5）释放鼠标，即可在幻灯片中插入一个指定行数和列数的表格，且默认套用表格样式，如图 8-31 所示。

如果希望表格样式与众不同，可以自定义表格底纹和边框。

（6）选中表格，在"表格工具设计"菜单选项卡的"表格样式选项"区域，选中"标题行"和"镶边行"复选框，如图 8-32 所示。

图 8-31 插入表格　　　　　　　图 8-32 设置表格样式

选中这两项之后，在套用表格样式时，标题行、相邻的两行可以显示为不同的底纹，以增强表格数据的可读性。

（7）选中第一行单元格，在"表格工具设计"菜单选项卡的"表格样式"区域，单击"底纹"下拉按钮，在弹出的下拉列表框中选择浅蓝色，效果如图 8-33 所示。

（8）按照与第（7）步相同的方法，设置表格其他行的底纹，效果如图 8-34 所示。

图 8-33　设置表格首行底纹

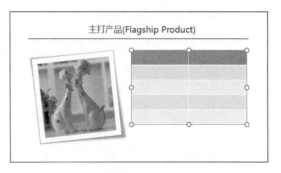

图 8-34　设置其他行的底纹

为增强表格的整体显示效果，还可以设置表格的边框样式。

（9）选中表格，在"表格工具设计"菜单选项卡的"绘制边框"区域，单击"笔颜色"下拉按钮，在弹出的下拉列表框中选择浅蓝色；在"笔划粗细"下拉列表框中选择 2.25 磅。然后单击"表格样式"区域的"边框"下拉按钮，在弹出的下拉菜单中选择"外侧框线"命令，效果如图 8-35 所示。

（10）在"表格工具设计"菜单选项卡的"绘制边框"区域，单击"笔颜色"下拉按钮，在弹出的下拉列表框中选择白色；在"笔划粗细"下拉列表框中选择 2.25 磅。然后单击"表格样式"区域的"边框"下拉按钮，在弹出的下拉菜单中选择"内部框线"命令，效果如图 8-36 所示。

图 8-35　添加表格外边框

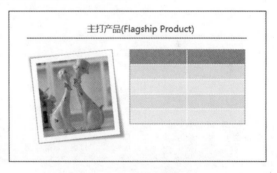

图 8-36　添加表格内边框

至此，表格外观格式化完成，接下来设置单元格中文本的对齐方式，并输入文本。

（11）选中所有单元格，在"表格工具布局"菜单选项卡"对齐方式"区域，依次单击"居中"和"垂直居中"按钮，如图 8-37 所示。

（12）依次在第一行的两列单元格中输入文本。选中文本后右击，在弹出的格式工具栏中设置字号为 20，颜色为白色，效果如图 8-38 所示。

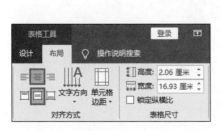

图 8-37　设置表格文字的对齐方式

图 8-38　输入表格标题文字

（13）选中表格的其他四行单元格后右击，在弹出的格式工具栏中设置字体为"宋体"，字号为18，颜色为黑色。然后在单元格中输入产品参数，效果如图 8-39 所示。

在表格中输入文本以后，可以根据需要调整表格的行高或列宽。

（14）将鼠标指针移到表格的内部竖框线上，当指针变为横向的双向箭头 ◀‖▶ 时，按下鼠标左键拖动，调整列宽，效果如图 8-40 所示。

图 8-39　输入表格文字

图 8-40　调整列宽

创建表格后，还可以根据需要在表格中添加、删除行或列，以扩充或缩减表格内容。

（15）单击最后一行第二列单元格，在"表格工具布局"菜单选项卡"行和列"区域，单击"在下方插入"命令按钮，即可在选中单元格所在行的下方插入一行单元格，如图 8-41 所示。

（16）选中插入的行，单击"表格工具布局"菜单选项卡"合并"区域的"合并单元格"按钮，即可将选中的两列单元格合并为一列单元格，如图 8-42 所示。

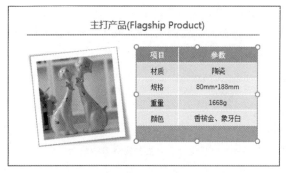

图 8-41　插入行

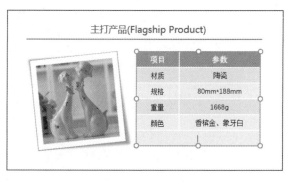

图 8-42　合并单元格

（17）在合并后的单元格中右击，在弹出的格式工具栏中设置字体为"宋体"，字号为14，颜色为红色，文本左对齐。然后在单元格中输入备注说明，如图 8-43 所示。

图 8-43　输入文本

8.2　应用图表可视化数据

图表可以形象地展示数据表信息，还可以反映在数据表中不易察觉的某些信息，例如趋势线、比例等。因其具有适合于演示的特点，图表在 PowerPoint 演示文稿中有着很重要的作用。

8.2.1　创建图表

（1）在"插入"菜单选项卡的"插图"区域单击"图表"命令按钮，即可打开"插入图表"对话框，如图 8-44 所示。

图 8-44　"插入图表"对话框

从图 8-44 可以看到，PowerPoint 2019 提供了丰富的图表类型，每种图表类型还包含一种或多种子类型。

（2）在对话框左侧窗格中选择一种图表类型，然后在右侧窗格中选择一种子类型，单击"确定"按钮，即可插入图表（如 8-45），并打开 Excel 窗口，用于编辑图表数据。

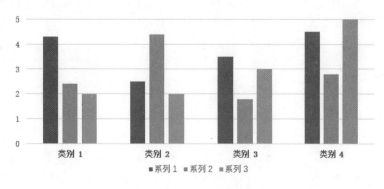

图 8-45　图表示例

8.2.2 图表的相关术语

创建图表之后，通常还需要对其进行修改、美化。在此之前，有必要先了解图表的结构和相关的术语。

❖ **图表区**：整个图表及其包含的元素。

❖ **绘图区**：以坐标轴为界并包含全部数据系列的区域。

❖ **数据系列**：源自数据表的行或列的相关数据点。图表中的每个数据系列具有唯一的颜色或图案。例如，图 8-45 中的图表有三个数据系列，分别以三种不同颜色的柱形表示。

❖ **数据标志**：图表中的条形、面积、圆点、扇面或其他符号，代表源于数据表单元格的单个数据点或值。例如图 8-45 中某种颜色的条形。具有相同样式的数据标志代表一个数据系列。

❖ **分类名称**：通常将工作表数据中的行或列标题作为分类名称。例如，图 8-45 中的"类别 1""类别 2""类别 3""类别 4"为分类名称。

❖ **图例**：用于标识数据系列或分类的图案或颜色。例如图 8-45 底部的色块和对应的文字说明 ■系列 1　■系列 2　■系列 3。

❖ **网格线**：是坐标轴上刻度线的延伸，以便于查看和计算数据。

8.2.3 编辑图表

选中图表，在图表右侧会显示三个图标，如图 8-46 所示，分别为图表元素、图表样式和图表筛选器。利用"图表元素"按钮和"图表样式"按钮，可以很便捷地设置图表元素的格式。

例如，单击"图表元素"按钮，将弹出级联菜单；单击菜单中的一项，显示下一级菜单，如图 8-47 所示。

单击级联菜单中的"更多选项"命令，将打开对应的设置面板，如图 8-48 所示。

图 8-46　设置图表格式的快捷按钮

图 8-47　图表元素级联菜单

图 8-48　"设置数据标签格式"面板

提示：

在要设置格式的图表元素上右击，使用快捷菜单命令也可以打开对应的设置面板。

上机练习——制作"销售业绩"幻灯片

练习目标   本节练习制作一张展示销售业绩的幻灯片。通过对操作步骤的详细讲解，可以使读者进一步了解图表的相关术语，掌握在幻灯片中插入图表、编辑图表元素，以及美化图表的操作方法。

8-2 上机练习——制作"销售业绩"幻灯片

设计思路   首先在幻灯片中插入三维簇状柱形图，并修改数据系列的填充颜色；然后添加数据标签，设置数据标签的显示格式；最后设置绘图区、图表区、坐标轴和图例的样式，美化图表。

操作步骤

（1）打开"销售业绩"幻灯片，如图 8-49 所示。

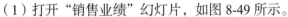

销售业绩(Sales performance)

图 8-49 幻灯片初始状态

（2）单击"插入"菜单选项卡"插图"区域的"图表"命令按钮，弹出"插入图表"对话框。在左侧的分类列表中选择"柱形图"，然后在图示列表中选择"三维簇状柱形图"，如图 8-50 所示。

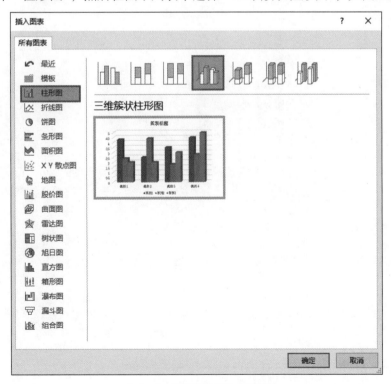

图 8-50 "插入图表"对话框

（3）单击"确定"按钮，即可在幻灯片中插入图表，并启动 Excel 应用程序，用于编辑图表数据，如图 8-51 所示。

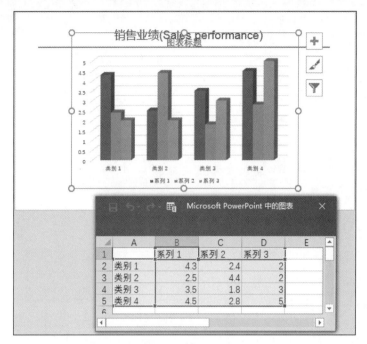

图 8-51　插入图表

　　每个图表都对应一个 Excel 数据表，其中的每一个数据系列都代表一列数据。在 Excel 中编辑数据表，图表会随之发生相应的变化。

　　（4）在 Excel 数据表中编辑数据，幻灯片中的图表随即自动更新，如图 8-52 所示。

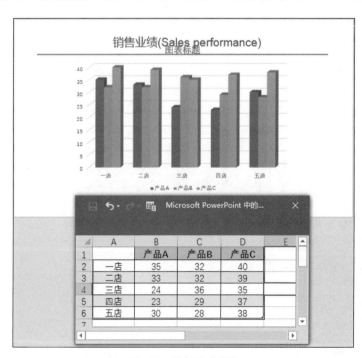

图 8-52　编辑图表数据

　　接下来设置图表外观，美化图表。

　　（5）将鼠标指针移到图表左（或右）边框上，当指针变为双向箭头时，按下左键拖动，调整图表宽度。利用同样的方法，将鼠标指针移到图表上（或下）边框上，调整图表高度。将鼠标指针移到图表上，当指针变为四向箭头时，按下左键拖动，调整图表的位置。效果如图 8-53 所示。

（6）修改数据系列的填充效果。

① 选中图表中的灰色柱形（即产品 C 的数据系列），然后右击，在弹出的快捷菜单中选择"设置数据系列格式"命令，打开"设置数据系列格式"面板，如图 8-54 所示。

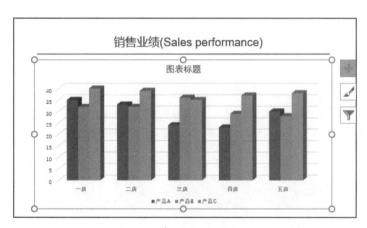

图 8-53   调整图表的大小

图 8-54   "设置数据系列格式"面板

② 单击"填充与线条"按钮，在"填充"区域选择"渐变填充"单选按钮，然后设置第一个停止点为蓝色，第二个停止点为深蓝色，如图 8-55 所示。

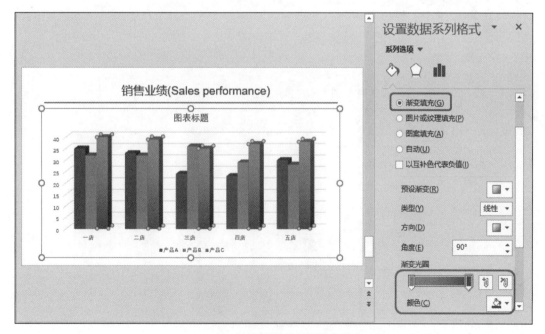

图 8-55   设置数据系列的填充方式

③ 按照与步骤①和②相同的方法，修改其他两个数据系列的填充效果，如图 8-56 所示。

使用柱形图可以很直观地比较各个数据序列的值，但不便于直接查看某个数据点具体的值。使用数据标签可以标注某个数据点的具体值，增强图表的可读性。

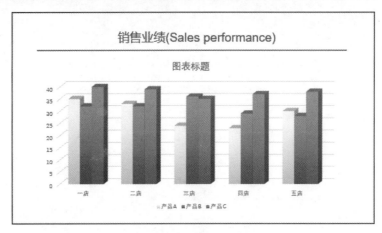

图 8-56 填充数据系列的效果

（7）添加数据标签。

① 在要添加数据标签的数据系列（例如产品 C 对应的柱形）上右击打开快捷菜单，然后选择"添加数据标签"命令，在级联菜单中选择"添加数据标签"命令或"添加数据标注"命令，如图 8-57 所示。

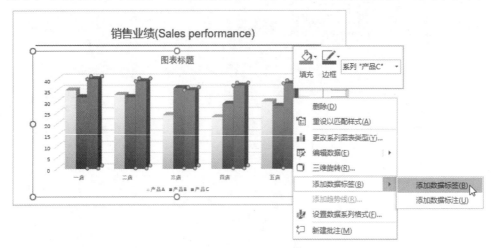

图 8-57 选择"添加数据标签"命令

选中的数据系列上即可显示对应的数据标签，如图 8-58 所示。

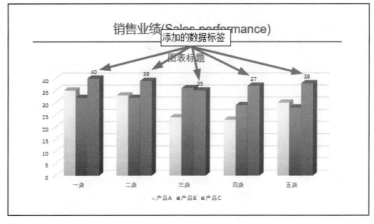

图 8-58 添加数据标签

如果觉得添加的数据标签不够醒目，可以修改数据标签的形状。

② 在数据标签上右击打开快捷菜单，然后在"更改数据标签形状"级联菜单中选择需要的形状，如

图 8-59 所示。

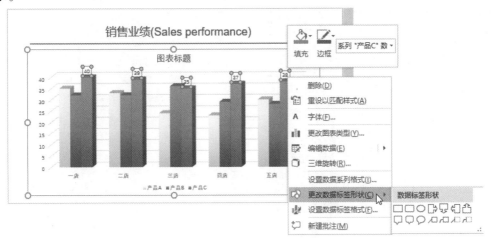

图 8-59　更改数据标签的形状

本例选择"对话气泡：矩形"，效果如图 8-60 所示。

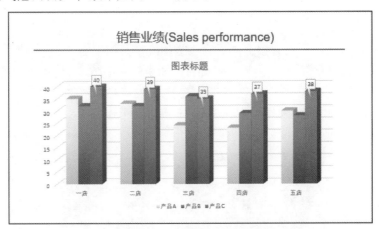

图 8-60　更改数据标签形状的效果

③ 在数据标签上右击，在如图 8-59 所示的快捷菜单中选择"设置数据标签格式"命令，打开"设置数据标签格式"面板，如图 8-61 所示。

图 8-61　"设置数据标签格式"面板

④在"标签选项"区域选中"类别名称"复选框，数据标签中将显示类别名称，如图 8-62 所示。

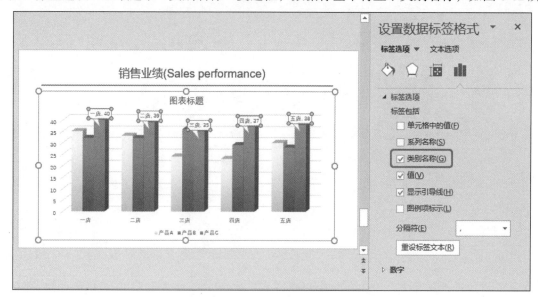

图 8-62　显示类别名称

⑤单击"填充与线条"按钮◇，设置填充样式为"纯色填充"，颜色为浅黄色；切换到"文本选项"面板，设置文本填充样式为"纯色填充"，颜色为黑色。此时的图表效果如图 8-63 所示。

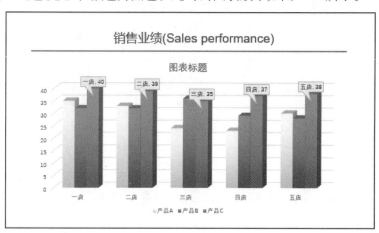

图 8-63　标签和文本的填充效果

（8）设置图表背景样式。

①在图表上右击打开快捷菜单，选择"设置图表区格式"命令，打开"设置图表区格式"面板。

②在"填充"区域选择"图片或纹理填充"单选按钮，然后单击"文件"按钮，在打开的对话框中选择一幅背景图片。填充效果如图 8-64 所示。

（9）设置绘图区格式。

①在绘图区右击打开快捷菜单，选择"设置绘图区格式"命令，打开"设置绘图区格式"面板。

②在"填充"区域选择"纯色填充"单选按钮，然后单击"填充颜色"按钮 ◇▾，设置填充色为白色。填充后的效果如图 8-65 所示。

（10）设置坐标轴格式。选中纵坐标轴，在"开始"菜单选项卡的"字体"区域，设置字体颜色为深红色；采用同样的方法，设置横坐标轴的文本颜色为深红色，效果如图 8-66 所示。

（11）设置图例格式。在图例上右击，在弹出的快速格式工具栏中设置填充色为淡黄色，边框颜色为黑色，如图 8-67 所示。

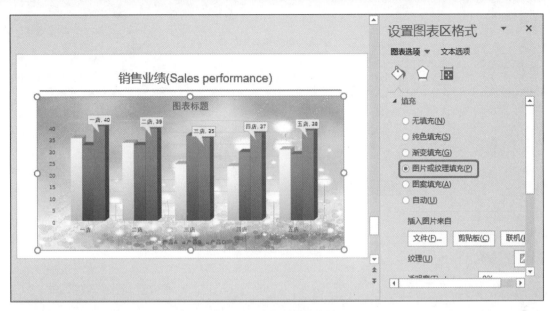

图 8-64　图表区的填充效果

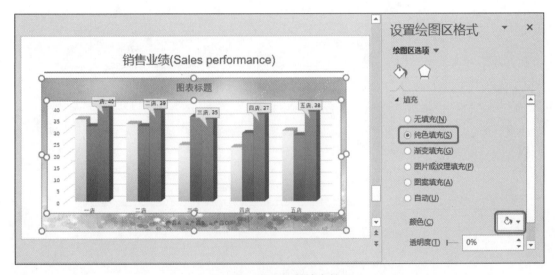

图 8-65　绘图区的填充效果

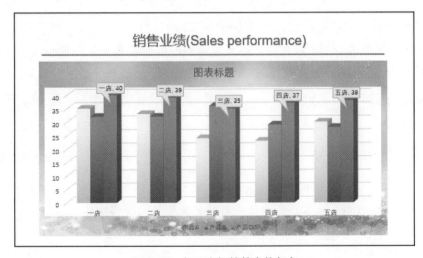

图 8-66　设置坐标轴的字体颜色

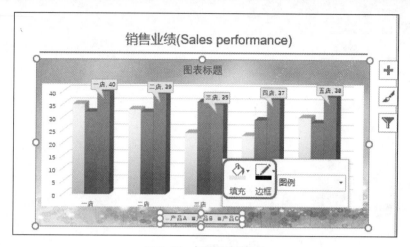

图 8-67　设置图例格式

（12）根据需要输入图表标题，本例删除标题。调整绘图区的大小和位置，最终效果如图 8-68 所示。

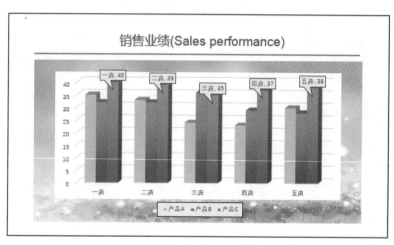

图 8-68　图表的最终效果

8.3　实例精讲——某连锁店业绩分析

每年年终或新年伊始，公司管理层都要从各个角度（比如部门、产品线等）考察公司过去一年的业绩。业绩分析是销售数据分析中最简单、最直观，也是最重要的数据因素之一。通过同期对比，分析销售额总量走势，指出变化原因，从而调整营销计划。

　　本节练习制作一个简单的业绩分析演示文稿。通过对操作步骤的详细讲解，可以使读者进一步掌握使用表格展示数据，利用图表从数据中提取关键信息，以及编辑表格、图表数据和格式的操作方法。

　　首先使用表格展示销售数据；然后使用条形图对比各个分店近两年的销售额；最后使用折线图展示各个分店近两年销售额的同比增长情况。

操作步骤

8.3.1 使用表格盘点业绩

使用表格可以很直观地查看各条表格数据。本节利用表格展示各个分店连续两年的
销售业绩，以及销售额同比增长情况。

8-3 使用表格
盘点业绩

（1）打开一个已创建基本布局和版式的演示文稿。新建一张幻灯片，应用自定义的
版式后，输入幻灯片标题。

（2）单击"插入"菜单选项卡中的"表格"命令按钮，在下拉菜单中的表格模型中移动鼠标，选择
七行六列，然后单击鼠标，插入表格，效果如图8-69所示。

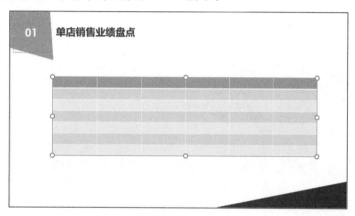

图8-69 插入表格

（3）选中表格，单击"开始"菜单选项卡"段落"区域的"居中"命令按钮，然后输入标题行。输
入完成后，将鼠标指针移到垂直方向的边框线上，按下左键拖动，调整表格的列宽，如图8-70所示。

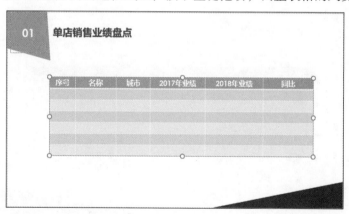

图8-70 输入标题行

（4）将鼠标指针移到第二行左侧，当指针变为横向箭头➡时，按下左键向下拖动到最后一行释放鼠标，
选中除标题行之外的其他表格行。然后输入表格内容，如图8-71所示。

（5）将光标定位在第一行单元格的任意一个单元格中，在"表格工具布局"菜单选项卡的"单元格
大小"区域，设置表格行高为2厘米。选中其他行，按照同样的方法，设置行高为1.5厘米，效果如图8-72
所示。

（6）单击表格外边框选中表格，在"表格工具设计"菜单选项卡的"表格样式"区域，单击"表格
样式"列表框右下角的"其他"按钮。在弹出的样式列表中选择"中度样式1 – 强调5"，效果如图8-73
所示。

图 8-71 输入表格内容

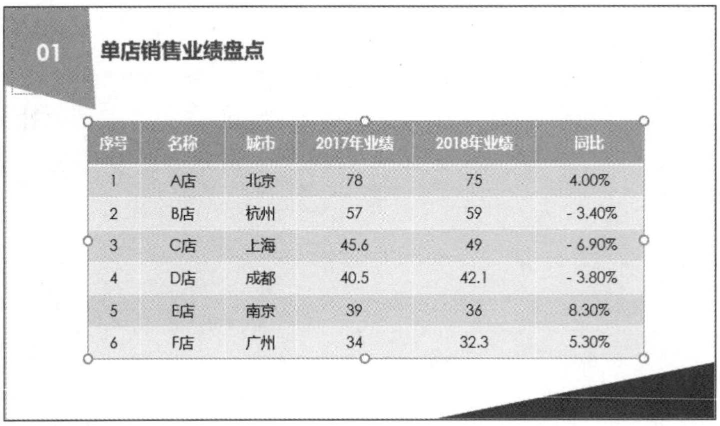

图 8-72 设置行高

图 8-73 套用表格样式的效果

至此，表格制作完成。

8.3.2 使用条形图展示销售额排行

条形图适用于展示多个分类的数据变化，或比较同类别各变量之间的差异。本节使用条形图对比展示各个分店连续两年的销售额。

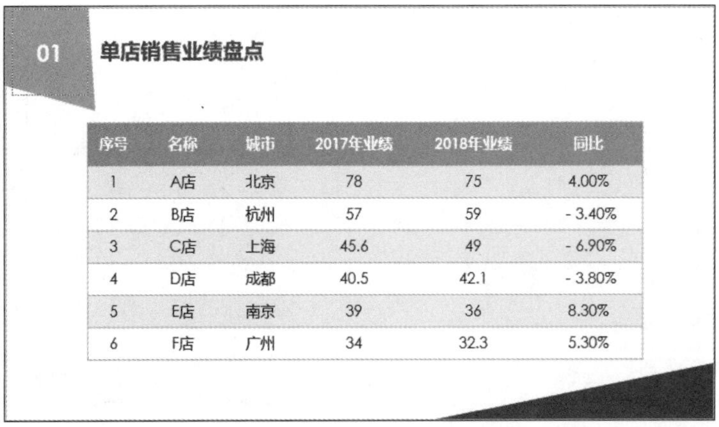

（1）新建一张幻灯片，应用自定义的版式后，输入幻灯片标题。

（2）单击"插入"菜单选项卡中的"图表"命令按钮，打开"插入图表"对话

8-4 使用条形图展示
销售额排行

框。在左侧窗格中选择"条形图",在右上窗格中选择"簇状条形图",如图 8-74 所示。

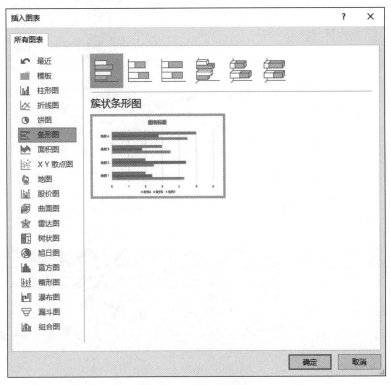

图 8-74　选择图表类型

（3）单击"确定"按钮关闭对话框,将启动 Excel 应用程序窗口,并在幻灯片中显示示例图表,如图 8-75 所示。

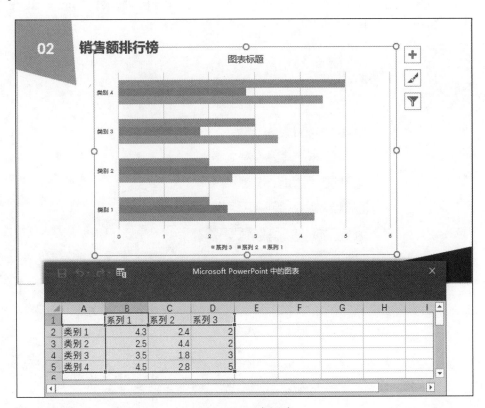

图 8-75　示例图表

（4）在 Excel 窗口中编辑表格数据，幻灯片中的图表将实时变化，反映所作的修改，如图 8-76 所示。

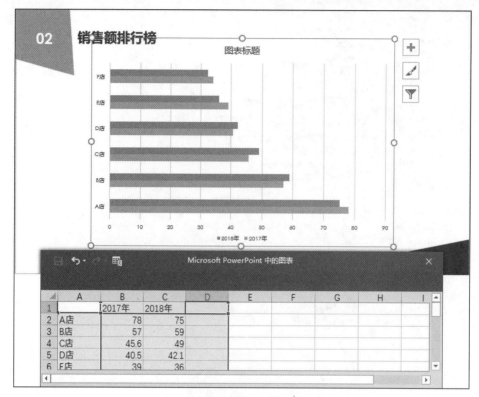

图 8-76　编辑图表数据

（5）编辑完成后，单击 Excel 窗口右上角的"关闭"按钮，退出 Excel 应用程序。然后单击图表边框选中图表，在"图表工具设计"菜单选项卡中单击"更改颜色"命令按钮，将图表的主题颜色修改为"彩色调色板 4"，效果如图 8-77 所示。

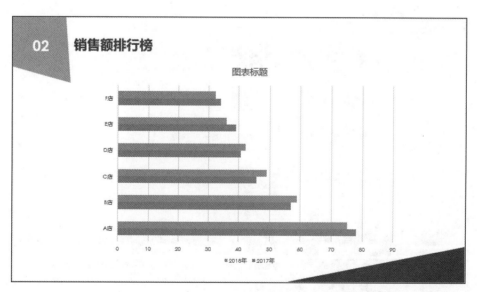

图 8-77　更改图表颜色

（6）在"图表工具设计"菜单选项卡中单击"图表样式"列表框右下角的"其他"按钮，在弹出的样式列表中选择"样式 6"，效果如图 8-78 所示。

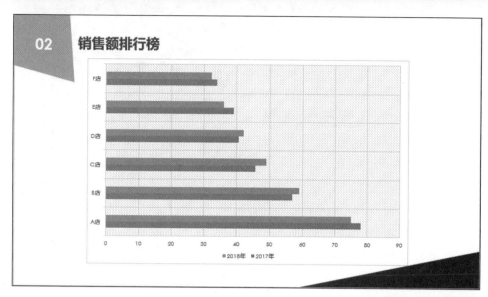

图 8-78　设置图表样式

尽管在图 8-78 中可以很直观地查看各个分店业绩的差异，但不便于查看各个店业绩的具体值。因此，接下来添加数据标签，显示各店不同年度的具体销售额。

（7）选中图表，单击图表右侧的"图表元素"按钮，在弹出的图表元素列表中选中"数据标签"选项，然后在级联菜单中选择"数据标签外"，如图 8-79 所示。

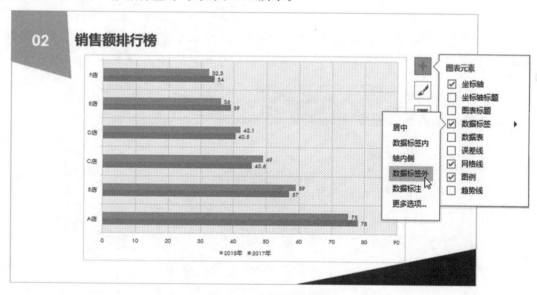

图 8-79　设置数据标签

至此，图表制作完成。

8.3.3　使用折线图查看增速走势

折线图常用于展示数据随时间或有序类别的波动情况的趋势变化。本节利用折线图展示各个分店销售额的增速情况。

（1）新建一张幻灯片，应用自定义的版式后，输入幻灯片标题。

（2）单击"插入"菜单选项卡中的"图表"命令按钮，打开"插入图表"对话框。在左侧窗格中选择"折线图"，在右上窗格中选择"带数据标记的折线图"，如图 8-80 所示。

8-5　使用折线图查看增速走势

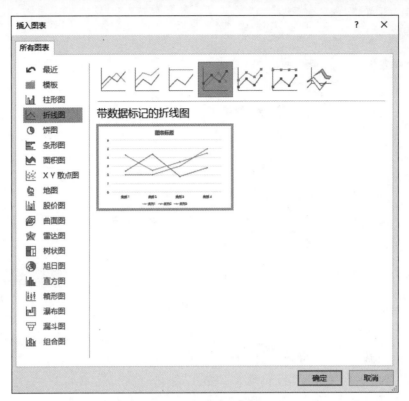

图 8-80 选择图表类型

（3）单击"确定"按钮关闭对话框。然后在自动打开的 Excel 编辑窗口输入图表数据，如图 8-81 所示。编辑完成后，单击 Excel 窗口右上角的"关闭"按钮，退出 Excel 应用程序。

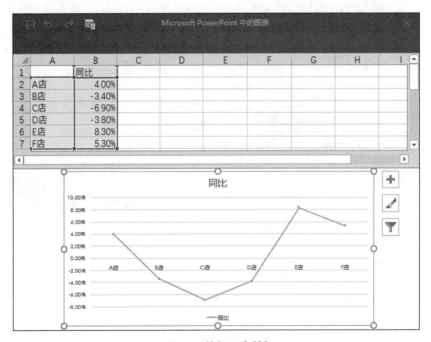

图 8-81 编辑图表数据

（4）单击图表边框选中图表，在"图表工具设计"菜单选项卡中单击"更改颜色"命令按钮，将图表的主题颜色修改为"彩色调色板 3"；单击"图表样式"列表框右下角的"其他"按钮，在弹出的样式列表中选择"样式 8"，效果如图 8-82 所示。

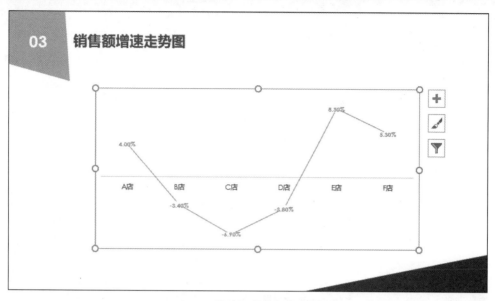

图 8-82　修改图表的颜色和样式

（5）选中图表，单击图表右侧的"图表元素"按钮，在弹出的图表元素列表中选中"数据表"复选框，然后在级联菜单中选择"无图例项标示"选项，如图 8-83 所示。

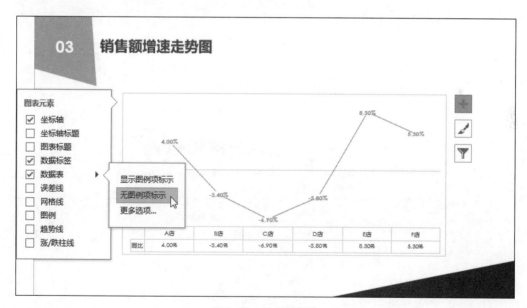

图 8-83　显示数据表

（6）调整图表的大小和位置之后，选中图表中的折线，在"图表工具格式"菜单选项卡的"形状样式"区域单击"形状轮廓"命令按钮，设置轮廓粗细为 4.5 磅，颜色为绿色，效果如图 8-84 所示。

（7）选中图表，单击图表右侧的"图表元素"按钮，在弹出的图表元素列表中选中"数据标签"复选框，然后在级联菜单中选择"右"选项，数据标签将显示在数据点右侧，如图 8-85 所示。

　为突出显示销售额同比下降的数据，可以修改相应数据点的样式。

（8）选中一个位于横坐标轴下方的数据点，在"图表工具格式"菜单选项卡中单击"形状填充"命令按钮，设置填充颜色为深红色。采用同样的方法，修改其他数据点的填充颜色，效果如图 8-86 所示。

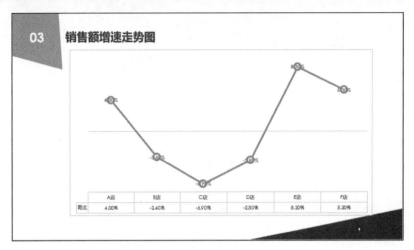

图 8-84　设置折线的外观

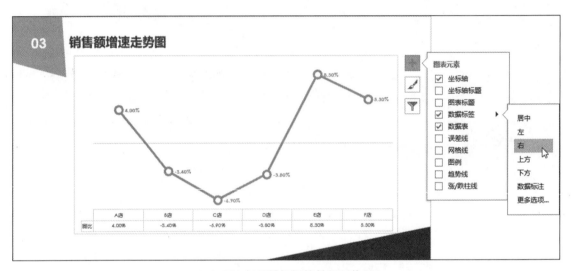

图 8-85　设置数据标签的显示位置

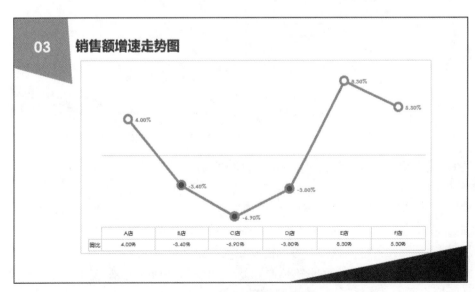

图 8-86　修改数据点的填充颜色

至此，折线图制作完成。

答 疑 解 惑

1. 怎样将在 Excel 中制作好的表格插入到幻灯片中？

答：可以执行以下步骤插入 Excel 表格：

（1）首先在 Excel 中将表格调整到适合在幻灯片中播放的大小，并隐藏网格线。

（2）在 PowerPoint 中执行"插入"菜单选项卡中的"对象"命令，在打开的"插入对象"对话框中选择"根据文件创建"选项，然后单击"浏览"按钮选中要插入的表格文件。

（3）单击"确定"按钮关闭对话框，即可将表格插入幻灯片中。

（4）双击插入的表格，可以进入 Excel 编辑状态。

2. 在 Excel 中创建并美化了图表，怎样将图表插入到 PowerPoint 中，并且可以在 PowerPoint 中直接编辑图表？

答：在 Excel 中复制图表后，粘贴到幻灯片中，然后单击图表右下角的"粘贴选项"图标，选择"保留源格式和嵌入工作簿"选项，如图 8-87 所示。

3. 要制作一张展现优良天气随时间序列变化趋势的图表，是选用折线图还是柱形图？

答：如果横坐标是时间序列，折线图更能反映趋势的变化。

4. 在制作图表时，如果横坐标的标签名称太长，影响图表的显示效果，怎么办？

答：可以将横坐标标签进行适当的旋转，操作步骤如下：

（1）双击图表中的横坐标，打开"设置坐标轴格式"面板。

（2）切换到"坐标轴选项"选项卡，在"对齐方式"列表中设置自定义旋转角度，如图 8-88 所示。

图 8-87　粘贴选项

图 8-88　自定义旋转角度

学习效果自测

一、选择题

1. 下列关于 PowerPoint 2019 表格的说法，错误的是（　　）。

    A. 在普通视图下，可以在幻灯片中插入表格

    B. 在大纲视图下，可以在幻灯片中插入表格

    C. 可以拆分表格中的单元格

    D. 只能插入规则表格，不能在单元格中插入斜线

2. 在 PowerPoint 中，关于在幻灯片中插入图表的说法中，错误的是（　　）。

    A. 可以直接通过复制和粘贴的方式将图表插入到幻灯片中

    B. 在不含图表占位符的幻灯片中也可以插入图表

    C. 只能通过插入包含图表的新幻灯片来插入图表

D. 双击图表占位符可以插入图表

3. 在 PowerPoint 中，下列关于表格的说法错误的是（　　　）。

　　A. 可以在表格中插入新行和新列　　　　B. 不能合并单元格

　　C. 可以改变列宽和行高　　　　D. 可以给表格添加边框

4. 在 PowerPoint 中插入图表后，可通过"图表工具设计"菜单选项卡中的（　　　）菜单项改变图表的类型。

　　A. 更改图表类型　　　　B. 添加图表元素

　　C. 编辑数据　　　　D. 快速布局

5. 在普通视图下插入表格，以下操作中错误的是（　　　）。

　　A. 单击"插入"菜单选项卡中的"对象"命令，然后在"插入对象"对话框中选择有关选项

　　B. 单击"插入"菜单选项卡中的"插入表格"命令

　　C. 单击"插入"菜单选项卡中的"形状"命令，然后使用线条工具绘制表格

　　D. 单击"绘图"工具栏中的"Excel 电子表格"命令

6. 在 PowerPoint 2019 中，系统默认的图表类型是（　　　）。

　　A. 柱形图　　　　B. 饼形图　　　　C. 面积图　　　　D. 折线图

7. 在 PowerPoint 中，如果生成图表的数据发生了变化，图表（　　　）。

　　A. 会发生相应的变化　　　　B. 会发生变化，但与数据无关

　　C. 不会发生变化　　　　D. 必须进行编辑后才会发生变化

8. 在 Excel 工作表中删除与图表链接的数据时，（　　　）。

　　A. 图表将被删除　　　　B. 必须用编辑器删除相应的数据点

　　C. 图表将不会发生变化　　　　D. 图表将自动删除相应的数据点

9. 在 PowerPoint 中移动图表的方法是（　　　）。

　　A. 将鼠标指针放在绘图区边线上，按鼠标左键拖动

　　B. 将鼠标指针放在图表控点上，按鼠标左键拖动

　　C. 将鼠标指针放在图表内，按鼠标左键拖动

　　D. 将鼠标指针放在图表内，按鼠标右键拖动

10. 在 PowerPoint 2019 中制作表格时，下列说法正确的是（　　　）。

　　A. 单元格的背景颜色必须相同

　　B. 无法纵向合并单元格

　　C. 可以随意画出交叉的斜线

　　D. 表格内部框线的粗细必须一致

二、填空题

1. 在表格中，位于水平方向上的一排单元格称作＿＿＿＿＿；位于垂直方向上的一排单元格称作＿＿＿＿＿；行、列交叉处的小方格称为＿＿＿＿＿。

2. 将鼠标指针移到表格＿＿＿＿＿，当鼠标指针变为横向箭头时，单击可以选中一行；将鼠标指针移到表格＿＿＿＿＿，当鼠标指针变为竖向箭头时，单击可以选中一列。

3. 将插入点放在表格最后一行的最后一个单元格的末尾，按＿＿＿＿＿键可以在表格的底部插入一行。

4. 选中一行单元格，按下鼠标左键拖动到目标区域释放鼠标，可＿＿＿＿＿选中的行。如果拖动的同时按住 Ctrl 键，可＿＿＿＿＿选中的行。

5. ＿＿＿＿＿是源自数据表的行或列的相关数据点。＿＿＿＿＿代表源于数据表单元格的单个数据点或值。

三、操作题

1. 新建一张幻灯片，分别使用表格模型、“插入表格”命令插入一个4行5列的表格，并在表格中添加文本。

2. 合并上一题创建的表格的第1行和第4行单元格，然后将第4行单元格拆分为3列。

3. 在第二行下方插入一个空行，然后在第二列右方插入一个空列。

4. 使用图8-89所示的数据表创建一个三维簇状柱形图，并添加数据标注。

	A	B	C	D	E
1		销售绩效表			
2		姓名	产品A	产品B	产品C
3		Lily	35	32	40
4		Jerry	33	32	39
5		Vian	24	36	35
6		Shally	23	29	37
7		Tom	30	28	38

图8-89 示例数据表

第 9 章

创建影音演示文稿

本章导读

在幻灯片中除了可以插入各种图形对象和表格，还可以插入声音、视频等多媒体对象，制作声色俱佳的幻灯片。在幻灯片中（尤其是讲解内容比较多的幻灯片中），使用音频和视频不仅能简化页面，吸引观众注意，还能使讲解内容更明晰易懂。

在 PowerPoint 2019 中，插入音频不是把音频文件放置在演示文稿所在目录下，而是将其嵌套到演示文稿之中。

学习要点

❖ 插入视频剪辑和音频的方法
❖ 添加书签和剪裁视频的操作
❖ 控制音频和视频播放的方法

9.1 应 用 视 频

视频是一种常用的记录生活瞬间、展示产品特性、演示操作过程的媒体形式。网络技术的飞速发展使视频片段能以串流媒体的形式存在于网络上，并可被计算机或移动设备接收与播放。在演示文档中使用视频辅助展示和讲演，可以增强说明力，达到更完美的演示效果。

9.1.1 插入视频剪辑

在 PowerPoint 2019 中，插入视频剪辑与插入图片一样简单、方便。

（1）打开要加入视频文件的幻灯片，在"插入"菜单选项卡的"媒体"区域单击"视频"下拉按钮，弹出如图 9-1 所示的视频来源下拉菜单。

❖ **联机视频**：通过输入在线视频的地址，获取需要的视频。

❖ **PC 上的视频**：从本地计算机或连接到的其他计算机上查找视频。

（2）选中需要的视频文件后，单击"插入"按钮，即可在幻灯片中央显示插入的视频，视频底部显示播放控件，如图 9-2 所示。

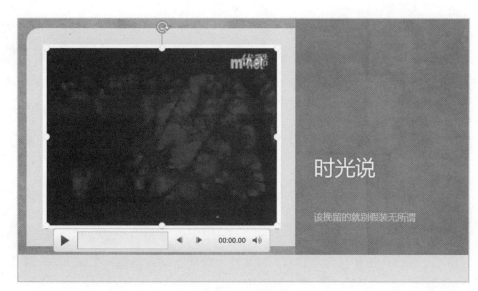

图 9-1 插入视频剪辑　　　　　　　　　　　　图 9-2 插入视频

插入的视频尺寸和位置通常不符合设计需要，需要进行调整。

（3）将鼠标指针移到视频变形框顶点位置的变形手柄上，当指针变为双向箭头时，按下左键拖动，调整视频文件的显示尺寸。将鼠标指针移到视频上，当指针变为四向箭头时，按下左键拖动，可以移动视频。

注意　　　视频图标的大小范围是观看视频文件的屏幕大小，因此，调整视频尺寸时，应尽量保持视频的长宽比一致，以免影像失真。

此时，单击播放控件上的"播放 / 暂停"按钮，可以预览视频，如图 9-3 所示。还可以前进或后退、调整播放音量。

图 9-3　预览视频

9.1.2　设置视频外观

格式化视频的显示外观，可以使幻灯片更风格化。

（1）选中插入的视频，在菜单功能区可以看到如图 9-4 所示的"视频工具格式"选项卡。

图 9-4　"视频工具格式"选项卡

（2）单击"更正"下拉按钮，在弹出的下拉菜单中可以使用预置的设置调整视频的亮度和对比度，如图 9-5 所示。

如果要自定义视频的亮度或对比度，可以选择"视频更正选项"命令，展开如图 9-6 所示的"设置视频格式"面板，拖动"亮度"或"对比度"滑块，设置亮度或对比度值。单击"重置"按钮，可以恢复默认设置。

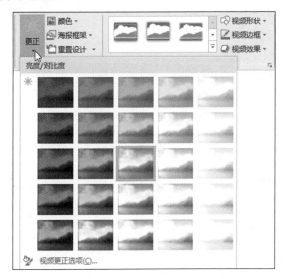

图 9-5　"更正"下拉菜单

图 9-6　"设置视频格式"面板

（3）单击"颜色"下拉按钮，在弹出的下拉菜单中可以使用预置的颜色效果对视频重新着色，如图 9-7 所示。

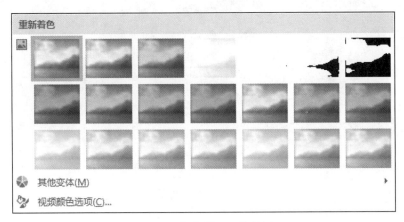

图 9-7　颜色效果下拉菜单

选择"其他变体"命令，可以自定义颜色；选择"视频颜色选项"命令，打开如图 9-6 所示的"设置视频格式"面板。

（4）单击"海报框架"下拉按钮，选择视频剪辑预览图的来源。可以是视频的当前帧，也可以是本地计算机中的一张图片。

如果要删除预览图，应在下拉菜单中选择"重置"命令。

（5）单击"视频样式"列表框右下角的"其他"按钮，在弹出的内置样式下拉列表框中可以选择视频剪辑的视觉样式。例如，选择"发光圆角矩形"样式的效果如图 9-8 所示。

图 9-8　应用"发光圆角矩形"样式的效果

如果要自定义视频形状、边框样式和效果，可以分别单击"视频形状""视频边框""视频效果"按钮，在弹出的下拉菜单中选择需要的效果。例如，设置形状为心形，边框颜色为绿色，粗细为 4.5 磅，阴影样式为"偏移：下"的效果如图 9-9 所示。

（6）在"大小"区域可以设置视频的宽度和高度，以及裁剪视频。

图 9-9   自定义视频样式的效果

9.1.3   添加书签

在视频中添加书签可以分段播放视频，尤其是在较长的视频中，不需要将视频分隔为多个小视频，就可以跳转到指定的片断开始播放。

（1）选中插入的视频，在菜单功能区可以看到如图 9-10 所示的"视频工具播放"选项卡。

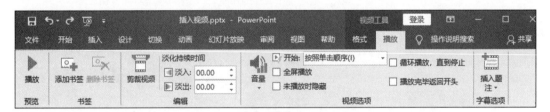

图 9-10   "视频工具播放"选项卡

（2）在视频播放位置条上单击选择需要添加书签的时间,然后单击"书签"区域的"添加书签"按钮。添加书签的位置显示黄色的圆圈，如图 9-11 所示。

图 9-11   添加书签

（3）单击书签，即可自动跳转到指定的位置播放相应的视频片断，如图 9-12 所示。

图 9-12　跳转到指定的书签播放视频

如果要删除某个书签，可单击书签，然后单击"删除书签"命令按钮。

为避免视频切换太生硬，可以设置视频开始或结束的淡化效果。

（4）在"淡入"文本框中输入视频开始时淡入效果持续的时间；在"淡出"文本框中输入视频结束时淡出效果持续的时间，如图 9-13 所示。

9.1.4　剪裁视频

图 9-13　设置淡化持续时间

有时，演示用的视频可能为截取的视频素材的一部分。在 PowerPoint 2019 中，不需要借助专业的视频剪辑软件，就可轻松剪裁视频。

（1）单击"剪裁视频"按钮，打开如图 9-14 所示的"剪裁视频"对话框。

（2）分别拖动"开始"滑块和"结束"滑块，设置视频的起始点和结束点。也可以直接在"开始时间"和"结束时间"文本框中输入起止时间。

（3）单击"上一帧" ◀ 或"下一帧"按钮 ▶，可以微调时间，进一步精确定位时间。

（4）单击"播放"按钮 ▶ 预览剪裁后的视频效果。如果对效果不满意，重复步骤（2）和（3）。

（5）单击"确定"按钮关闭对话框。

图 9-14　"剪裁视频"对话框

9.1.5 设置播放方式

在放映演示文稿时，默认情况下，视频按照单击顺序播放。在如图 9-15 所示的"视频选项"区域，可以根据演示需要控制视频的播放方式。

- ❖ **音量：** 设置低、中等、高和静音四个级别的音量。
- ❖ **开始：** 设置视频播放的时机，可以自动播放、单击时播放，默认为按照单击顺序播放。
- ❖ **全屏播放：** 播放时，视频全屏显示。

图 9-15　视频播放选项

- ❖ **未播放时隐藏：** 视频没有开始播放时，处于隐藏状态。
- ❖ **循环播放，直到停止：** 重复播放视频，直到幻灯片切换或人为中止。
- ❖ **播放完毕返回开头：** 视频播放完毕后，返回到第一帧停止，而不是停止在最后一帧。

上机练习——使用视频展示产品

本节练习制作一张产品展示幻灯片，使用一段产品介绍视频多方位展示产品信息。通过对操作步骤的详细讲解，可以使读者进一步掌握在幻灯片中插入视频、设置视频形状和边框效果、添加预览图像，以及指定视频播放方式的操作方法。

9-1　上机练习——使用视频展示产品

首先在幻灯片中插入一段视频剪辑，通过控制手柄调整视频的显示大小和位置；然后自定义视频剪辑的预览图像和外观样式；最后设置视频剪辑的播放方式。

操作步骤

（1）打开要加入视频文件的幻灯片，单击"插入"菜单选项卡"媒体"区域的"视频"下拉按钮，在弹出的下拉菜单中选择视频来源，弹出"插入视频文件"对话框。选中需要的视频文件后，单击"插入"按钮，即可在幻灯片中央显示插入的视频，如图 9-16 所示。

图 9-16　插入视频剪辑

插入的视频默认按原始尺寸显示。如果不符合设计要求，可以调整大小。

（2）将鼠标指针移到视频变形框顶点位置的变形手柄上，当指针变为双向箭头时，按下左键拖动，调整视频文件的显示尺寸。然后调整视频文件在幻灯片中的显示位置，如图 9-17 所示。

插入的视频默认显示第一帧的画面。如果初始画面不美观，可以自定义视频剪辑未播放时的预览图像。

（3）选中视频剪辑，单击"视频工具格式"菜单选项卡"调整"区域的"海报框架"下拉按钮，在弹出的下拉菜单中选择预览图像的来源，可以是视频剪辑的当前帧画面，也可以是计算机中的图片或联机图片。设置海报框架后的效果如图 9-18 所示。

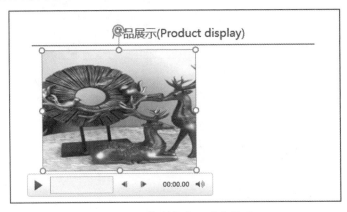

图 9-17　调整视频尺寸和位置

图 9-18　设置视频剪辑的预览图像

（4）在"视频工具格式"菜单选项卡中单击"视频样式"列表框右下角的"其他"按钮，在样式列表中选择"透视阴影，白色"，效果如图 9-19 所示。

（5）单击"视频工具播放"菜单选项卡"视频选项"区域的"开始"下拉按钮，在弹出的下拉列表框中选择幻灯片放映时视频播放的方式，如图 9-20 所示。

图 9-19　设置视频的外观样式

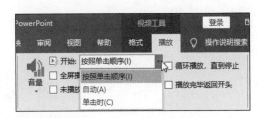

图 9-20　设置视频播放方式

接下来完善幻灯片的其余部分。

（6）单击"插入"菜单选项卡"文本"区域的"文本框"下拉按钮，在弹出的下拉菜单中选择"绘制横排文本框"命令，在幻灯片中绘制一个文本框，并输入文本，效果如图 9-21 所示。

（7）选中文本框，单击"SmartArt工具设计"菜单选项卡"段落"区域的"转换为SmartArt"下拉按钮，在弹出的图示列表中选择"基本矩阵"选项，效果如图9-22所示。

图 9-21　添加文本框

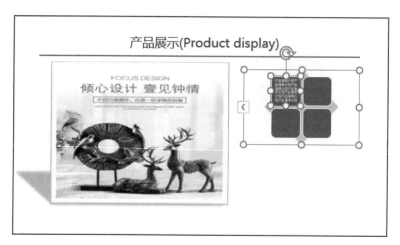

图 9-22　将文本框转换为SmartArt

（8）选中SmartArt图示，在"SmartArt工具设计"菜单选项卡中更改图形的颜色和样式，效果如图9-23所示。

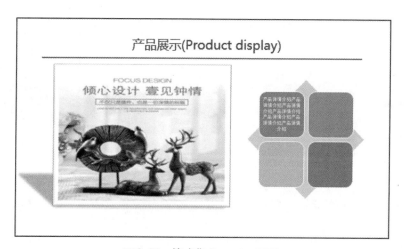

图 9-23　格式化SmartArt图形

（9）在SmartArt图形中输入文本，并设置文本格式，效果如图9-24所示。

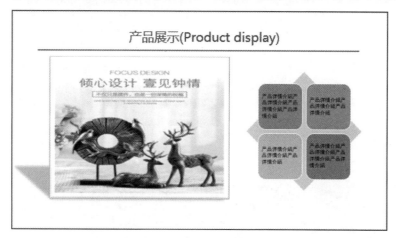

图 9-24　格式化文本的效果

至此，幻灯片制作完成，将鼠标指针移到视频图标上时，显示播放控件，如图 9-25 所示。

图 9-25　显示播放控件

9.2　使用音频

为幻灯片添加背景音乐，或为演示文本添加配音讲解，可以增强演示文稿的表现力。

9.2.1　插入音频

在 PowerPoint 2019 演示文稿中插入音频的操作方法如下：

（1）打开要插入音频的幻灯片，单击"插入"菜单选项卡"媒体"区域的"音频"下拉按钮，弹出音频来源下拉菜单，如图 9-26 所示。

（2）定位到要插入的音频文件。

❖ **PC 上的音频**：打开"插入音频"对话框，从本地计算机或连接到的其他计算机上查找音频。

❖ **录制音频**：打开如图 9-27 所示的"录制声音"对话框，单击"录制"按钮，使用麦克风录制音频。

（3）单击"插入音频"对话框中的"插入"按钮，或单击"录制声音"对话框中的"确定"按钮，即可在幻灯片中显示音频图标和播放控件，如图 9-28 所示。

图 9-26 音频来源下拉菜单

图 9-27 "录制声音"对话框

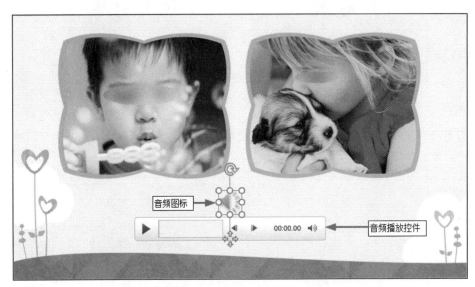

图 9-28 插入音频

（4）将鼠标指针移到音频图标变形框顶点位置的变形手柄上，当指针变为双向箭头时，按下左键拖动，可以调整图标的大小。将鼠标指针移到音频图标上，当指针变为四向箭头 时，按下左键拖动，可以移动图标的位置。

此时，单击播放控件上的"播放／暂停"按钮，可以试听音频效果。还可以前进或后退、调整播放音量。

9.2.2 设置音频图标的外观

音频图标实质上是一张图片，因此，可以像美化图片一样设置音频图标的外观样式。

（1）选中音频图标，在菜单功能区可以看到如图 9-29 所示的"音频工具格式"选项卡。

图 9-29 "音频工具格式"选项卡

（2）在"调整"区域，可以设置图标的背景样式、亮度／对比度、着色和艺术效果；调整图片分辨率，在保证显示质量的前提下压缩图片；或使用其他图片替换默认的音频图标，如图 9-30 所示。

（3）单击"图片样式"列表框右下角的"其他"按钮，在弹出的内置样式下拉列表框中可以选择音频图标的视觉样式。

如果要自定义图片样式，可以分别单击"图片边框"和"图片效果"按钮，在弹出的下拉菜单中选择需要的效果。

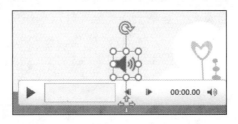

图 9-30　更改图片并着色的效果

（4）在"大小"区域可以设置图标的宽度和高度，以及裁剪图标。

9.2.3　设置播放选项

与视频剪辑类似，插入音频之后，可以根据演示要求更改音频的播放选项，例如添加书签、剪裁音频、设置淡化持续时间、设置播放方式等。这些操作都可以在如图 9-31 所示的"音频工具播放"菜单选项卡中完成。

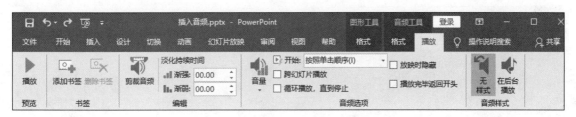

图 9-31　"音频工具播放"选项卡

上述操作的操作方式与设置视频播放方式类同，读者可参考 9.1.3 节 ~ 9.1.5 节的介绍，本节不再赘述。

上机练习——添加背景音乐

下面以在标题幻灯片中插入音频为例，介绍在幻灯片中插入音频、更换音频图标、设置图标样式以及指定播放方式的方法。

本节练习通过在标题幻灯片中插入音频，实现在演示文稿放映过程中循环播放背景音乐的效果。通过对操作步骤的详细讲解，可以使读者进一步掌握在幻灯片中插入音频、编辑音频图标样式，以及设置音频播放方式的操作方法。

9-2　上机练习——添加背景音乐

首先在标题幻灯片中插入一段音频；然后更改音频图标、设置音频图标的样式和颜色效果；最后设置音频的播放方式。

操作步骤

（1）打开要插入音频的幻灯片，如图 9-32 所示。

（2）单击"插入"菜单选项卡"媒体"区域的"音频"下拉按钮，在弹出的下拉菜单中选择"PC 上的音频"，弹出"插入音频"对话框。选中需要的音频文件后，单击"插入"按钮，即可在幻灯片中央显示音频图标及播放控件，如图 9-33 所示。

（3）选中音频图标，调整图标的大小和位置，效果如图 9-34 所示。

提示：
如果不希望在幻灯片上显示音频图标，可以将图标拖放到幻灯片之外的编辑区。

为保持页面美观，可以更改音频图标、设置音频图标的样式和颜色效果。

图 9-32 要插入音频的幻灯片

图 9-33 插入音频

（4）选中音频图标，单击"音频工具格式"菜单选项卡"调整"区域的"更改图片"按钮，选择要更换的图标来源。在弹出的"插入图片"对话框中选择需要的图标，单击"打开"按钮，更换图标，效果如图 9-35 所示。

图 9-34 调整音频图标大小和位置

图 9-35 更改音频图标

（5）选中音频图标，在"音频工具格式"菜单选项卡中的"图片样式"区域，可以设置音频图标的外观样式。例如，应用"矩形投影"样式的效果如图 9-36 所示。

接下来设置音频的播放方式。

（6）切换到"音频工具播放"菜单选项卡，单击"剪裁音频"按钮，弹出如图 9-37 所示的"剪裁音频"对话框。拖动绿色的滑块指定音频开始播放的位置，拖动红色的滑块指定音频结束的位置。单击"上一帧"按钮 或"下一帧"按钮 ，可以微调时间。

图 9-36 设置图标样式的效果

图 9-37 "剪裁音频"对话框

剪裁音频后，单击"播放"按钮 ，可以预览音频效果。

提示：

如果希望快速定位到某个时间点开始播放音频，可以添加书签。

　　默认情况下，在幻灯片中插入的音频不会跨幻灯片播放，即当前幻灯片切换时，停止播放。本例中，希望插入的音频作为背景音乐一直播放，接下来进一步设置音频播放方式。

　　（7）在"音频选项"区域单击"开始"下拉按钮，在弹出的下拉菜单中选择"自动"选项，如图9-38所示。

　　（8）选中"音频选项"区域的"跨幻灯片播放"和"循环播放，直到停止"复选框。这样，音频在幻灯片放映时将一直循环播放。

图9-38　设置音频播放方式

答 疑 解 惑

　　1. 在演示文稿中插入了视频剪辑，放映时，影片剪辑左右两边或上下显示有黑边，如何去除黑边？

　　答：演示文稿中的视频剪辑显示黑边，是因为视频的长宽比例与演示文稿的比例不一致。可以像编辑图片一样调整视频播放窗口的大小。

　　2. 如果要在演示文稿中添加背景音乐，贯穿其中的所有幻灯片，应该如何设置？

　　答：在第一张幻灯片中添加音频文件，切换到"音频工具播放"菜单选项卡，在"开始"下拉列表框中选择"自动"后，选中"跨幻灯片播放"选项和"循环播放，直到停止"复选框。

　　3. 在制作演示文稿时，希望在放映指定的多张幻灯片时播放背景音乐，放映其他幻灯片时不播放，如何设置？

　　答：可以按如下的操作步骤给指定的幻灯片添加背景音乐。

　　（1）在要开始播放背景音乐的幻灯片中插入音频文件。

　　（2）切换到"动画"菜单选项卡，在"动画"列表框中选择"播放"，然后在"开始"下拉列表框中设置播放音频的时机。

　　（3）打开动画窗格，在添加的音乐文件上右击，在弹出的快捷菜单中选择"效果选项"命令，打开"播放音频"对话框。

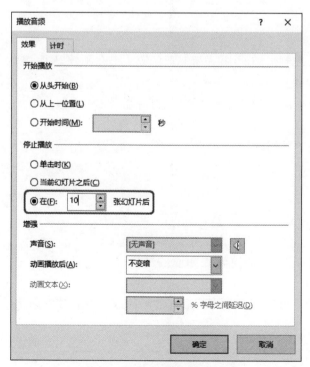

图9-39　设置停止播放音频的时机

　　（4）在"停止播放"区域选择最后一个单选按钮，并输入背景音乐要贯穿的幻灯片数量，如图9-39所示。

　　（5）单击"确定"按钮关闭对话框。

　　4. 如何导出演示文稿中的音频和视频文件？

　　答：在PowerPoint 2019中，可以很方便地导出演示文稿中使用的音频文件和视频剪辑。

　　（1）打开演示文稿，定位到插入了音频或视频的幻灯片。

　　（2）在音频或视频图标上右击，在弹出的快捷菜单中选择"将媒体另存为"命令，打开"将媒体另存为"对话框。

　　（3）指定音频或视频保存的路径和文件名称，然后单击"保存"按钮。

　　如果要一次导出演示文稿中的所有音频和视频文件，可将演示文稿另存一个副本，然后修改文件后缀名为.rar。解压该文件后，即可在自动生成的media文件夹中看到所有的音频和视频资源。

5. 在演示文稿中添加了音频文件，但放映时不播放，可能是什么原因?

答：在放映时不播放音频文件，排除音频开始播放的方式设置问题，可能是幻灯片中同时还设置了其他动画效果。

解决办法是打开动画窗格，将音频文件移动到窗格顶部，作为第一个动画效果播放。

学习效果自测

一、选择题

1. 在幻灯片中插入音频之后，幻灯片中将出现（　　　）。
   A. 一段文字说明　　　　　　　　　　B. 超链接说明
   C. 小喇叭图标　　　　　　　　　　　D. 超链接按钮

2. 下列叙述错误的是（　　　）。
   A. 在幻灯片母版中插入了音频，则所有幻灯片上都会包含音频图标
   B. 在幻灯片中可以插入录制的声音文件
   C. 在播放幻灯片的同时，也可以播放音频
   D. 播放音频时，不可以隐藏音频图标

3. 在 PowerPoint 2019 中，关于在幻灯片中插入多媒体内容的说法，错误的是（　　　）。
   A. 可以插入声音，例如掌声　　　　　B. 可以插入音乐，例如 CD 乐曲
   C. 放映时只能自动放映，不能手动控制　D. 可以插入影片剪辑

4. 在幻灯片中插入音频文件之后，会生成一个音频图标，（　　　）。
   A. 可以通过音频图标编辑声音对象，可以改变音频图标的大小，但不能改变位置
   B. 不可以通过音频图标编辑声音对象，也不可以改变音频图标的大小和位置
   C. 可以通过音频图标编辑声音对象，也可以改变音频图标的大小和位置
   D. 不可以通过音频图标编辑声音对象，但可改变音频图标的大小和位置

5. 为演示文稿添加背景音乐，希望整个放映过程中循环播放，直到演示文稿结束，应进行（　　　）设置。
   A. 在第一张幻灯片中插入音频文件，并设置"自动"播放
   B. 如果第一张幻灯片包含动画效果，应将声音移动到最前面，并设置其后的第一个动画效果为"从上一项开始"，以便播放音乐的同时显示其他动画
   C. 在声音动画的"效果选项"中，设置"停止播放"为"在 ×× 张幻灯片后"，×× 数值可大于等于幻灯片页数
   D. 在声音动画的"计时"中，设置"重复"为"直到幻灯片末尾"；在"声音设置"中选中"幻灯片放映时隐藏声音图标"选项

二、填空题

1. 在 PowerPoint 2019 中，幻灯片中的视频来源可以是＿＿＿＿＿＿，也可以是＿＿＿＿＿＿。

2. 在幻灯片中插入视频剪辑后，通过设置＿＿＿＿＿＿，可以指定视频剪辑的预览图。

3. 如果插入的视频较长，希望放映时能根据演讲需要即时跳转到相应的位置播放，应在视频中＿＿＿＿＿＿。

4. 在幻灯片中插入音频后，选择＿＿＿＿＿＿命令，可以使音频跨幻灯片循环播放，并在放映时自动隐藏。

5. 在编辑幻灯片中的音频时，可以按＿＿＿＿＿＿、＿＿＿＿＿＿、＿＿＿＿＿＿和＿＿＿＿＿＿四个级别更改音频的音量。

三、操作题

1. 新建一张幻灯片，插入一个影片剪辑，并设置视频的预览图和外观样式。
2. 根据需要剪裁视频，然后添加两个书签。
3. 设置视频的播放方式，使放映幻灯片时视频剪辑自动全屏播放，且播放完成后停止在第一帧。
4. 新建一张幻灯片，插入一段音频作为演示文稿的背景音乐。

第 **10** 章

动画与切换效果

本章导读

在演示文稿中添加内容之后，幻灯片中的内容默认同时直接显示；单击可以切换幻灯片。为幻灯片上的对象添加动画效果，可以突出重点，控制信息的流程；为幻灯片添加切换效果，可以丰富多彩的形式过渡到其他幻灯片，提高演示文稿的趣味性。

学习要点

- ❖ 创建动画效果，并设置效果选项
- ❖ 使用触发器控制动画
- ❖ 管理动画效果
- ❖ 添加切换效果

10.1　添 加 动 画

使用 PowerPoint 2019 可以为幻灯片上的文本、形状、图像和其他对象设置动画效果。例如，可以让幻灯片上的段落逐个出现，还可以设置各个段落出现在幻灯片上的方式，以及添加新的页面对象时，其他页面对象是否改变颜色。

此外，还可以更改动画的顺序和时间，并且将它们设置为不需要单击鼠标就自动出现。

提示：　如果在母版中设置动画方案，可以使整个演示文稿有统一的动画效果。

10.1.1　快速创建动画效果

PowerPoint 2019 在"动画"菜单选项卡中内置了丰富的动画方案。使用内置的动画方案可以立即将一组预定义的动画应用于所选幻灯片对象。

（1）在幻灯片上选中要添加动画效果的页面对象。

（2）切换到"动画"菜单选项卡，单击"动画"列表框右下角的"其他"按钮，打开如图 10-1 所示的动画方案列表。

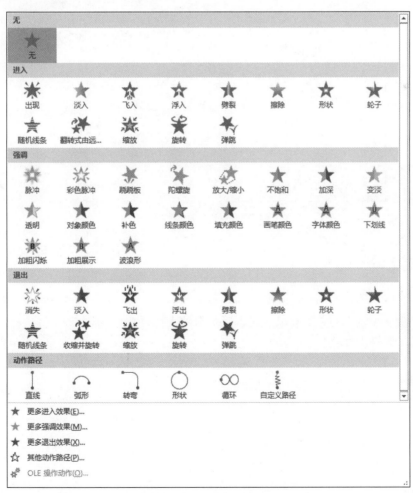

图 10-1　内置的动画方案

对所有的预定义动画在任务窗格中做了分类，如进入、强调、退出和动作路径等，方便创建风格统一但每张幻灯片又互不相同的动画效果。

（3）单击需要的动画方案。此时，在幻灯片编辑窗口中可以预览添加的动画效果，且应用了动画效果的页面对象左上方显示效果标号，如图 10-2 所示。

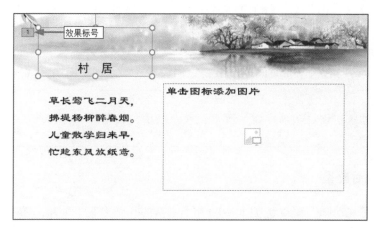

图 10-2　效果标号

（4）重复步骤（1）～（3），为幻灯片上的其他页面对象添加动画效果，如图 10-3 所示。

图 10-3　添加动画效果

10.1.2　设置效果选项

添加动画效果之后，还可以修改动画默认的效果选项。

（1）单击要修改动画效果的页面对象，或直接单击效果标号。

当前选中的效果标号为红色。

（2）在"动画"菜单选项卡的"动画"区域，单击"效果选项"下拉按钮，弹出相应的效果选项下拉菜单，如图 10-4 所示。

大多数动画方案都包含可供选择的相关效果。

（3）根据需要选择相应的效果选项。

例如，设置图片的动画效果为"形状"、方向为"缩小"、形状为"菱形"的过渡效果如图 10-5 所示。

（4）在"计时"区域的"开始"下拉列表框中选择动画播放的时机，如图 10-6 所示。然后设置持续时间和延迟时间。

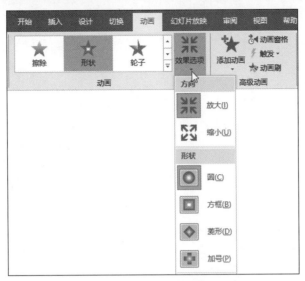

图 10-4 "效果选项"下拉菜单

图 10-5 菱形缩小的图片动画效果

图 10-6 设置动画开始时间

除了效果的方向和形状等属性，PowerPoint 2019 还允许用户自定义更多的效果选项，例如在演示动画的同时播放声音，在文本动画中按字母、字或段落应用效果（例如，标题每次飞入一个字，而不是一次飞入整个标题）。

（5）选中要进一步设置效果选项的页面对象，在"动画"菜单选项卡的"动画"区域，单击右下角的扩展按钮 🔳，打开如图 10-7 所示的效果选项设置对话框。

（6）在如图 10-7 所示的"效果"选项卡中，可以设置效果的方向和平滑程度；在"增强"区域可以设置预置的声音效果、动画播放后的颜色变化效果和可见性，以及动画文本的发送单位。

（7）在如图 10-8 所示的"计时"选项卡中，设置动画开始播放的条件、延迟、速度、重复方式等。

有关"触发器"的使用，请参见 10.1.3 节的介绍。

（8）在如图 10-9 所示的"文本动画"选项卡中，设置含有多个段落或者多级段落的正文动画效果。

在"组合文本"下拉菜单中可以选择段落的组合方式，如图 10-10 所示，其意义比较明确，此处不再赘述。

选中"每隔"复选框，可以设置以秒为单位的时间间隔。段落之间默认的播放间隔是 0 秒。

选中"相反顺序"复选框，可以使段落按照从后向前的顺序播放。

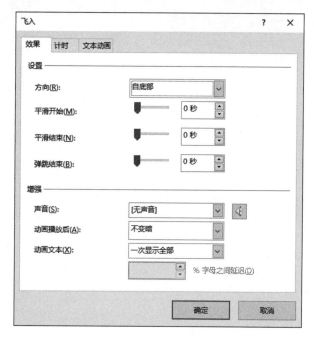

图 10-7 "效果"选项卡

图 10-8 "计时"选项卡

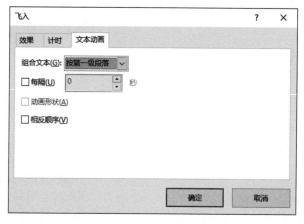

图 10-9 "文本动画"选项卡

图 10-10 "组合文本"下拉菜单

（9）设置完毕，单击"确定"按钮关闭对话框。

上机练习——制作封面动画

　　本节练习通过设置封面页幻灯片上各个对象的动画效果，使封面页"动"起来，形成一个简单的开幕动画。通过对操作步骤的详细讲解，读者可进一步掌握添加动画效果、设置效果选项，以及设置动画计时的操作方法。

10-1 上机练习——制作封面动画

　　首先打开要创建动画效果的封面页幻灯片，然后依次设置各个页面对象的动画效果和计时；最后通过阅读视图预览动画效果。

（1）打开上一节已插入音频的封面页幻灯片，如图 10-11 所示。

图 10-11　封面页初始效果

（2）切换到"动画"菜单选项卡，可以看到音频图标左侧显示一个效果标号。选中效果标号，在"计时"区域可以看到音频的开始播放时间和持续时间，如图 10-12 所示。

图 10-12　查看音频的动画设置

（3）选中封面页底部的矩形，在"动画"列表框中单击"擦除"效果；在"效果选项"下拉菜单中选择"自右侧"；然后在"计时"区域设置动画开始时间为"与上一动画同时"，持续时间为 0.5 秒，如图 10-13 所示。

图 10-13　设置矩形的动画效果

（4）选中幻灯片左侧的多边形，在"动画"列表框中单击"飞入"效果；在"效果选项"下拉菜单中选择"自左侧"；然后在"计时"区域设置动画开始时间为"上一动画之后"，持续时间为1秒，如图10-14所示。

图10-14　设置多边形的动画效果

（5）按住Shift键选中幻灯片中的所有彩色小圆，右击，在弹出的快捷菜单中选择"组合"命令级联菜单中的"组合"命令，将所有的小圆组合成一个整体。

（6）在"动画"列表框中单击"缩放"效果；"效果选项"保留默认设置；然后在"计时"区域设置动画开始时间为"上一动画之后"，持续时间为1秒，如图10-15所示。

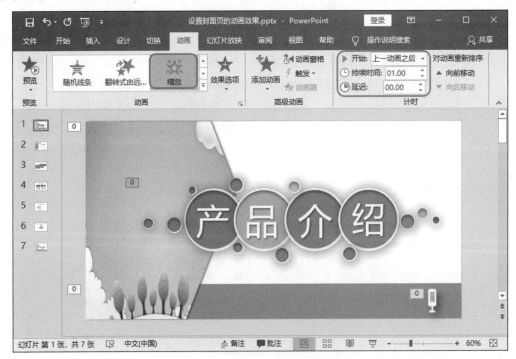

图10-15　设置彩色小圆的动画效果

（7）按住 Shift 键依次单击四个彩色的大圆，然后在"动画"列表框中单击"缩放"效果；"效果选项"保留默认设置。此时的效果标号如图 10-16 所示。

图 10-16　设置彩色大圆的动画效果

（8）选中单击的第一个大圆，在"动画"菜单选项卡的"计时"区域，设置动画开始时间为"上一动画之后"，持续时间为 1 秒，如图 10-17 所示。

图 10-17　设置动画计时

　　在这里，设置第一个大圆的计时方式后，其他三个大圆的计时方式将自动设置为与第一个相同，也就是四个大圆同时以缩放动画出现，且持续 1 秒。如果选中四个大圆后再设置动画计时，则四个形状的动画将依次播放。

（9）按住 Shift 键依次选中四个文本占位符中的文字，然后在"动画"列表框中单击"浮入"效果；其他选项保留默认设置。此时的效果标号如图 10-18 所示。

　　本例要实现的效果是，四个文字同时浮入，但"产"和"介"上浮出现，"品"和"绍"下浮显示。接下来修改动画计时和效果选项。

（10）选中第一个文本占位符，在"动画"菜单选项卡的"计时"区域，设置动画开始时间为"上一动画之后"，持续时间为 1 秒，如图 10-19 所示。

图 10-18　设置文本的动画效果

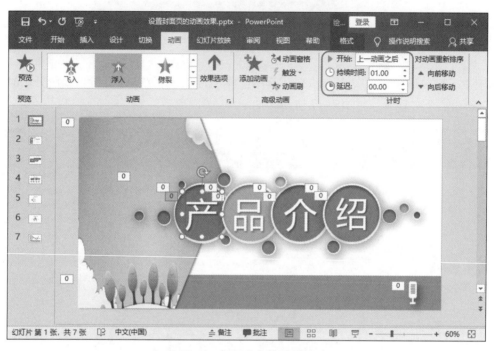

图 10-19　设置文本的动画计时

（11）选中第二个和第四个文本占位符，在"动画"菜单选项卡的"效果选项"下拉菜单中选择"下浮"。

（12）单击状态栏上的"阅读视图"按钮，即可预览封面页的动画效果。

10.1.3　使用触发器

默认情况下，幻灯片中的动画效果在单击鼠标或到达排练计时开始播放，且只播放一次。如果希望随时控制指定动画的播放，并重复播放某个动画效果，可以使用触发器。

触发器的功能相当于按钮，显示外观可以是一张图片、一个形状、一段文字或一个文本框等页面元素。设置触发器功能后，单击触发器可以触发一个操作，例如播放音乐、控制动画效果的执行等。

（1）选中一个已添加动画效果的页面对象，该对象将作为被触发的对象。"动画"菜单选项卡中的"触发"按钮变为可用状态，如图 10-20 所示。

图 10-20　"触发"命令按钮

 注意　　只有当前幻灯片中存在已定义的动画效果时，触发器才能使用。否则，"触发"命令将灰显，不可使用。

（2）单击"触发"选项右侧的下拉按钮，在弹出的下拉菜单中可以设置触发指定动画的方式和对象，如图 10-21 所示。

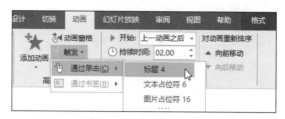

图 10-21　选择触发方式和对象

触发器的动作可以是单击某个页面对象，或到达媒体对象中定义的某个书签。例如，如果选择"通过单击"命令级联菜单中的"标题 4"，则单击幻灯片中的"标题 4"占位符，播放步骤（1）中选定的页面对象应用的动画效果。

添加触发动作后，被触发的对象对应的效果标号显示为触发器标志，如图 10-22 所示。

图 10-22　触发器标志

在效果选项对话框中也可以设置触发动作和对象。

单击"动画"菜单选项卡"动画"区域右下角的扩展按钮，打开对应的效果选项设置对话框。在"计时"选项卡中选择"单击下列对象时启动动画效果"的单选按钮，从右侧的下拉列表框中可以选择用于触发该动画效果的对象，如图 10-23 所示。

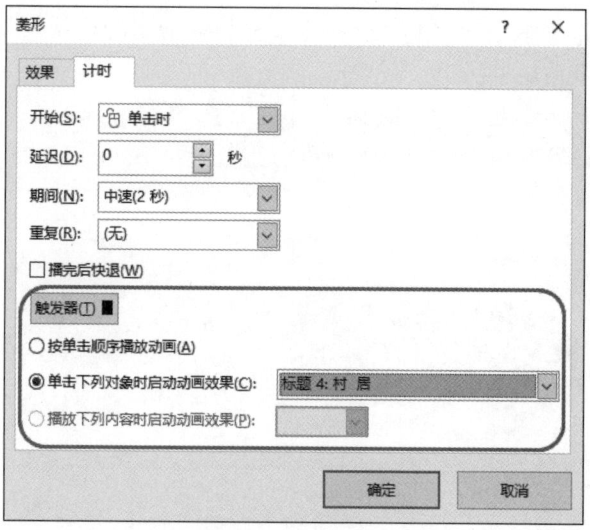

图 10-23　设置触发器

此时放映幻灯片，可以看到，只有单击了指定的标题对象，图片的动画才会放映出来；多次单击指定的标题对象，图片动画将反复播放；如果单击标题对象以外的地方，将跳过该动画效果的播放。演讲者可以利用该功能在放映时决定是否放映某一对象。

如果选择"按单击顺序播放动画"单选按钮，可取消指定动画效果上的触发器。

如果要删除某个触发器，可以在选中触发器标志之后，直接按 Del 键。

上机练习——制作下拉式菜单

本节练习根据触发器的原理，制作一个下拉式菜单。通过对操作步骤的详细讲解，可以使读者进一步了解触发器的使用条件，掌握为页面对象添加动画效果，以及使用触发器控制动画播放的操作方法。

10-2 上机练习——制作
下拉式菜单

首先使用形状绘制一级菜单；然后绘制二级菜单，并添加超链接；接下来通过为二级菜单添加进入动画效果，并设置触发动作，显示二级菜单；最后为二级菜单添加退出动画效果，并设置触发动作，隐藏二级菜单。

操作步骤

（1）打开一个已创建基本布局的演示文稿，并定位到要添加下拉式菜单的幻灯片，如图 10-24 所示。

图 10-24 幻灯片初始状态

首先制作一级菜单。

（2）单击"插入"菜单选项卡中的"形状"命令按钮，在弹出的形状列表中选择"矩形：圆角"，在幻灯片合适的位置绘制一个圆角矩形。

（3）在圆角矩形上右击打开快捷菜单，选择"编辑文字"命令，输入一级菜单的名称。然后在"绘图工具格式"菜单选项卡中设置圆角矩形的轮廓颜色为蓝色，效果如图 10-25 所示。

图 10-25 一级菜单的效果

接下来制作二级菜单。

（4）单击"插入"菜单选项卡中的"形状"命令按钮，在弹出的形状列表中选择"矩形"。然后按下鼠标左键拖动，绘制一个略小于圆角矩形的矩形，并将矩形移动到圆角矩形下方。

（5）在矩形上右击打开快捷菜单，选择"编辑文字"命令，输入二级菜单的名称。按 Enter 键可以输入多行文本，为便于区分，可以输入短横线分隔菜单项，效果如图 10-26 所示。

图 10-26　二级菜单的效果

（6）选中二级菜单中的第一个菜单项后右击，在弹出的快捷菜单中选择"超链接"命令。在打开的"插入超链接"对话框的左侧窗格中，选择链接目标的位置为"本文档中的位置"，然后在中间窗格中选择要链接到的幻灯片，如图 10-27 所示。

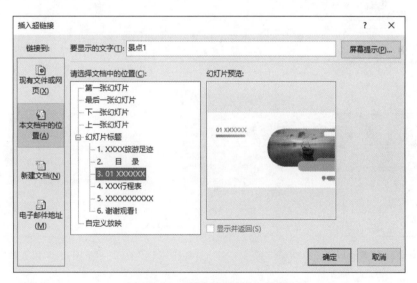

图 10-27　"插入超链接"对话框

（7）单击"确定"按钮关闭对话框，此时可以看到选中的文本显示为设计主题指定的超链接样式，如图 10-28 所示。

（8）按照第（6）步和第（7）步相同的方法设置其他二级菜单项的超链接，效果如图 10-29 所示。

至此，二级菜单制作完成。默认情况下，二级菜单应隐藏，单击一级菜单项时才显示。下面通过设置动画效果和触发器实现下拉菜单的效果。

（9）选中二级菜单所在的矩形，在"动画"菜单选项卡的"动画"列表框中单击"出现"效果。此时，矩形左侧显示效果标号，如图 10-30 所示。

（10）单击"动画"菜单选项卡"高级动画"区域的"触发"命令按钮，在弹出的下拉菜单中选择"通过单击"命令，然后在级联菜单中选择将触发二级菜单显示的圆角矩形，如图 10-31 所示。

图 10-28　建立超链接的效果

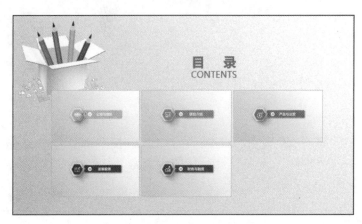

图 10-29　设置二级菜单项的超链接

图 10-30　设置矩形的进入动画效果

图 10-31　设置触发条件

　　这两步操作实现的效果是，当单击"矩形：圆角 1"（即一级菜单所在的圆角矩形）时，显示二级菜单。

　　此时，二级菜单左侧的效果标号显示为触发标志 🖉，如图 10-32 所示。

　　（11）选中二级菜单所在的矩形，在"动画"菜单选项卡的"动画"列表框中单击"消失"效果。然后单击"触发"命令按钮，在"通过单击"命令的级联菜单中选择将触发二级菜单消失的圆角矩形。此时的幻灯片效果如图 10-33 所示。

　　本例中需要制作三个这样的下拉菜单，可以重复上面的步骤制作。更简单的方法是复制已制作的下拉式菜单，然后进行修改。

　　（12）按住 Shift 键选中圆角矩形和矩形，然后在按住 Ctrl 键的同时按下鼠标左键拖动，复制两个下拉式菜单。最后依次修改菜单项，效果如图 10-34 所示。

图 10-32　设置触发器的效果

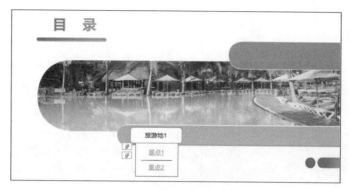

图 10-33　设置触发器的效果

图 10-34　复制下拉式菜单

此时，单击状态栏上的"阅读视图"按钮，可以查看触发器的效果。初始时，仅显示一级菜单项，将鼠标指针移到一级菜单项上，鼠标指针显示为手形 🖑，如图 10-35 所示；单击鼠标，显示二级菜单项，如图 10-36 所示。再次单击一级菜单项，隐藏二级菜单。

图 10-35　预览下拉式菜单的效果

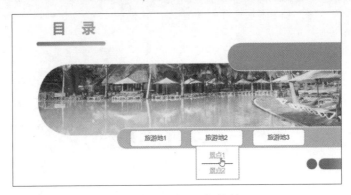

图 10-36　显示二级菜单

10.1.4　管理动画效果

　　如果在幻灯片中添加的动画效果较多，则通过选择效果标号编辑动画效果很不直观，尤其是有些效果标号可能重叠在一起。使用"动画窗格"面板可以轻松地管理当前幻灯片中的所有效果。

　　（1）单击"动画"菜单选项卡"高级动画"区域的"动画窗格"命令按钮，打开如图 10-37 所示的"动画窗格"面板，从中可以查看或修改当前幻灯片中所有动画效果的开始方式及持续时间。

　　如果一个占位符中有多个段落或层级文本，则默认折叠显示。单击效果列表窗格中的"展开内容"按钮 ，可查看、设置单个段落或层次文本的效果。单击"隐藏内容"按钮 可恢复到整个占位符模式。

　　对象右侧的绿色方块称为时间方块，通过它可以精细地设置每项效果的开始和结束时间。各个页面对象的时间方块和"动画窗格"右下角的时间标尺组成高级日程表。

　　（2）将鼠标指针移到时间方块上，指针变为横向双向箭头，且显示对应的动画效果开始和结束时间，如图 10-38 所示。

图 10-37　动画窗格

图 10-38　显示效果的开始和结束时间

　　（3）将鼠标指针悬停在时间方块左（右）边线上，指针显示为 ，按下左键拖动，可以设置动画效果的开始（结束）时间，如图 10-39 所示。

　　（4）将鼠标指针移到时间方块的中间，指针显示为 ，按下左键拖动，可以在保持动画持续时间不变的同时，改变动画的开始时间，如图 10-40 所示。

　　如果时间方块太大或太小，不便于查看，还可以调整时间尺的标度。

　　（5）单击"动画窗格"左下角的"秒"下拉按钮，在弹出的下拉菜单中可以放大或缩小时间尺的标度，如图 10-41 所示。放大时间尺标度的效果如图 10-42 所示。

图 10-39　修改动画的结束时间

图 10-40　修改动画的开始时间

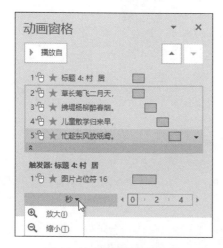

图 10-41　修改时间尺标度

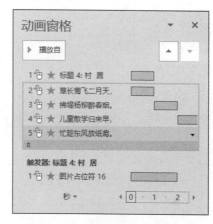

图 10-42　放大时间尺标度的效果

（6）选中一个或多个动画效果，单击"动画窗格"右上角的"向前移动"按钮⬆或"向后移动"按钮⬇，可更改动画效果的播放顺序。

（7）在选中的动画效果上右击弹出快捷菜单，如图 10-43 所示，可以修改动画设置。

有关选项的说明可以参见 10.1.2 节的介绍。

对于在母版中定义的动画效果，用鼠标右键点击，将会出现如图 10-44 所示的下拉菜单。

❖ **拷贝幻灯片母版效果**：把母版中设置的动画效果在当前幻灯片中制作一个副本，可以修改该效果副本，而不影响母版中的效果。

❖ **查看幻灯片母版**：切换到幻灯片母版视图，直接编辑母版中定义的动画效果。

图 10-43　右键快捷菜单

图 10-44　下拉菜单

10.1.5　使用动画刷快速复制动画

动画刷的功能类似于文本格式刷，不需要重复设置，就可将已设置的炫酷动画效果应用于其他页面对象。

（1）选择包含要复制的动画效果的幻灯片对象，例如图 10-45 所示的占位符。

图 10-45　选中要复制的动画所在对象

（2）单击"动画"菜单选项卡"高级动画"区域的"动画刷"命令按钮 ⭐ 动画刷。

如果要向多个对象应用动画，则双击"动画刷"命令按钮 ⭐ 动画刷。

（3）打开要应用动画效果的幻灯片，单击要自动应用动画的幻灯片对象。复制动画效果的幻灯片对象左上方显示效果标号，如图 10-46 所示。

图 10-46　应用动画刷复制动画效果

10.2　切换幻灯片

放映幻灯片时，不仅幻灯片中的页面对象可以动画形式出现，整张幻灯片也可以动画形式过渡显示，增强演示文稿的趣味性。

10.2.1　添加切换效果

切换效果是加在幻灯片之间的特殊效果。在幻灯片放映的过程中，由一张幻灯片换到另一张幻灯片时，切换效果可以多种不同的形式将下一张幻灯片显示到屏幕上。

（1）单击"视图"菜单选项卡中的"幻灯片浏览"命令，切换到幻灯片浏览视图，如图 10-47 所示。

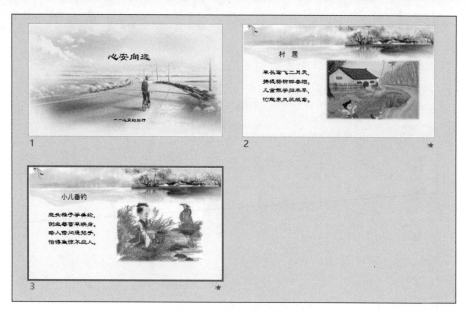

图 10-47　幻灯片浏览视图

添加动画效果或切换效果后，幻灯片右下方均会显示效果图标 ★。单击该图标，可以预览动画效果或切换效果。

（2）选择要添加切换效果的幻灯片。

按住 Shift 键单击需要的幻灯片，可以选择多张幻灯片。

（3）在"切换"菜单选项卡"切换效果"下拉列表框中选择需要的效果，如图 10-48 所示。

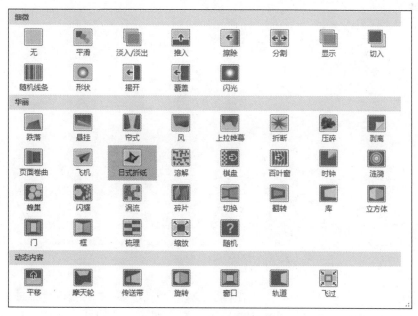

图 10-48　切换效果列表

将鼠标指针移到一种切换效果上时，会显示效果的文字说明。

值得一提的是，在切换效果列表中，PowerPoint 2019 新增了一项极具视觉冲击力的动画效果——平滑，如图 10-49 所示。

使用"平滑"切换效果，不需要设置烦琐的路径动画，只需要调整好对象的位置、大小与角度，就可以让前后两页幻灯片中相同的对象产生类似补间的过渡效果，一键实现流畅地切换和移动动画，同时幻灯片也能保持良好的阅读性。

图 10-49 "平滑"切换效果

（4）设置切换效果后，在幻灯片编辑区域可以查看切换效果，也可以单击"预览"命令按钮，或在幻灯片浏览视图中单击幻灯片右下方的效果图标 ✱ 预览效果，如图 10-50 所示。

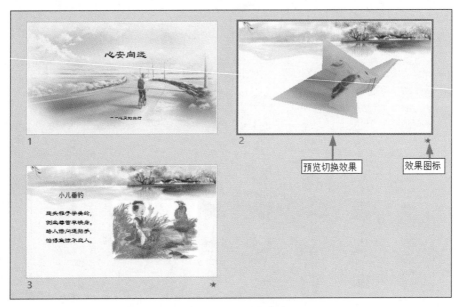

图 10-50 预览切换效果

在幻灯片浏览视图中，每张幻灯片的下方左侧为幻灯片编号，右侧的图标为播放切换效果和动画效果的按钮。单击右侧的播放按钮，可以预览从前一张幻灯片切换到该幻灯片的切换效果以及该幻灯片的动画效果。

10.2.2 设置切换参数

每一个预定义的切换效果都可以进行相应的调整，如进入的方向、形态等。不仅如此，还可以设置切换时的声音效果、速度和换片方式等参数。

（1）切换到幻灯片浏览视图中，并选择要设置切换参数的幻灯片。

（2）单击"切换"菜单选项卡中的"效果选项"下拉按钮，在弹出的下拉菜单中选择效果进入的方向或形态，如图 10-51 所示。

图 10-51　设置效果选项

注意　并不是每一种切换效果都可自定义效果选项。

（3）在"计时"区域，单击"声音" 右侧的下拉按钮，在弹出的下拉列表框中可以选择切换时的声音效果，如图 10-52 所示。

图 10-52　"声音"下拉列表框

除了内置的音效，还可以从本地计算机上选择声音效果。如果希望在幻灯片演示的过程中始终播放指定的声音，则选择"播放下一段声音之前一直循环"命令。

（4）在"持续时间" 文本框中输入切换效果持续的时间。

（5）在"换片方式"区域设置切换幻灯片的时机。默认为"单击鼠标时"，也可以指定经过特定秒后，自动进入下一张幻灯片。

（6）如果要将切换效果和计时设置应用到演示文稿中所有的幻灯片上，则单击"应用到全部"按钮。

上机练习——切换"产品介绍"演示文稿

本节练习设置一个演示文稿中各张幻灯片的切换效果。通过对操作步骤的详细讲解，可以使读者进一步掌握添加幻灯片的换片效果、设置切换参数，以及预览切换效果的操作方法。

10-3 上机练习——切换"产品介绍"演示文稿

首先打开一个要设置切换效果的演示文稿，然后分别设置封面页、目录页、过渡页、内容页和封底页的切换效果，以及切换参数。

（1）打开已制作完成的"产品介绍"演示文稿，它包含一张封面、一张目录、一张过渡页、五张内容页和一张结束页，其在幻灯片浏览视图中的效果如图 10-53 所示。

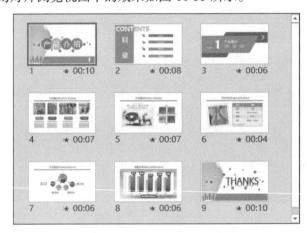

图 10-53　幻灯片浏览视图

首先设置封面页的切换效果。

（2）选中封面页，在"切换"菜单选项卡的"切换到此幻灯片"区域选择"涡流"效果；在"计时"区域设置效果持续的时间为 2 秒，并设置自动换片时间为 10 秒，如图 10-54 所示。

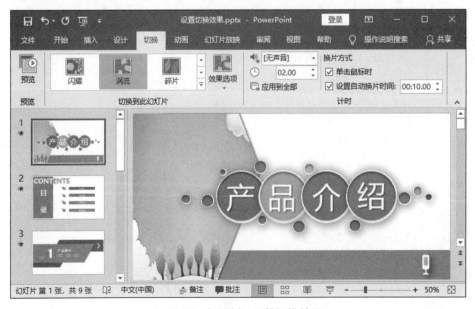

图 10-54　设置封面页的切换效果

由于本例打开的演示文稿中已设置了背景音乐，因此不设置切换时的声音效果。放映幻灯片时，默认单击鼠标时切换，设置自动换片时间后，即使不单击鼠标，到达指定的时间后，幻灯片也将自动切换。

此时，单击"切换"菜单选项卡左侧的"预览"按钮，可以查看切换效果，如图10-55所示。

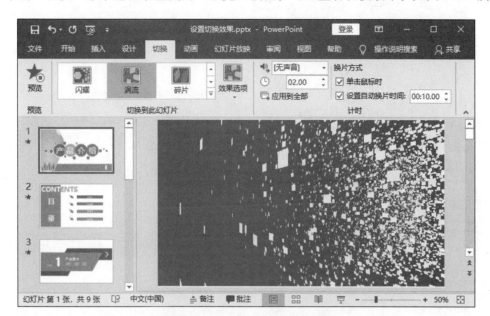

图 10-55　预览封面页的切换效果

接下来设置目录页和过渡页的切换效果。

（3）选中目录页，在"切换"菜单选项卡的"切换到此幻灯片"区域选择"门"效果；在"计时"区域设置效果持续的时间为1.5秒，并设置自动换片时间为10秒。预览效果如图10-56所示。

图 10-56　预览目录页的切换效果

（4）选中过渡页，在"切换"菜单选项卡的"切换到此幻灯片"区域选择"百叶窗"效果，效果方向为"垂直"；在"计时"区域设置效果持续的时间为1.5秒，并设置自动换片时间为6秒，如图10-57所示。

通常，同一类别的页面会使用相同的切换方式，以免放映时观众将目光放在令人眼花缭乱的切换效果上。

图 10-57　设置过渡页的切换效果

（5）按住 Shift 键选中所有的内容页，在"切换"菜单选项卡的"切换到此幻灯片"区域选择"揭开"效果，效果方向为"自左侧"；在"计时"区域设置效果持续的时间为 0.5 秒，并选中"设置自动换片时间"复选框，如图 10-58 所示。

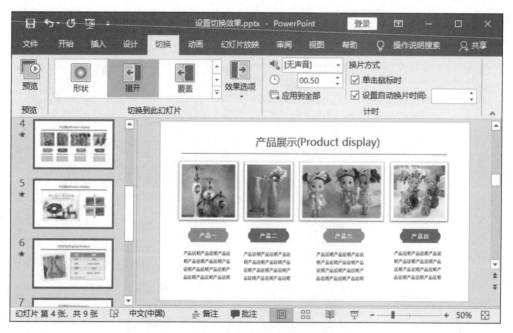

图 10-58　设置内容页的切换效果

由于每张幻灯片上的内容不同，放映所需的时间也不同，因此不统一设置自动换片时间。

（6）选中各张内容幻灯片，分别设置自动换片时间。

（7）选中封底页，在"切换"菜单选项卡的"切换到此幻灯片"区域选择"涡流"效果；在"计时"区域设置效果持续的时间为 2 秒，并设置自动换片时间为 10 秒，如图 10-59 所示。

（8）选中第一张幻灯片，单击状态栏上的"阅读视图"按钮，预览演示文稿中各张幻灯片的切换效果。

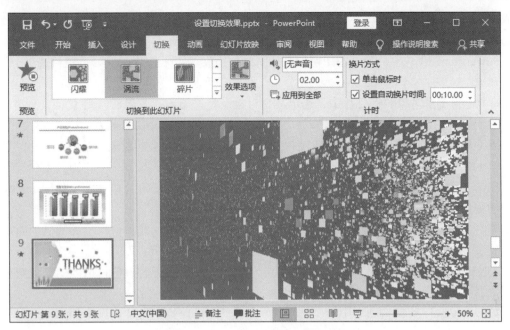

图 10-59　设置封底页的切换效果

答 疑 解 惑

1. 什么是触发器?

答:触发器仅仅是 PowerPoint 幻灯片中的一项,它可以是一个图片、图形、按钮,甚至可以是一个段落或文本框,单击触发器时会触发一个操作。该操作可能是播放声音、影片剪辑或动画。例如,可以在幻灯片上创建一组问题和答案,并将答案选项设置为可显示正确或错误答案的触发器。

2. 制作演示文稿时设置了很多动画效果,放映时由于某些原因要取消动画效果而一页一页地删除动画效果显然很麻烦,有没有办法在演示文稿放映时不播放动画?

答:在 PowerPoint 2019 中可以设置放映时不显示动画或旁白。

单击"幻灯片放映"菜单选项卡中的"设置幻灯片放映"命令,在打开的"设置放映方式"对话框中选中"放映时不加动画"复选框,然后单击"确定"按钮关闭对话框。

3. 在放映演示文稿时,有时会不小心按下鼠标左键,导致幻灯片跳转到其他位置,能不能在放映时禁用鼠标操作,使用键盘上的方向键控制播放?

答:幻灯片的切换方式有单击鼠标时,或经过指定的时间自动换片两种。要使用键盘上的方向键控制换片,可以执行以下操作。

(1)打开演示文稿,在"切换"菜单选项卡上取消选中"单击鼠标时"和"设置自动换片时间"复选框。

(2)单击"应用到全部"按钮,将设置应用于所有幻灯片。

(3)保存演示文稿。

学习效果自测

一、选择题

1. 在设置幻灯片对象的动画效果时,可以设置的动画类型有(　　　)。

　　A. 进入　　　　　　　　B. 强调　　　　　　　　C. 退出　　　　　　　　D. 动作路径

2. 在 PowerPoint 2019 中，若要为幻灯片中的对象设置"飞入"动画，应选择（　　　）命令。

    A. 添加动画　　　　　　　B. 动画窗格　　　　　　C. 自定义幻灯片放映　　D. 效果选项

3. 在 PowerPoint 2019 中，为了在切换幻灯片时添加声音，可以使用（　　　）菜单选项卡。

    A. 动画　　　　　　　　　B. 切换　　　　　　　　C. 插入　　　　　　　　D. 设计

4. 在一个包含多个对象的幻灯片中，选定某个对象设置"切入"效果后，则（　　　）。

    A. 该幻灯片的放映效果为"切入"　　　　　　B. 该对象的放映效果为"切入"

    C. 下一张幻灯片的放映效果为"切入"　　　　D. 未设置效果的对象放映效果也为"切入"

5. 对幻灯片上的对象设置动画效果，下面叙述中正确的是（　　　）。

    A. 单击"动画"菜单选项卡中的"添加动画"命令，可以给幻灯片内选定的每一个对象分别设置动画效果

    B. 单击"动画"菜单选项卡中的"添加动画"命令，仅给除标题占位符以外的其他对象设置动画效果

    C. 单击"动画"菜单选项卡中的"效果选项"命令，仅给除标题占位符以外的其他对象设置动画效果

    D. 单击"动画"菜单选项卡中的"效果选项"命令，可以给幻灯片内选定的每一个对象分别设置动画效果

6. 在 PowerPoint 2019 中切换幻灯片有自动换页和手动换页两种方式，以下叙述中正确的是（　　　）。

    A. 同时选中"单击鼠标时"和"设置自动换片时间"两种换片方式，"单击鼠标时"方式不起作用

    B. 可以同时选择"单击鼠标时"和"设置自动换片时间"两种换页方式

    C. 只允许在"单击鼠标时"和"设置自动换片时间"两种换页方式中选择一种

    D. 同时选择"单击鼠标时"和"设置自动换片时间"两种换页方式，但"设置自动换片时间"方式不起作用

7. 在 PowerPoint 2019 中，对文字设置动画时，以下叙述正确的是（　　　）。

    A. 按词顺序引入文本，对西文是逐个单词出现，对中文是逐字出现

    B. 一次显示全部即幻灯片内的文字内容一起出现

    C. 按字母顺序引入文本，对汉字而言是逐字出现

    D. 按照第一层段落分组，表示以最低层段落为动画单位

8. 幻灯片中包含多个标题文字，选中其中一个标题后，执行操作（　　　），放映时该标题的显示颜色修改为蓝色。

    A. 单独设置该标题文字的进入动画，并在"效果选项"中设置"动画播放后"的颜色为蓝色

    B. 为该标题文字设置强调动画，效果为"字体颜色"，并设置颜色为蓝色

    C. 为该标题文字设置强调动画，效果为"画笔颜色"，并设置颜色为蓝色

    D. 为该标题文字设置进入动画，效果为"填充颜色"，并设置颜色为蓝色

9. 幻灯片中包含来自 Excel 的饼图，按操作（　　　）设置图表动画，能在每次单击鼠标时，只显示饼图的一部分扇形。

    A. 进入动画采用"轮子"效果，辐射状为"1 轮辐图案"

    B. 进入动画采用"轮子"效果，辐射状为"1 轮辐图案"，并在"效果选项"中设置"图表动画"的"组合图表"为"按分类"

    C. 进入动画采用"形状"效果，方向为"放大"

    D. 进入动画采用"形状"效果，方向为"放大"，并在"效果选项"中设置"图表动画"的"组合图表"为"按分类"

10. 在 PowerPoint 2019 中可以指定每个动画发生的时间，以下设置中（　　　）能实现让当前动画与

前一个动画同时出现。

    A. 从上一项开始   B. 从上一项之后开始

    C. 单击开始   D. A 和 C 都可以

11. 有关动画出现的时间和顺序的调整，以下说法不正确的是（   ）。

    A. 动画必须依次播放，不能同时播放

    B. 动画出现的顺序可以调整

    C. 有些动画可设置为满足一定条件时再出现，否则不出现

    D. 如果使用了排练计时，则放映时无须单击鼠标控制动画的出现时间

12. 在 PowerPoint 2019 中，要删除文本的动画效果，下列操作正确的是（   ）。

    A. 选中文本，按 Delete 键

    B. 选中文本，在动画窗格中选中动画效果，按 Delete 键

    C. 选中文本，在动画窗格中选中动画效果，在右键菜单中选择"删除"命令

    D. 在幻灯片中选择动画效果的标号，按 Delete 键

13. 在添加对象的动作路径时，可以（   ）。

    A. 添加预设路径   B. 自己绘制路径

    C. 对绘制好的路径反转   D. 编辑路径的顶点

14. 关于 PowerPoint 2019 的动画功能，以下说法错误的是 (   )。

    A. 各种对象均可设置动画   B. 动画的先后顺序不可改变

    C. 动画播放的同时可配置声音   D. 可将对象设置成播放后隐藏

15. 幻灯片的切换方式是指（   ）。

    A. 在编辑新幻灯片时的过渡形式

    B. 在编辑幻灯片时切换不同视图

    C. 在编辑幻灯片时切换不同的主题

    D. 在幻灯片放映时两张幻灯片之间的过渡形式

二、填空题

1. 在 PowerPoint 2019 中，使用"＿＿＿＿＿＿＿"工具可以快速为不同对象设置相同的动画。

2. ＿＿＿＿＿＿＿是加在幻灯片之间的特殊效果；＿＿＿＿＿＿＿是加在幻灯片对象上的特殊效果。

3. 如果要让一行文字在幻灯片中不停地横向来回移动，可添加＿＿＿＿＿＿＿动画，并在"计时"选项卡中设置"重复"为"＿＿＿＿＿＿＿＿＿"。

4. 如果希望单击幻灯片中的特定图片时才显示某个动画效果，否则不出现此动画，可在此动画的"计时"选项卡中设置＿＿＿＿＿＿。

5. 如果放映幻灯片时，无法单击鼠标切换幻灯片，最可能的原因是换片方式未选中"＿＿＿＿＿＿＿"选项。

三、操作题

1. 新建一张幻灯片，输入标题文本后，再输入一个段落文本，并插入一张图片。然后设置动画，使标题文本逐字飞入幻灯片，完全显示后文本颜色显示为红色。

2. 设置段落文本淡入效果，动画播放后隐藏。

3. 设置图片动画效果，使图片旋转进入幻灯片后，显示紫色边框。

4. 在幻灯片中添加一个"笑脸"形状，单击该形状播放图片的动画效果。

5. 设置幻灯片显示 5 秒后，以"剥离"的方式显示下一张幻灯片。

第 **11** 章

创建交互式演示文稿

本章导读

　　默认情况下，演示文稿中的幻灯片按编号顺序播放。通过添加超链接或动作按钮创建交互式演示文稿，可以使幻灯片以观众希望的节奏和次序进行放映。

学习要点

- ❖ 创建超链接
- ❖ 创建动作按钮
- ❖ 设置缩放定位

11.1　添加超链接

在浏览网页时，单击某段文字或图片可以跳转到其他网页，这就是超链接。在演示文稿中设置超链接，可在放映幻灯片时移动或者跳转到指定的幻灯片，甚至其他文档或者应用程序中。

11.1.1　设置超链接

（1）选中要建立超链接的对象，可以是文字、图标、各种形状或图片等页面对象。例如，选中图 11-1 所示的图片。

图 11-1　选择要添加超链接的图片

（2）单击"插入"菜单选项卡中的"链接"命令按钮，或者按快捷键 Ctrl+K，打开如图 11-2 所示的"插入超链接"对话框。

图 11-2　"插入超链接"对话框

（3）在"链接到："区域选择超链接目标所在的位置，如图 11-3 所示。

（4）在"要显示的文字"文本框中输入要在幻灯片中显示为超链接的文字。默认显示为在文档中选定的文本内容。

注意　　该选项仅在要建立超链接的对象为文本时可用。

（5）单击"屏幕提示"按钮，在弹出的对话框中输入屏幕提示文本，如图 11-4 所示。当鼠标指针移到建立的超链接上时，将显示指定的文本。

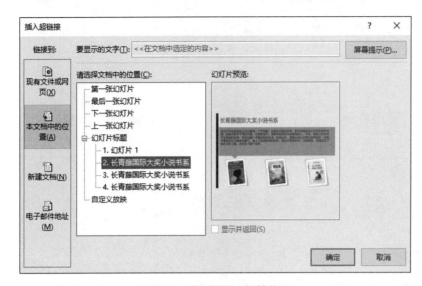

图 11-3　选择链接文档的位置　　　　　　　　　　图 11-4　设置超链接的屏幕提示

（6）单击"确定"按钮，超链接创建完成。

放映演示文稿时，将鼠标指针移到建立了超链接的对象上，指针变为手形🖑，指针下方显示指定的屏幕提示，如图 11-5 所示。单击即可跳转到指定的幻灯片。

图 11-5　预览超链接效果

如果选中文字建立超链接，则超链接默认显示为带下划线的蓝色文字，或显示为配色方案中指定的颜色。

11.1.2　编辑超链接

创建超链接后，可以随时修改链接设置。

（1）在超链接上右击，弹出如图 11-6 所示的快捷菜单。

（2）选择需要的编辑命令。

❖ **编辑链接**：打开"编辑超链接"对话框，如图 11-7 所示。该对话框与"插入超链接"对话框基本相同。

❖ **打开链接**：选择此命令，将跳转到指定的幻灯片、文档或其他应用程序。

❖ **删除链接**：删除选定的超链接。

图 11-6 超链接的右键菜单

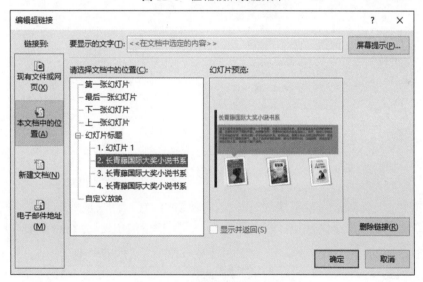

图 11-7 "编辑超链接"对话框

上机练习——制作目录页

本节练习通过创建目录超链接，将演示文稿中的相关页面整合为一个整体。通过对操作步骤的详细讲解，可以使读者进一步掌握添加超链接、设置超链接选项的操作方法。

首先打开要创建超链接的幻灯片，并选取将作为超链接载体的页面对象；然后打开"插入超链接"对话框，设置链接目标和屏幕提示；最后预览超链接效果。

11-1 上机练习——制作目录页

（1）打开演示文稿"产品介绍 .pptx"，切换到产品目录页，选中要建立超链接的对象。超链接的对象可以是文字、图标、各种图形等，本例选择目录文字所在的形状，如图 11-8 所示。

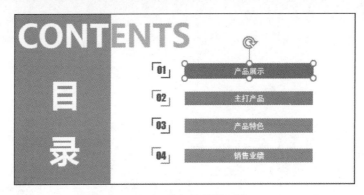

图 11-8　选择超链接对象

（2）单击"插入"菜单选项卡中的"链接"命令按钮，或者按快捷键 Ctrl+K，打开如图 11-9 所示的"插入超链接"对话框。

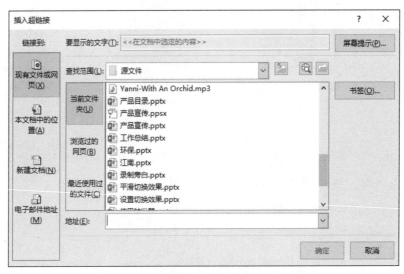

图 11-9　"插入超链接"对话框

（3）在"链接到："区域选择要链接的目标文件所在的位置，可以是现有文件或网页、本文档中的位置，也可以是新建文档或电子邮件地址。本例选择"本文档中的位置"，然后在幻灯片列表中选择要链接到的幻灯片，如图 11-10 所示。

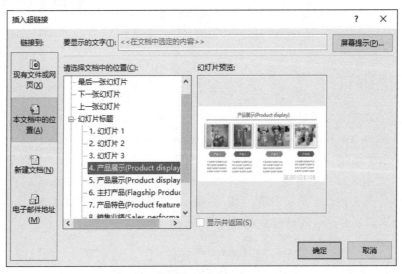

图 11-10　选择要链接的幻灯片

（4）在"要显示的文字"文本框中输入要在幻灯片中显示为超链接的文字。默认显示为在文档中选定的内容。

 注意　选中要建立超链接的对象为文本时，"要显示的文字"文本框才可编辑。本例中选中的是图形，因此不可编辑。

（5）单击"屏幕提示"按钮，弹出如图11-11所示的"设置超链接屏幕提示"对话框，在文本框中输入鼠标指针移动到超链接上时显示的提示文本。本例输入"产品展示"，然后单击"确定"按钮关闭对话框。

图 11-11　设置超链接屏幕提示

（6）设置超链接的各项内容后，单击"确定"按钮，一个超链接就建立完毕了。

此时，将鼠标指针移到建立了超链接的对象上时，会显示指定的屏幕提示，如图11-12所示，按Ctrl键并单击即可跳转到指定的幻灯片。

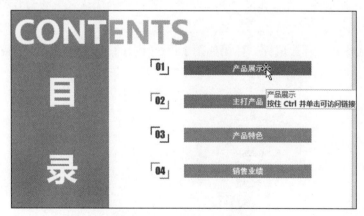

图 11-12　查看建立的超链接

（7）按照以上步骤建立其他超链接。

11.2　使用动作按钮

PowerPoint提供了在幻灯片中使用动作按钮的功能，在放映幻灯片时单击动作按钮可以激活另一个程序，播放声音或影片，跳转到其他幻灯片、文件或网页，从而在放映时动态地决定放映流程和内容。

11.2.1 创建动作按钮

PowerPoint 内置了一组预定义的动作按钮，方便用户添加到演示文稿中。

（1）单击"插入"菜单选项卡中的"形状"下拉按钮，在弹出的形状列表底部，可以看到 PowerPoint 2019 内置的动作按钮，如图 11-13 所示。

将鼠标指针移到动作按钮上，可以查看该按钮的功能提示，如图 11-14 所示。

图 11-13　内置的动作按钮　　　　　　　　　　图 11-14　查看动作按钮的功能

（2）单击需要的按钮，鼠标指针显示为十字形十，按下左键在幻灯片上拖动，可以自定义动作按钮的大小，如图 11-15 所示。

图 11-15　绘制动作按钮

> **提示：**
> 选中动作按钮后，直接在幻灯片上单击，可以添加默认大小的动作按钮。

（3）拖动到合适大小后，释放鼠标，弹出如图 11-16 所示的"操作设置"对话框。

图 11-16　"操作设置"对话框

（4）在"单击鼠标"选项卡中设置单击动作按钮时执行的动作。

各个选项的意义简要介绍如下。

❖ **无动作**：不添加动作，或删除已添加的动作。

❖ **超链接到**：链接到另一张幻灯片、URL、其他演示文稿或文件，结束放映，自定义放映。

❖ **运行程序**：运行一个外部程序。单击"浏览"按钮可以选择外部程序。

❖ **运行宏**：运行在"宏列表"中制定的宏。

❖ **对象动作**：打开、编辑或播放在"对象动作"列表内选定的嵌入对象。

❖ **播放声音**：选择一种预定义的声音或从外部导入，或者选择结束前一声音。

❖ **单击时突出显示**：鼠标单击或者移过对象时，突出显示。该选项对文本不适用。

（5）在如图 11-17 所示的"鼠标悬停"选项卡中设置鼠标移到动作按钮上时执行的动作。

图 11-17 "鼠标悬停"选项卡

（6）设置完成，单击"确定"按钮关闭对话框。

（7）按照与上文相同的步骤添加其他动作按钮，并设置动作按钮的使用方式。

（8）选中添加的动作按钮，在"绘图工具格式"选项卡中修改按钮的填充、轮廓和效果外观。

修改动作按钮的形状

如果 PowerPoint 预置的动作按钮形状不能满足设计需要，用户还可以修改按钮的形状。

（1）选择要修改的动作按钮，单击"绘图工具格式"菜单选项卡"插入形状"区域的"编辑形状"按钮。

（2）在弹出的下拉菜单中选择"更改形状"命令，弹出形状列表。

（3）在形状列表中选择要替换的形状。

此外，还可以通过"编辑顶点"命令自定义形状。

11.2.2 编辑交互动作

与超链接类似，创建动作按钮之后，可以随时修改按钮的交互动作。

在按钮上右击，在弹出的快捷菜单中选择"编辑链接"命令，如图 11-18 所示，可以打开"操作设置"对话框，修改鼠标单击或者鼠标移过按钮时执行的动作。

图 11-18　动作按钮的右键菜单

上机练习——返回目录页

本节练习通过在内容页上添加动作按钮，实现在内容页和目录页之间快速切换的效果。通过对操作步骤的详细讲解，可以使读者进一步掌握在演示文稿中添加动作按钮，以及设置按钮动作的操作方法。

11-2　上机练习——返回目录页

首先在内容页上绘制动作按钮，并设置单击按钮引发的操作；然后修改按钮的外观，美化页面效果；最后复制按钮到其他内容页面。

操作步骤

（1）打开幻灯片"产品展示"，单击"插入"菜单选项卡"插图"区域的"形状"下拉按钮，在弹出的形状列表底部单击需要的动作按钮，例如"转到主页"按钮，此时鼠标指针显示为十字形十。

（2）按下鼠标左键拖动，在幻灯片上绘制一个动作按钮。释放鼠标，弹出"操作设置"对话框，如图 11-19 所示。

（3）根据需要设置单击鼠标时的动作。本例在"超链接到"下拉列表框中选择"幻灯片……"，弹出"超链接到幻灯片"对话框，如图 11-20 所示。

（4）在"幻灯片标题"列表框中选中要链接到的幻灯片,本例选择"幻灯片 2",即目录所在的幻灯片，然后单击"确定"按钮关闭对话框。

（5）选中"播放声音"复选框，在下拉列表框中选择"停止前一声音"选项。

图 11-19　添加动作按钮

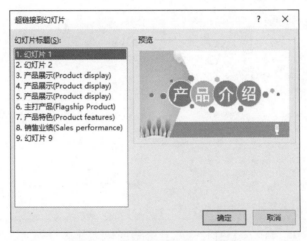

图 11-20　"超链接到幻灯片"对话框

（6）切换到"鼠标悬停"选项卡，根据需要设置鼠标移到动作按钮上触发的动作。本例保留默认设置，即"无动作"。然后单击"确定"按钮关闭对话框。

此时，单击"幻灯片放映"菜单选项卡的"从当前幻灯片开始"命令按钮，即可预览动作按钮的效果，如图 11-21 所示，将鼠标指针移到按钮上时，鼠标指针变为手形。单击即可跳转到指定的幻灯片。

在演示文稿编辑状态下，在动作按钮上右击弹出快捷菜单，选择"编辑链接"或"超链接"命令，可以打开"操作设置"对话框，在此编辑动作按钮的动作。

在图 11-21 中可以看到，添加的动作按钮默认显示有填充效果，如果希望动作按钮能与幻灯片风格一致或融合，可以使用"绘图工具格式"菜单选项卡美化按钮。

（7）选中动作按钮，在"绘图工具格式"菜单选项卡的"大小"区域输入数值调整按钮的大小。也可以直接使用鼠标拖动按钮边框上的变形控制点。

（8）在"形状样式"区域修改按钮的填充颜色、轮廓颜色和形状效果，如图 11-22 所示。

（9）按上述步骤添加其他动作按钮。本例添加"转到开头""转到结尾""后退或前一项""前进或后一项"动作按钮，并调整按钮大小和外观，如图 11-23 所示。

图 11-21　预览动作按钮的效果

图 11-22　修改按钮的外观

图 11-23　添加多个动作按钮

（10）选中所有动作按钮，单击"绘图工具格式"菜单选项卡"排列"区域的"对齐"下拉按钮，在展开的下拉菜单中选择"垂直居中"选项，然后选择"横向分布"命令，效果如图 11-24 所示。

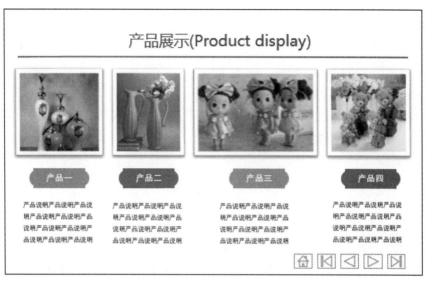

图 11-24　对齐并分布动作按钮

（11）选中所有动作按钮，单击"绘图工具格式"菜单选项卡"排列"区域的"组合"按钮，在展开的下拉菜单中选择"组合"选项，将动作按钮组合成一个对象，如图 11-25 所示。

图 11-25　组合动作按钮

（12）将组合后的动作按钮复制到演示文稿的其他幻灯片中，并适当调整其在个别幻灯片中的位置。

11.3　设置缩放定位

使用过 Prezi 的演示利器 zoom 的用户一定会对其炫酷的效果记忆犹新。PowerPoint 2019 新增了"缩放定位"功能，在一张幻灯片中插入缩放定位，同样能实现跨页面跳转无缝衔接，大大提升了演示的自由度和视觉效果。

单击"插入"菜单选项卡"链接"区域的"缩放定位"命令按钮，弹出如图 11-26 所示的下拉菜单。

图 11-26　"缩放定位"下拉菜单

从图 11-26 可以看出，PowerPoint 2019 中的缩放定位分为三种类型。

11.3.1　创建摘要缩放定位

创建摘要缩放定位时，将新建一张幻灯片，包含演示文稿中每个节的首张幻灯片的链接。放映幻灯片时，可以根据整理的摘要，跳转到指定的节浏览演示文稿。当播放到指定节的末尾后，会自动返回到摘要缩放定位。

（1）选中要插入摘要缩放定位幻灯片的位置。

（2）单击"插入"菜单选项卡"链接"区域的"缩放定位"命令按钮，在弹出的下拉菜单中选择"摘要缩放定位"命令，弹出"插入摘要缩放定位"对话框，如图 11-27 所示。

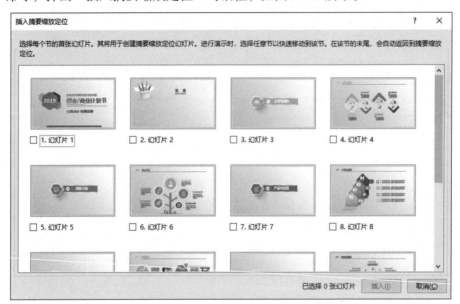

图 11-27　"插入摘要缩放定位"对话框

（3）选中每个节的首张幻灯片，然后单击"插入"按钮，即可在指定位置创建一张摘要缩放定位幻灯片，如图 11-28 所示。

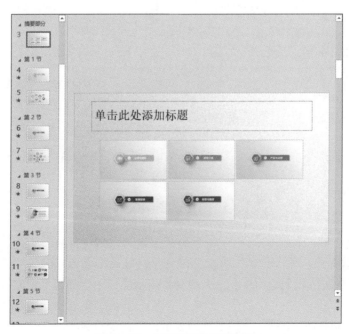

图 11-28　创建的摘要缩放定位

在左侧窗格中可以看到指定位置标注了"摘要部分"和节号。

（4）修饰幻灯片，以与演示文稿中的其他幻灯片统一风格，如图 11-29 所示。

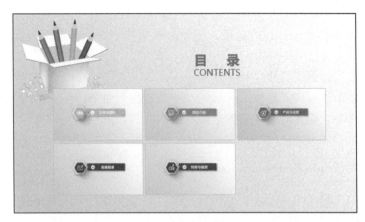

图 11-29 修饰幻灯片的效果

（5）放映幻灯片，预览摘要缩放定位的效果。

预览效果时可以看出，"缩放定位"可以看作"平滑"切换的一种特殊形式，"平滑"切换针对的是页面对象，而"缩放定位"则针对的是幻灯片。

11.3.2 创建节缩放定位

如果演示文稿的层次比较丰富，创建摘要缩放定位之后，可以进一步创建节缩放定位，对文档结构进行第二次分割。

节缩放定位可以链接到演示文稿中已有的节，播放完指定节的幻灯片后，自动返回到节缩放定位。

（1）打开要插入节缩放定位的幻灯片。

（2）单击"插入"菜单选项卡"链接"区域的"缩放定位"命令按钮，在弹出的下拉菜单中选择"节缩放定位"命令，弹出"插入节缩放定位"对话框，如图 11-30 所示。

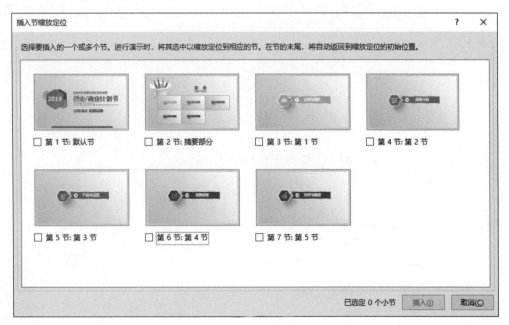

图 11-30 "插入节缩放定位"对话框

（3）选择要插入的一个或多个节。

（4）单击"插入"按钮关闭对话框。

11.3.3　创建幻灯片缩放定位

在演示文稿中创建指向某些幻灯片的链接，可使演示文稿更具动态性，演示者可以选择以任何顺序在幻灯片之间自由导航。

（1）打开要插入缩放定位的幻灯片。

（2）单击"插入"菜单选项卡"链接"区域的"缩放定位"命令按钮，在弹出的下拉菜单中选择"幻灯片缩放定位"命令，弹出"插入幻灯片缩放定位"对话框，如图11-31所示。

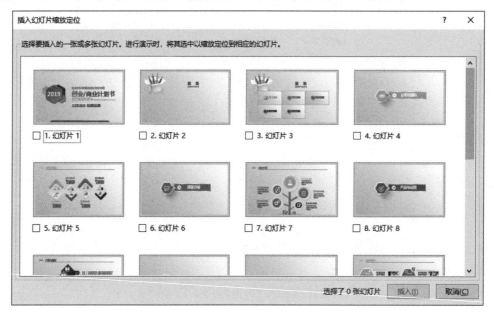

图11-31　"插入幻灯片缩放定位"对话框

（3）选择要插入的一张或多张幻灯片。

（4）单击"插入"按钮关闭对话框，即可在指定幻灯片中插入选中的幻灯片缩略图，如图11-32所示。

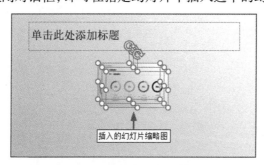

图11-32　插入幻灯片缩放定位

（5）调整缩略图的大小和位置。

上机练习——咖啡分类

本节练习通过设置咖啡分类图片的缩放定位，制作一个简单的咖啡分类演示文稿。通过对操作步骤的详细讲解，可以使读者进一步掌握设置幻灯片缩放定位、更改缩放定位图像，以及设置缩放定位选项的操作方法。

11-3　上机练习——咖啡分类

首先打开要插入缩放定位的幻灯片；然后插入幻灯片缩放定位，并调整缩放定位的大小和位置；最后更改缩放定位的图像和选项。

操作步骤

（1）打开要插入幻灯片缩略图的幻灯片，如图 11-33 所示。

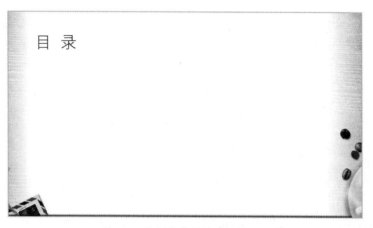

图 11-33   待插入导航缩略图的幻灯片

（2）单击"插入"菜单选项卡"链接"区域的"缩放定位"命令按钮，在弹出的下拉菜单中选择"幻灯片缩放定位"命令，弹出"插入幻灯片缩放定位"对话框。选中要插入的幻灯片，如图 11-34 所示。

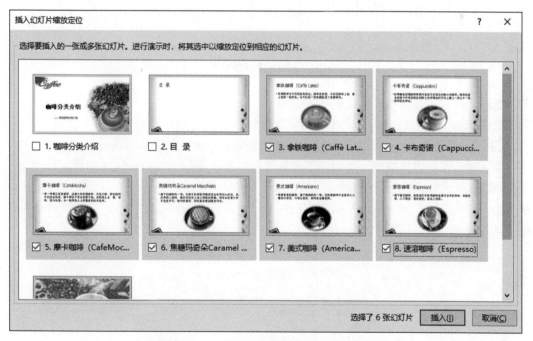

图 11-34   "插入幻灯片缩放定位"对话框

（3）单击"插入"按钮关闭对话框，在幻灯片中显示选中的幻灯片缩略图，如图 11-35 所示。
接下来根据设计需要排列缩略图，排列之前可以先调整缩略图的大小。
（4）选中缩略图，按下鼠标左键移动到合适的位置。排列缩略图时，借助智能参考线可以很方便地排列和对齐图片，效果如图 11-36 所示。

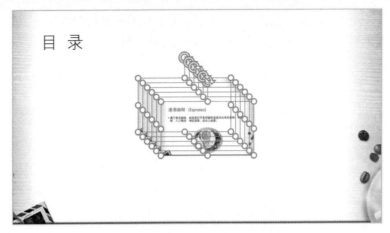

图 11-35　插入幻灯片缩略图

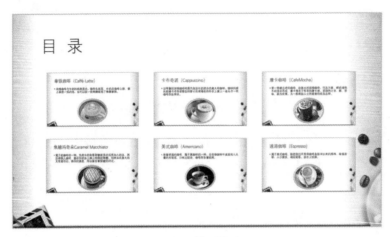

图 11-36　排列缩略图

接下来放映幻灯片，查看缩放定位的效果。

（5）单击编辑窗口状态栏上的"阅读视图"命令按钮，查看幻灯片放映效果。将鼠标指针移到一张缩略图上，鼠标指针显示为手形 🖐；单击鼠标，选中的缩略图放大，平滑地切换到指定的幻灯片开始播放。

使用幻灯片缩略图作为目录项，页面显然不够简洁。接下来修改缩放定位的图像。

（6）选中第一张缩放定位图，在"缩放工具格式"菜单选项卡的"缩放定位选项"区域，单击"更改图像"命令按钮，在弹出的"插入图片"面板中选择"来自文件"，选择需要的图片。采用同样的方法更改其他缩放定位的图像，效果如图 11-37 所示。

图 11-37　更改图像的效果

在"缩放工具格式"菜单选项卡中可以像编辑图片一样，设置缩放定位的边框、效果和大小，如图 11-38 所示。

图 11-38　"缩放工具格式"菜单选项卡

默认情况下，创建的幻灯片缩放定位不会自动返回，也就是说，通过幻灯片缩放定位切换到指定幻灯片后，将按既定的顺序播放，直到结束。如果希望指定的幻灯片放映完成后，可以进入其他指定的幻灯片，可以设置返回到幻灯片缩放定位。

（7）选中第一张缩放定位，在"缩放工具格式"菜单选项卡的"缩放定位选项"区域，选中"返回到缩放定位"复选框，缩放定位上将显示定位到的幻灯片编号，以及一个返回标记。采用同样的方法，设置其他缩放定位的选项，效果如图 11-39 所示。

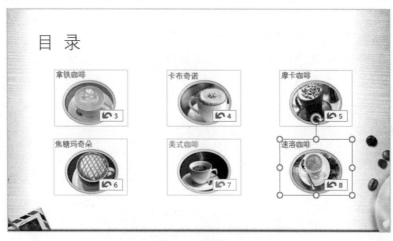

图 11-39　设置"返回到缩放定位"的效果

至此，实例制作完毕。有兴趣的读者可以试着旋转排列缩放定位，将看到不一样的切换效果。

11.4　实例精讲——家装设计宣传片

　　本节练习利用动作、超链接和缩放定位，将整个演示文稿有机地串联起来，方便用户查看和控制播放流程。通过对操作步骤的详细讲解，可以使读者进一步掌握为不同对象设置动作、创建超链接和动作按钮的操作方法。

　　首先为目录页中的各个导航项目添加动作；然后通过创建幻灯片缩放定位，实现平滑切换人物介绍幻灯片的功能；最后通过添加网址链接、邮件链接，以及创建动作按钮，完善演示文稿。

11.4.1　使用动作创建导航

本节通过为文本框指定操作设置，创建目录导航。

（1）打开已制作的演示文稿，并切换到目录页，如图 11-40 所示。

11-4　使用动作创建导航

图 11-40　目录页

（2）选中第一个导航文本框"企业文化"，在"插入"菜单选项卡的"链接"区域单击"动作"命令按钮，打开"操作设置"对话框。在"单击鼠标时的动作"区域选择"超链接到"单选按钮，然后在下拉列表框中选择"幻灯片"命令，如图 11-41 所示。

（3）在打开的"超链接到幻灯片"对话框的左侧窗格中选择要链接到的幻灯片，右侧窗格中显示对应的幻灯片预览图，如图 11-42 所示。

图 11-41　"操作设置"对话框

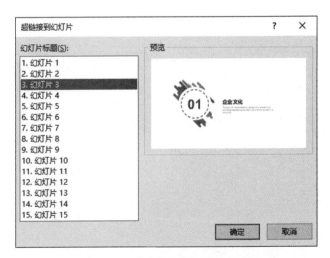

图 11-42　选择要链接到的幻灯片

（4）单击"确定"按钮关闭对话框，将鼠标指针移到设置了动作的文本框上时，显示链接的目标，按住 Ctrl 键单击，可跳转到指定的幻灯片，如图 11-43 所示。

（5）按照第（2）～（4）步的操作方法，为其他导航文本框指定动作和链接目标。

（6）单击 PowerPoint 编辑窗口状态栏上的"阅读视图"按钮，预览动作的效果。

图 11-43　预览动作效果

11.4.2　平滑切换设计师简介

本节通过创建幻灯片缩放定位，实现各个设计师介绍页面的平滑切换。

（1）新建一张幻灯片，输入标题文本，如图 11-44 所示。这张幻灯片将用于显示缩放定位。

11-5　平滑切换设计师简介

图 11-44　新建幻灯片

（2）复制第（1）步新建的幻灯片，单击"插入"菜单选项卡中的"形状"命令按钮，在形状列表中选择"矩形"。在幻灯片中按下鼠标左键拖动，绘制一个矩形，然后在"绘图工具格式"菜单选项卡中设置填充颜色为蓝色，无边框。

（3）单击"绘图工具格式"菜单选项卡"形状样式"区域右下角的扩展按钮，打开"设置形状格式"面板。在"填充"区域设置透明度为 65%；切换到"效果"选项卡，设置阴影方向为"左下"，颜色为深灰色，透明度为 60%，模糊 24 磅，角度为 135°，距离为 15 磅，如图 11-45 所示。

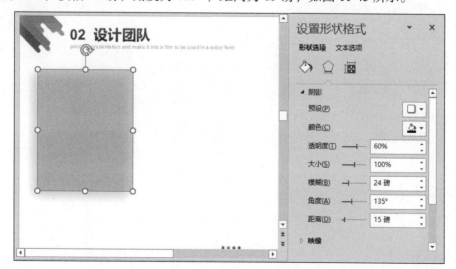

图 11-45　设置阴影效果

（4）单击"插入"菜单选项卡中的"图片"命令按钮，在打开的"插入图片"对话框中选择一张设计师的图片。然后调整图片的大小和位置，如图 11-46 所示。

图 11-46　插入图片

（5）在图片下方绘制一个文本框，输入设计师的姓名，并设置字号为 18，颜色为黑色。然后在姓名下方绘制一条线段，线段轮廓颜色为黑色，效果如图 11-47 所示。

图 11-47　绘制文本框和线段

（6）按下鼠标左键框选矩形、图片、文本框和线段，按住 Ctrl 键的同时，按下鼠标左键拖动，复制三个副本。然后分别替换图片，效果如图 11-48 所示。

图 11-48　插入其他设计师名片

（7）按住 Ctrl 键选中第二张至第四张名片中的矩形后右击，在弹出的快捷菜单中选择"设置对象格式"命令，打开"绘图工具格式"面板。在"填充"区域将透明度设置为 90%。然后按住 Ctrl 键选中第二张至第四张名片中的图片，在"图片工具格式"菜单选项卡中单击"颜色"命令按钮，在下拉菜单中选择"灰度"，效果如图 11-49 所示。

图 11-49 设置矩形的透明度和图片的灰度

（8）单击"插入"菜单选项卡中的"形状"命令按钮，在形状列表中选择"对话气泡：圆角矩形"，按下鼠标左键绘制形状。然后在"绘图工具格式"菜单选项卡中设置填充色为浅玫红，无轮廓；并调整形状的外观，效果如图 11-50 所示。

图 11-50 绘制形状

（9）单击"插入"菜单选项卡中的"文本框"命令按钮，在下拉菜单中选择"绘制横排文本框"命令，绘制一个文本框，并添加文本。选中文本，在"开始"菜单选项卡中设置字号为 18，行距为 1.2，效果如图 11-51 所示。

图 11-51 添加文本框

至此，一个设计师的介绍页面制作完成。

（10）复制采用上述步骤制作的设计师简介幻灯片，将第一张名片中的矩形透明度修改为90%，图片的饱和度修改为0；然后将第二张名片中的矩形透明度修改为65%，图片的颜色模式修改为"不重新着色"；最后调整标注形状的外观，效果如图11-52所示。

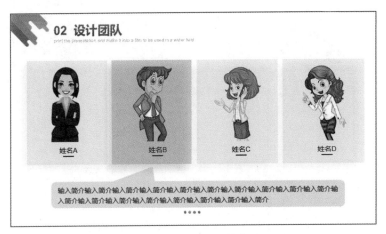

图11-52　第二个设计师的简介页面

（11）按照第（10）步的方法，制作其他设计师的介绍页面，在幻灯片浏览视图中的效果如图11-53所示。

图11-53　幻灯片浏览视图

接下来创建缩放定位，平滑切换设计师简介幻灯片。

（12）切换到普通视图，并定位到本节初始时创建的空白幻灯片。单击"插入"菜单选项卡中的"缩放定位"命令按钮，在下拉菜单中选择"幻灯片缩放定位"命令，打开"插入幻灯片缩放定位"对话框。选择要插入的幻灯片，如图11-54所示。

（13）单击"插入"按钮，即可在当前幻灯片中插入指定幻灯片的缩略图。调整缩略图的大小和位置，效果如图11-55所示。

（14）选中一张缩放定位图像，在"缩放工具格式"菜单选项卡的"缩放定位选项"区域，单击"更改图像"按钮，在弹出的下拉菜单中选择"更改图像"命令，打开"插入图片"对话框。选择一张设计师的图像，效果如图11-56所示。

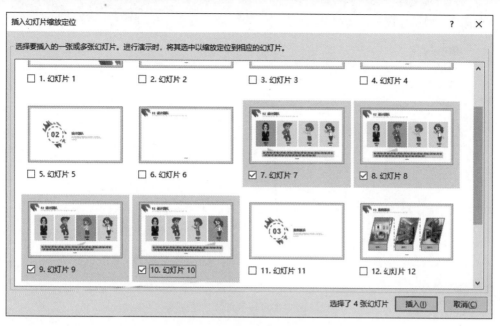

图 11-54 选择要插入的多张幻灯片

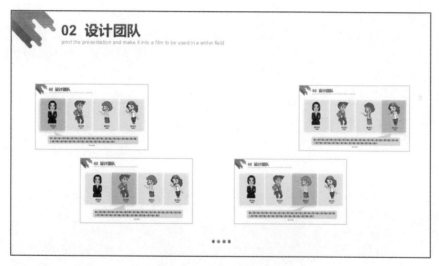

图 11-55 插入的缩放定位

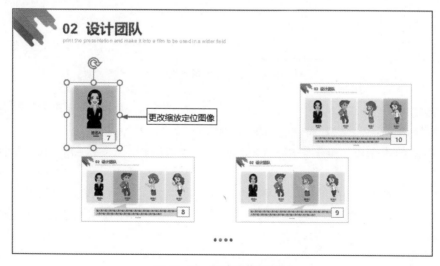

图 11-56 更改图像的效果

（15）按照第（14）步的方法更改其他缩放定位的图像，并重新排列图像，效果如图 11-57 所示。

图 11-57　重新排列缩放定位图像

默认情况下，幻灯片缩放定位显示浅灰色的边框，无填充色。用户可以根据设计需要修改缩放定位的填充色、轮廓样式和效果。

（16）按住 Ctrl 键选中所有的缩放定位后右击，在弹出的快捷菜单中选择"设置对象格式"命令，打开"设置形状格式"面板。可以分别设置缩放定位的填充、轮廓和效果样式。例如，设置线条颜色为"青绿"的效果如图 11-58 所示。

图 11-58　设置线条颜色的效果

如果要单独修改某一个缩放定位的格式，可以在选中缩放定位后右击，在弹出的快捷菜单中选择"设置幻灯片缩放定位格式"命令，打开对应的面板进行修改，如图 11-59 所示。

至此，缩放定位创建完成。单击编辑窗口状态栏上的"阅读视图"按钮，可以预览幻灯片的切换效果。

如果希望浏览完一个设计师的简介后，单击鼠标或经过指定的时间自动返回到缩放定位页面，可以在指定幻灯片的切换方式后选中一个缩放定位，在"缩放工具格式"菜单选项卡中，选中"返回到缩放定位"复选框，如图 11-60 所示。

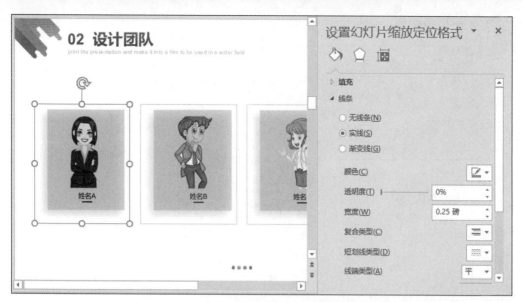

图 11-59　修改幻灯片缩放定位格式

图 11-60　设置缩放定位选项

再次预览幻灯片效果，细心的读者可能会发现一个问题，即如果所有缩放定位都设置了自动返回，将无法进入到缩放定位之外的其他幻灯片，除非使用右键菜单中的快捷命令定位。一种常用的解决办法是使用动作按钮或超链接，有兴趣的读者可以自行练习。

11.4.3　快速访问链接

在宣传片的结尾，通常会设置企业的各种联系方式，例如，微信、网站、电话和电子邮件，以方便潜在客户能快速找到自己。本节通过在幻灯片中添加网站超链接和电子邮件链接，使读者进一步掌握动作设置和超链接的使用方法。

11-6　快速访问链接

（1）打开已排版的幻灯片，如图 11-61 所示。

图 11-61　幻灯片初始效果

（2）选中网址文本，单击"插入"菜单选项卡中的"动作"命令按钮，在打开的"操作设置"对话框中选择"超链接到"单选按钮，然后在下拉列表框中选择 URL 命令，打开如图 11-62 所示的"超链接到 URL"对话框。

图 11-62　"超链接到 URL"对话框

（3）在文本框中输入要链接到的网址，单击"确定"按钮返回"操作设置"对话框。单击"确定"按钮关闭对话框，在幻灯片中可以看到选中的文本显示为蓝色，且带有下划线，如图 11-63 所示。

如果在第（2）步中选中的不是网址文本，而是文本所在的文本框，则执行上述操作后，文本不会变色，也不显示下划线。

（4）选中邮件地址文本后右击，在弹出的快捷菜单中选择"超链接"命令，打开"插入超链接"对话框。在左侧窗格中选择"电子邮件地址"，然后分别输入电子邮件地址和邮件主题，如图 11-64 所示。

可能有的读者会注意到，在输入电子邮件地址时，地址前面会自动加上"mailto:"，表明这是一个邮件超链接。不能删除这个前缀，否则链接会出错。

图 11-63　设置动作后的文本显示效果

图 11-64　设置邮件地址和主题

（5）单击"确定"按钮关闭对话框，选中的文本即可显示为超链接状态，如图 11-65 所示。

图 11-65　创建的邮件链接

至此，幻灯片制作完成。如果希望幻灯片播放到这里时能返回第一张幻灯片重新播放，可以添加一个动作按钮。

（6）单击"插入"菜单选项卡中的"形状"命令按钮，在形状列表中选择"动作按钮：转到主页"。当鼠标指针显示为十字形时，按下左键拖动，绘制一个动作按钮。释放鼠标时，在弹出的"操作设置"对话框中选择"超链接到"单选按钮，然后在下拉列表框中选择"第一张幻灯片"选项，如图 11-66 所示。

图 11-66　设置动作按钮的操作

（7）单击"确定"按钮关闭对话框。然后选中插入的动作按钮，在"绘图工具格式"菜单选项卡中，设置形状的填充颜色为白色，无轮廓。最后调整动作按钮的大小和位置，效果如图 11-67 所示。

图 11-67　设置动作按钮的外观

至此，实例制作完成。

（8）单击 PowerPoint 编辑窗口状态栏上的"阅读视图"按钮，预览幻灯片的放映效果。

答 疑 解 惑

1. 如何理解幻灯片中的"超链接"？

答：这和网页中的超链接类似。PowerPoint 提供了非常强大的超链接功能，使用它可以在幻灯片与幻灯片之间、幻灯片与其他外部文件或程序之间以及幻灯片与网络之间自由地转换。

2. 小组成员分工合作，共同制作一个演示文稿，如何快速将演示文稿的各个模块进行整合，并且便于各个小组成员修改各自负责的模块？

答：可以使用超链接功能将演示文稿的各个部分整合在一起。例如，在一个演示文稿中创建指向各个模块的超链接，放映时单击链接，跳转到相应的部分进行播放。

3. 默认的超链接文本显示为蓝色，已访问的超链接颜色为红褐色，有时与幻灯片的背景颜色太接近或搭配不符合设计需要，能否自定义链接文本的颜色？

答：在 PowerPoint 2019 中，没有应用主题的超链接默认显示为蓝色；应用了主题的超链接显示为指定的颜色。可以根据以下步骤修改超链接文本的颜色。

（1）切换到"设计"菜单选项卡，单击"变体"列表框右下角的"其他"下拉按钮，在弹出的下拉菜单中选择"颜色"。

（2）在"颜色"级联菜单中选择"自定义颜色"命令，打开"新建主题颜色"对话框。

如果要修改自定义配色方案中的链接颜色，可在"颜色"级联菜单中选中对应的自定义颜色后右击，从弹出的快捷菜单中选择"编辑"命令，打开"编辑主题颜色"对话框进行修改。

（3）修改"超链接"和"已访问的超链接"对应的颜色。

（4）输入新主题的名称，然后单击"保存"按钮关闭对话框。

4. 演示文稿中的超链接文本下方默认显示下划线，有没有方法不显示下划线？

答：在 PowerPoint 2019 中，如果超链接的载体为文本，则文本下方显示下划线；如果超链接的载体为图片、形状或文本框，则不显示下划线，且文本以默认的颜色显示。因此，如果要去除超链接文本下方的下划线，可以在文本框（不是幻灯片版式中自带的占位符）中输入文本后，选中整个文本框设置超链接。

学习效果自测

一、选择题

1. PowerPoint 在幻灯片中建立超链接有两种方法：通过把某对象作为超链接载体和（　　）。
   A. 文本框　　　　　　B. 文本　　　　　　C. 图片　　　　　　D. 动作按钮

2. 在 PowerPoint 中，激活超链接的动作是使用鼠标在超链接点"单击"和（　　）。
   A. 移过　　　　　　B. 拖动　　　　　　C. 双击　　　　　　D. 右击

3. 播放时要实现在幻灯片之间跳转，可采用的方法是（　　）。
   A. 设置预设动画　　　　　　　　　B. 设置自定义动画
   C. 设置幻灯片切换方式　　　　　　D. 设置动作按钮

4. 对按钮进行动作设置有多种类型，以下不正确的是（　　）。
   A. 链接到自定义放映　　　　　　　B. 运行外部程序
   C. 不能发送电子邮件　　　　　　　D. 结束放映

5. 当某一文字对象设置了超级链接后，以下不正确的说法是（　　）。
   A. 在演示该页幻灯片时，当鼠标指针移到文字对象上会变成手形
   B. 在幻灯片视图窗格中，当鼠标指针移到文字对象上会变成手形

C. 该文字对象的颜色以默认的主题效果显示

D. 可以改变文字的超链接颜色

6. 在文本占位符中的文字上添加超链接，会自动添加下划线并改变颜色；（　　　）变为怎样制作超链接，不添加下划线并变色。

A. 使用"文件"菜单选项卡的"选项"命令进行设置

B. 在文本框中输入文字，并选择文本框边框添加超链接

C. 绘制矩形自选图形，覆盖在占位符文本上，在矩形图形上添加超链接，并设置其填充色和线条颜色为透明

D. 修改配色方案

7. 采用动作按钮，能实现（　　　）功能。

A. 链接到指定幻灯片　　　　　　　　　　B. 打开 Word 或 Excel 文档

C. 运行可执行程序　　　　　　　　　　　D. 运行宏

二、填空题

1. 创建文本超链接时，在"插入超链接"对话框中的"要显示的文字"文本框中输入的内容将显示为_____，默认显示为_____。

2. 在设置动作按钮的操作时，可以分别设置_____和_____两种鼠标状态下的操作。

3. 如果要删除一个动作按钮上已添加的单击鼠标时的动作，可以通过右键菜单打开"操作设置"对话框，选中"_____"选项。

4. 创建_____时，即可在指定位置插入一张缩放定位幻灯片，并在左侧窗格中的指定位置标注节号。

5. _____可以链接到演示文稿中已有的节，播放完指定节的幻灯片后，自动返回到_____。

三、操作题

1. 在幻灯片中创建一个文本超链接，单击打开一个外部应用程序文档。

2. 在幻灯片中插入一幅图片，通过设置，使光标经过图片时显示屏幕提示，单击则打开一个网站。

3. 在幻灯片中创建一个动作按钮，放映幻灯片时单击该按钮可以打开一个 Microsoft Excel 电子表格。

4. 打开一个已完成的演示文稿，分别创建摘要缩放定位、节缩放定位和幻灯片缩放定位。

第 12 章

放映演示文稿

本章导读

　　演示文稿的内容和效果编排完成以后，就可以展示幻灯片了。

　　放映演示文稿可以查看制作的文档是否符合预期的效果。在展示幻灯片时，可以根据演讲需要和受众的不同，放映不同的幻灯片集合，控制幻灯片元素播放的时间；可以根据演讲用途设置不同的放映方式，还可以在放映时使用墨迹工具圈划重点。

学习要点

❖ 设置排练计时
❖ 录制幻灯片演示
❖ 自定义演示文稿的放映内容
❖ 设置幻灯片的放映方式

12.1 创建自动播放的演示文稿

有时候，演讲者可能需要根据演讲进程控制幻灯片播放的时间，或者希望幻灯片自动播放，这就需要设置幻灯片放映的时间间隔。

12.1.1 排练计时

在设置幻灯片页面元素的动画效果和幻灯片的切换效果时，都可以指定效果播放的持续时间。通常，手动设置的时间可能并不准确，使用排练计时功能，可以在排练演示文稿时自动记录每张幻灯片播放的时间，播放时，使用记录的时间间隔自动进行放映。

（1）打开演示文稿，切换到幻灯片浏览视图。选择排练计时的开始幻灯片。

（2）在"幻灯片放映"菜单选项卡的"设置"区域，单击"排练计时"命令按钮，即可全屏放映幻灯片，并在屏幕左上角显示排练计时工具栏，如图 12-1 所示。

排练演示文稿时，PowerPoint 记录放映每张幻灯片所用的时间。下面简要介绍计时器各个按钮的功能。

❖ **"下一项"按钮** ➜：单击该按钮或单击鼠标都可以结束当前幻灯片的放映和计时，开始放映下一张幻灯片，或播放下一个动画。

❖ **"暂停"按钮** ❚❚：暂停幻灯片计时。再次单击该按钮，继续计时。

❖ **第一个时间框**：显示当前幻灯片的放映时间。

❖ **"重复"按钮** ↺：回到刚进入当前幻灯片的时刻，重新开始当前幻灯片计时。

❖ **第二个时间框**：显示排练开始的总计时。

按 Esc 键或单击计时工具栏右上角的"关闭"按钮，可以终止排练。

（3）排练结束，弹出一个对话框询问是否保存本次排练结果，如图 12-2 所示。单击"是"按钮，本次排练的时间将自动作用在每张被放映的幻灯片上。单击"否"按钮，取消本次排练计时。

图 12-1　排练计时工具栏

图 12-2　对话框

为得到更精确的播放时间，可以对计时作进一步的调整，然后重复"排练－调整"的过程。

保存计时后，可以使用排练计时自动进行放映。

12.1.2 录制幻灯片演示

使用录制幻灯片演示功能，不仅能录制每张幻灯片和效果的播放计时，还能录制旁白、墨迹和激光笔势，更生动地自动放映演示文稿。

（1）打开要录制幻灯片演示的演示文稿。如果要同时录制旁白，则插入麦克风。

录制旁白可为每张幻灯片添加语言讲解，如展会上自动放映的宣传资料或某些需要特定的个人解说的演示文稿等。

（2）单击"幻灯片放映"菜单选项卡"设置"区域的"录制幻灯片演示"下拉按钮，弹出下拉菜单，如图 12-3 所示。

（3）单击"从头开始录制"命令，进入幻灯片全屏录制界面，如图 12-4 所示。

图 12-3 "录制幻灯片演示"下拉菜单

图 12-4 幻灯片录制界面

界面左上角是录制控件，依次为"录制"按钮◎、"停止"按钮█和"重播"按钮▶。

（4）单击"录制"按钮◎，录制界面上显示倒计时动画，倒计时结束后开始自动播放当前幻灯片，此时，"录制"按钮◎变为"暂停"按钮▮，幻灯片左上角显示"正在进行录制"。通过麦克风录制旁白内容，幻灯片左下角显示当前幻灯片的录制时间。

（5）单击幻灯片右侧的"前进到下一动画或幻灯片"按钮▶，播放当前幻灯片中的下一个动画，或进入下一张幻灯片。

此时，"返回到上一张幻灯片"按钮◀不可用。

（6）单击录制控件右侧的"备注"按钮，可以显示或隐藏备注内容，方便用户录制旁白。显示备注时，还可以根据需要调整备注文本显示的字号，如图 12-5 所示。

图 12-5 调整备注字号

（7）在录制界面底部选中笔或荧光笔，然后选择墨迹颜色，可以在录制时圈画重点或添加注释，如图 12-6 所示。

录制的范围一般是到最后一张幻灯片为止，如果中途要结束放映，可以随时按 Esc 键或单击"停止"按钮█停止录制。

如果要重新录制当前幻灯片，可单击"重播"按钮▶，将重新播放当前幻灯片。

图 12-6　使用墨迹书写

（8）录制完成后，在放映屏幕的任意位置右击，在弹出的快捷菜单中选择"结束放映"命令，或单击录制界面右上角的"关闭"按钮，退出录制界面。

（9）切换到幻灯片浏览视图，在幻灯片右下角可以看到音频图标和录制时间，如图 12-7 所示。

如果对某一页录制的旁白不满意，可以清除该页中的旁白后，再重新录制。

（1）在普通视图或大纲视图中切换到该页幻灯片，在"录制幻灯片演示"下拉列表框中选择"清除"级联菜单中的"清除当前幻灯片中的旁白"命令，如图 12-8 所示，清除当前幻灯片中的旁白。

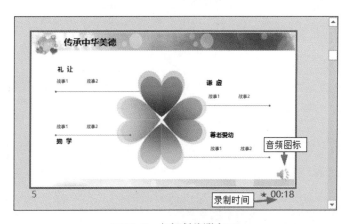

图 12-7　幻灯片浏览视图

图 12-8　清除当前幻灯片中的旁白

（2）单击"幻灯片放映"菜单选项卡中的"录制幻灯片演示"下拉按钮，在弹出的下拉菜单中选择"从当前幻灯片开始录制"命令。

（3）录制完成后，按 Esc 键退出。

注意

如果在录制屏幕演示时，单击界面右上角的"清除"按钮，在弹出的下拉菜单中选择"清除当前幻灯片上的记录"命令（图 12-9），则不仅会清除当前幻灯片中的旁白，还会清除当前幻灯片中的墨迹、激光笔势，以及幻灯片和动画的计时。

图 12-9　选择"清除当前幻灯片上的记录"命令

12.2　自定义放映内容

使用自定义放映功能，可以在一份演示文稿中定义有差别的幻灯片集合，针对不同的观众放映同一份演示文稿的不同版本。例如，制作产品宣传演示文稿之后，对客户展示产品的规格和特色；在公司内部展示时可以播放产品的销售情况；在宣传产品时，播放主打产品。

自定义放映内容常用的有两种方式：隐藏某些幻灯片或自定义放映序列。

12.2.1　隐藏幻灯片

幻灯片隐藏后，在放映时不显示。具体操作如下：

（1）在普通视图中，选中要隐藏的幻灯片。

（2）在"幻灯片放映"菜单选项卡中单击"隐藏幻灯片"命令按钮。

此时，在左侧窗格中可以看到隐藏的幻灯片淡化显示，且幻灯片编号上显示一条斜向的删除线，如图 12-10 所示。

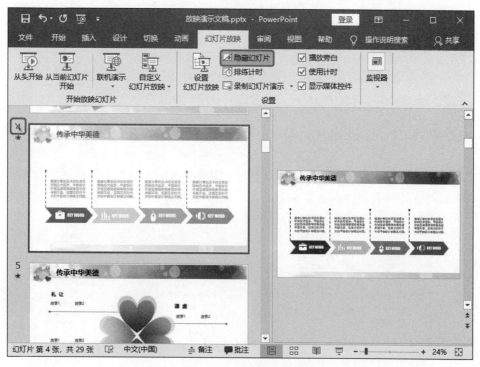

图 12-10　隐藏幻灯片

隐藏的幻灯片尽管在放映时不显示，但并没有从演示文稿中消失。选中隐藏的幻灯片后，单击"隐藏幻灯片"命令按钮即可取消隐藏。

12.2.2　自定义放映序列

同一个演示文稿可以生成多个不同版本的放映序列，且每个版本相对独立。

（1）打开演示文稿，在"幻灯片放映"菜单选项卡的"开始放映幻灯片"区域，单击"自定义幻灯片放映"下拉按钮，在弹出的下拉菜单中选择"自定义放映"命令，弹出如图 12-11 所示的"自定义放映"对话框。

如果没有基于当前演示文稿建立过自定义放映，窗口显示为空白；否则显示自定义放映列表。

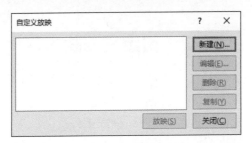

图 12-11　"自定义放映"对话框

（2）单击"新建"按钮，打开如图 12-12 所示的"定义自定义放映"对话框。

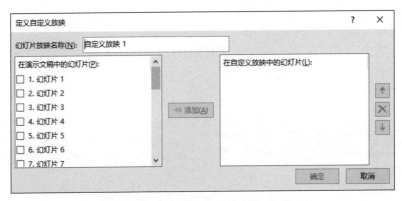

图 12-12　"定义自定义放映"对话框

对话框中左侧的列表框显示当前演示文稿中所有幻灯片的列表，右侧窗格中显示自定义放映中的幻灯片列表。

（3）在"幻灯片放映名称"文本框中输入一个意义明确的名称，有助于演讲者区分不同的放映序列。

（4）在左侧的幻灯片列表框中勾选要加入自定义放映序列的幻灯片，然后单击"添加"按钮，选中的幻灯片即可显示在右侧列表框中，表示已加入到自定义放映队列中，如图 12-13 所示。

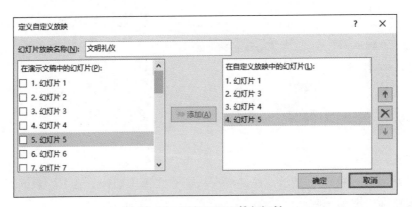

图 12-13　添加要展示的幻灯片

注意　　自定义放映的幻灯片队列中，同一张幻灯片可以添加多次。

添加幻灯片之后，还可以根据需要删除幻灯片、调整幻灯片的播放顺序。

（5）在对话框右侧的列表中选中不希望放映的幻灯片，单击"删除"按钮，幻灯片列表中的编号将自动重排。

提示: 　　双击左侧列表框中的某一张幻灯片，可将幻灯片添加到右侧的自定义放映幻灯片队列中；双击右侧列表框中的某一张幻灯片，可从自定义放映队列中删除幻灯片。

（6）在自定义放映中的幻灯片列表中选中要调整顺序的幻灯片，单击"向上"按钮▲或"向下"按钮▼，可以向上或向下移动幻灯片。

（7）单击"确定"按钮，返回"自定义放映"对话框。在自定义放映列表中可以看到创建的自定义放映，如图 12-14 所示。

❖ **编辑**：打开"定义自定义放映"对话框，增删自定义放映中的幻灯片或播放顺序。

❖ **删除**：删除当前选中的自定义放映。

❖ **复制**：制作当前选中的自定义放映的一个副本，保存为新的自定义放映。该功能在自定义播放内容相似的演示文稿时很有用。

图 12-14　自定义放映列表

❖ **放映**：全屏播放当前选中的自定义放映。

（8）设置完毕，单击"关闭"按钮关闭对话框。

此时，在"自定义幻灯片放映"下拉菜单中可以看到创建的自定义放映序列，如图 12-15 所示。单击即可开始放映。

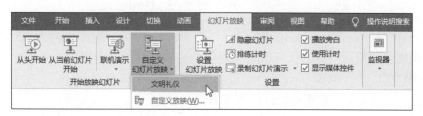

图 12-15　查看自定义放映

12.3　设置放映方式

依据演示文稿的放映场合或受众的不同，可选择不同的放映方式，以达到最佳的放映效果。PowerPoint 2019 提供了三种放映模式，可针对不同的展示用途，并提供不同的放映操作。

12.3.1　演讲者放映

演讲者放映（全屏幕）模式通常用于演讲者全屏播放演示文稿，例如将幻灯片投影到大屏幕上或召开文稿会议。演讲者对演示文档具有完全的控制权，可以干预幻灯片的放映流程；也可以使用这种方式自动放映演示文稿。

（1）打开演示文稿，在"幻灯片放映"菜单选项卡的"设置"区域，单击"设置幻灯片放映"命令按钮，打开如图 12-16 所示的"设置放映方式"对话框。

（2）在"放映类型"区域，选择"演讲者放映（全屏幕）"单选按钮。

（3）设置放映选项。

❖ **循环放映，按 ESC 键终止**：幻灯片循环播放，直到按 Esc 键退出。

❖ **放映时不加旁白**：幻灯片放映时，不播放旁白。

❖ **放映时不加动画**：幻灯片放映时，不播放设置的动画效果。

❖ **禁用硬件图形加速**：在使用带有 3D 支持（Microsoft DirectX）的显示卡放映时，取消选中该项可获得更佳的动画性能。

❖ **绘图笔颜色和激光笔颜色**：设置绘图笔和激光笔颜色。在放映时可使用画笔在幻灯片上圈注。

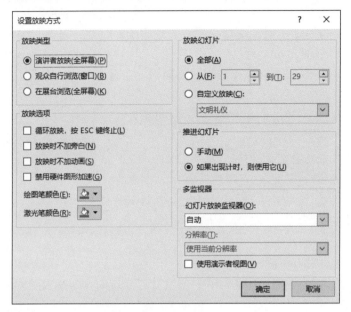

图 12-16 "设置放映方式"对话框

（4）在"放映幻灯片"区域设置放映的范围。

默认从第一张播放到最后一张，也可以指定要播放的幻灯片编号范围。如果创建了自定义放映，还可以选择要播放的幻灯片队列。

（5）在"推进幻灯片"区域设置幻灯片的切换方式。

❖ **手动**：通过键盘或按钮控制播放进程。

 注意 在演讲者放映模式下，除非创建了超链接或动作按钮，否则单击鼠标不会有任何反应。

❖ **如果出现计时，则使用它**：按预定的时间或排练计时播放幻灯片。

（6）在"多监视器"区域设置放映幻灯片的监视器和主监视器的屏幕分辨率。

调整幻灯片放映分辨率可以在放映效果与放映速度之间找到性能的平衡点。

（7）根据需要选择是否使用演示者视图。

一般情况下，听众在投影仪大屏幕上看到的是全屏放映的幻灯片，与此同时，演示者可以使用演示者视图，在自己的计算机屏幕上看到下一张幻灯片预览、备注等信息，方便控制幻灯片的放映进程，如图 12-17 所示。

演示者视图除了显示计时器、当前幻灯片及备注以及下一张幻灯片预览等内容，还提供了一些实用的放映选项协助放映，简要介绍如下。

❖ **笔和激光笔工具**：设置画笔的种类和墨迹颜色。

❖ **查看所有幻灯片**：显示所有幻灯片的缩略图，如图 12-18 所示。

❖ **放大到幻灯片**：放大幻灯片中的指定区域，再次单击恢复原始尺寸显示。

❖ **变黑或还原幻灯片放映**：将屏幕变为黑屏，再次单击恢复显示。

❖ **更多幻灯片放映选项**：单击弹出如图 12-19 所示的菜单，执行其他放映命令。

（8）单击"确定"按钮关闭对话框。

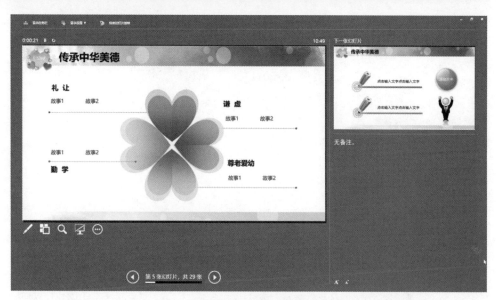

图 12-17　演示者视图

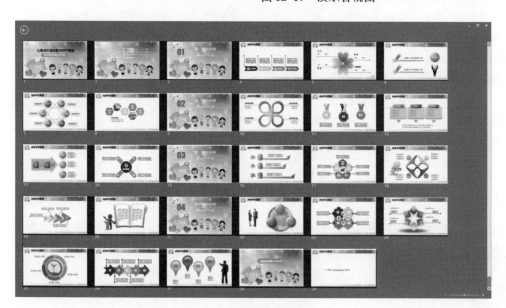

图 12-18　查看所有幻灯片

图 12-19　更多放映选项

12.3.2　观众自行浏览

观众自行浏览（窗口）模式通常用于小规模演示。演示文稿显示在小型窗口中，并在状态栏上提供控制命令，用于在放映时定位、复制、编辑和打印幻灯片，如图 12-20 所示。

提示：

观众自行浏览模式下，不能设置绘图笔和多监视器选项。

在这种放映模式下，单击窗口状态栏上的"上一张"或"下一张"按钮，或者按键盘上的 Page Up 和 Page Down 键切换幻灯片。单击鼠标不能切换幻灯片。

单击状态栏上的"菜单"按钮▤，或在放映屏幕的任意位置右击，弹出如图 12-21 所示的快捷菜单。

❖ **下一张**：放映下一张幻灯片。

❖ **上一张**：放映上一张幻灯片。

图 12-20 "观众自行浏览"模式　　　　　　　图 12-21　放映控制快捷菜单

❖ **定位至幻灯片**：单击该命令按钮，在级联菜单中显示当前放映列表中的所有幻灯片列表，可快速切换到要显示的幻灯片。

❖ **放大**：放大幻灯片中的指定区域，此时菜单命令变为"缩小"。单击"缩小"命令，恢复原始尺寸显示。

❖ **打印预览和打印**：切换到"打印"任务窗格，设置演示文档的打印属性。

❖ **复制幻灯片**：将当前幻灯片复制到剪贴板上以供编辑使用。

❖ **编辑幻灯片**：结束放映，返回到演示文档的编辑视图。

❖ **全屏显示**：切换到"演讲者放映"模式。

❖ **结束放映**：结束放映，返回到演示文档的编辑视图。

12.3.3　在展台浏览

"在展台浏览（全屏幕）"模式可自动全屏运行演示文稿，适用于在展览会场或者会议中循环播放无人管理的幻灯片。在这种模式下，观众不能使用鼠标控制放映。

选择这种放映类型时，"循环放映，按 Esc 键终止"复选框自动选中，且不能修改，如图 12-22 所示。如果演示文稿中没有设置结束放映的动作按钮，则按 Esc 键是唯一结束放映的方式。

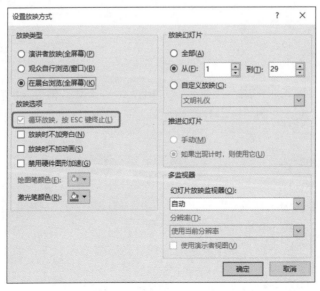

图 12-22　"在展台浏览（全屏幕）"模式

使用"在展台浏览（全屏幕）"模式放映幻灯片时，演示文稿严格按照排练计时设置的时间放映，鼠标几乎毫无用处，无论单击左键还是右键，或者两键同时按下，均不会影响放映，除非单击超链接或动作按钮。

12.4　放映幻灯片

设置好幻灯片的放映内容和展示方式之后，就可以正式放映幻灯片，查看播放效果了。

12.4.1　开始放映

对于打开的演示文稿，开始放映幻灯片有以下三种常用的方法。
❖ 单击状态栏上的"幻灯片放映"按钮。

提示：
按住 Ctrl 键的同时单击"幻灯片放映"按钮，可进入联机演示模式。

❖ 按快捷键F5。
❖ 单击"幻灯片放映"菜单选项卡"开始放映幻灯片"区域的放映命令，如图 12-23 所示。

图 12-23　放映命令

教你一招

控制放映的快捷键

使用键盘或鼠标可以方便地控制放映流程和效果。
在演讲者放映（全屏幕）模式下放映幻灯片时，按F1键显示如图 12-24 所示的"幻灯片放映帮助"对话框。

图 12-24　幻灯片放映的快捷控制

该对话框中列示了常规、排练 / 记录、媒体、墨迹 / 激光指针和触摸等操作相关的快捷键。

12.4.2　播放自定义放映

播放自定义放映有多种方法。

最简单常用的方法，是在"幻灯片放映"菜单选项卡的"开始放映幻灯片"区域，单击"自定义幻灯片放映"命令按钮，在弹出的下拉菜单中选择要播放的自定义放映，如图 12-25 所示。

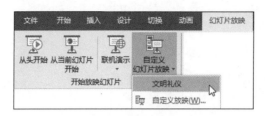

图 12-25　使用菜单命令

在设置放映方式时，也可以指定要播放的自定义放映。打开"设置放映方式"对话框，在"放映幻灯片"区域选择"自定义放映"单选按钮，然后在下拉列表框中选择一个自定义放映，如图 12-26 所示。

使用演讲者放映模式展示幻灯片时，如果希望切换到某个自定义放映，可以右击弹出快捷菜单，在"自定义放映"级联菜单中选择一个自定义放映，如图 12-27 所示。

图 12-26　选择自定义放映

图 12-27　放映时选择自定义放映

> **提示：**
> 还可以在演示文稿中创建一个超链接或动作按钮，指向一个自定义放映，在播放时使用。

12.4.3　使用指针标注

在放映演示文稿并进行讲解时，使用指针工具在幻灯片中重要的地方书写或圈点，可以辅助演讲者更好地表述讲解的内容。

（1）在放映幻灯片时右击弹出快捷菜单，选择"指针选项"菜单命令，在弹出的级联菜单中选择笔尖类型，如图 12-28 所示。

（2）再次打开图 12-28 所示的快捷菜单，在"指针选项"的级联菜单中单击"墨迹颜色"命令，设置墨迹颜色，如图 12-29 所示。

图 12-28　选择笔尖类型

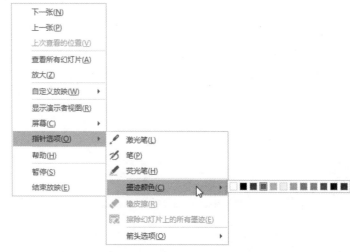

图 12-29　设置墨迹颜色

（3）按下鼠标左键在幻灯片上拖动，即可绘出笔迹，如图 12-30 所示。

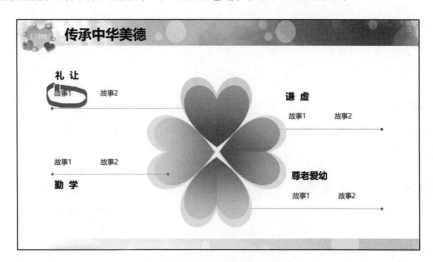

图 12-30　在放映的幻灯片上涂画

> **注意**　　如果笔尖类型选择"激光笔"，则不能在幻灯片上进行涂画。

如果要修改或删除幻灯片上的笔迹，可以擦除墨迹。

（4）在放映幻灯片时右击弹出快捷菜单，选择"指针选项"级联菜单中的"橡皮擦"工具。此时鼠标指针变为，在创建的墨迹上单击，即可擦除绘制的墨迹。

如果要删除幻灯片上添加的所有墨迹，可以在"指针选项"级联菜单中选择"擦除幻灯片上的所有墨迹"命令。

（5）擦除墨迹后，按 Esc 键退出橡皮擦的使用状态。

（6）退出放映状态时，PowerPoint 2019 会弹出一个对话框，提示是否保存墨迹，如图 12-31 所示。

（7）如果不需要保存墨迹，单击"放弃"按钮；否则单击"保留"按钮。

保留的墨迹可以在 PowerPoint 编辑窗口中查看，在放映时也会显示。如果不希望在幻灯片上显示墨迹，可在"审阅"菜单选项卡的"墨迹"区域单击"隐藏墨迹"命令按钮，在弹出的下拉菜单中选择相应的命令，隐藏墨迹或删除墨迹，如图 12-32 所示。

图 12-31　提示对话框

图 12-32　"隐藏墨迹"下拉菜单

隐藏墨迹并不是删除墨迹，再次单击该按钮将显示幻灯片上的所有墨迹。

12.4.4　暂停和结束放映

在幻灯片展示过程中，除了顺序播放或定位到指定的幻灯片播放，演讲者还可以根据演示进程暂停播放，临时增添讲解内容，讲解完成后继续播放。

暂停 / 继续放映幻灯片的切换方式有以下三种：

❖ 按键盘上的 S 键。
❖ 同时按大键盘上的 Shift 键和"+"键。
❖ 按小键盘上的"+"键。

并非所有幻灯片都能暂停 / 继续播放，前提是当前幻灯片的切换方式为经过一定时间后自动换片。

结束放映常用的方法有以下两种：

❖ 右击，在弹出的快捷菜单中选择"结束放映"命令。
❖ 按键盘上的 Esc 键。

12.4.5　设置黑白屏

黑屏或白屏类似于操作系统中的屏保，不用退出放映模式就能暂停放映，并有效地隐藏放映的幻灯片内容。此功能在需要暂停演示，或给观众留下思考时间时很实用。

（1）在幻灯片放映过程中，按键盘上的 W 键或","键，可进入白屏模式。此时，屏幕显示为空白。

（2）如果要退出白屏，可按键盘上的任意一个键。或者右击，在弹出的快捷菜单中选择"屏幕"级联菜单中的"取消白屏"命令，如图 12-33 所示。

按键盘上的 B 键或"."键，可进入黑屏模式。此时，屏幕黑屏。按键盘上的任意一个键，或者右击，在弹出的快捷菜单中选择"屏幕"级联菜单中的"取消黑屏"命令，可退出黑屏模式。

图 12-33　取消白屏

答 疑 解 惑

1. 放映幻灯片时如何快速定位？

答：快速定位幻灯片的前提是需要大体记得每个章节的大概次序，这也是演讲前的必要准备工作。在幻灯片放映时按下幻灯片编号后，按 Enter 键，或者右击，从弹出的快捷菜单中选择"定位"命令，并在级联菜单中选择需要的幻灯片，即可快速定位到指定的幻灯片开始播放。

2. 在全屏放映演示文稿时，如何不退出放映就切换到另外一个窗口进行操作？

答：在编辑窗口打开需要播放的文稿，按住 Alt 键不放，再依次按 D 键和 V 键，将打开一个包含标题栏、菜单栏的播放窗口播放幻灯片。此时，可以随意调节窗口的大小或进行拖放。按 Esc 键退出。

此外，在放映状态下按 Alt+Tab 键，或者 Win 键 +Tab 键，也可以快速切换窗口。

3. 在放映演示文稿时，有时会不小心按下鼠标右键，弹出右键快捷菜单，能不能在放映时右击，不显示快捷菜单？

答：如果要禁用右键菜单，可执行以下操作：

（1）单击"文件"菜单选项卡中的"选项"命令，打开"PowerPoint 选项"对话框。

（2）切换到"高级"分类，在"幻灯片放映"区域取消选中"鼠标右键单击时显示菜单"复选框。

（3）单击"确定"按钮关闭对话框。

学习效果自测

一、选择题

1. 从当前幻灯片开始放映幻灯片的快捷键是（　　）。

A. Shift + F5　　　　B. Shift + F4　　　　C. Shift + F3　　　　D. Shift + F2

2. 从第一张幻灯片开始放映幻灯片的快捷键是（　　）。

A. F2　　　　B. F3　　　　C. F4　　　　D. F5

3. 在幻灯片的放映过程中要中断放映，可以直接按（　　）键。

A. Alt+F4　　　　B. Ctrl+X　　　　C. Esc　　　　D. End

4. 要使幻灯片在放映时能够自动播放，需要设置（　　）。

A. 预设动画　　　　B. 排练计时　　　　C. 动作按钮　　　　D. 录制旁白

5. 在 PowerPoint 中按 F5 键的功能是（　　）。

A. 打开文件　　　　B. 观看放映　　　　C. 打印预览　　　　D. 样式检查

6. 执行"幻灯片放映"菜单选项卡中的"排练计时"命令对幻灯片设置定时切换后，又在"设置放映方式"对话框中指定幻灯片推进方式为"手动"，则下面叙述中不正确的是（　　）。

A. 放映幻灯片时，单击鼠标换片

B. 放映幻灯片时，单击"弹出菜单"按钮，选择"下一张"命令进行换片

C. 放映幻灯片时，右击弹出快捷菜单，选择"下一张"命令进行换片

D. 幻灯片仍然按"排练计时"设定的时间进行换片

7. 下列关于"排练计时"和"录制幻灯片演示"命令功能的叙述中，正确的是（　　）。

A. "录制幻灯片演示"命令没有录制旁白的功能

B. "排练计时"命令中具有录制旁白的功能

C. "排练计时"和"录制幻灯片演示"命令的功能一样

D. 用"录制幻灯片演示"命令制作的幻灯片，解说词随着录制幻灯片演示时切换幻灯片的时序进行播放

8. 在计算机上放映演示文稿，正确的操作是（　　）。

　　A. 按住 Ctrl 键的同时，单击"幻灯片放映"按钮

　　B. 按键盘上的 F5 键

　　C. 单击"幻灯片放映"菜单选项卡中的"设置幻灯片放映"命令

　　D. 单击"幻灯片放映"菜单选项卡中的"自定义幻灯片放映"命令

9. 不属于演示文稿的放映方式的是（　　）。

　　A. 演讲者放映（全屏幕）　　　　　　　　　B. 观众自行浏览（窗口）

　　C. 在展台浏览（全屏幕）　　　　　　　　　D. 定时浏览（全屏幕）

10. 在放映幻灯片时，要临时在幻灯片上涂写，应该（　　）。

　　A. 按下右键直接拖动

　　B. 右击，选择"指针选项"级联菜单中的"箭头"命令

　　C. 右击，选择"指针选项"级联菜单中的"绘图笔颜色"命令

　　D. 右击，选择"指针选项"级联菜单中的"屏幕"命令

11. 要实现幻灯片全自动循环播放，下列操作中，（　　）是不必要的。

　　A. 设置每张幻灯片的切换时间

　　B. 必须设置每个对象动画的自动启动时间

　　C. 必须设置排练计时

　　D. 设置放映方式

12. 设置"在展台浏览（全屏幕）"放映幻灯片后，将导致（　　）。

　　A. 不能用鼠标控制，可以按 Esc 键退出

　　B. 自动循环播放，可以看到菜单

　　C. 不能用鼠标键盘控制，无法退出

　　D. 右击鼠标无效，但双击可以退出

13. 在通过投影仪放映演示文稿时，如果希望自己能看到备注中的内容，而观众只能看到全屏播放，可执行操作（　　）。

　　A. 设置放映方式为"演讲者放映"

　　B. 设置放映方式为"在展台浏览"

　　C. 在"设置放映方式"对话框中的"多监视器"区域，选择幻灯片放映显示于"主监视器"，并选中"使用演讲者视图"选项

　　D. 在"设置放映方式"对话框中的"多监视器"区域，选择幻灯片放映显示于其他监视器，并选中"使用演讲者视图"选项

14. 为演示文稿录制旁白，可在放映时自动解说内容。以下说法正确的是（　　）。

　　A. 选择"幻灯片放映"菜单选项卡中的"录制幻灯片演示"命令，即可开始录制过程，并开始排练计时。需要一边录制声音，一边控制幻灯片的放映，以便使旁白和内容对应

　　B. 旁白记录在第一张幻灯片中

　　C. 旁白录制后，会生成多个声音文件，需要再把这些声音文件依次插入到幻灯片中

　　D. 要为整个演示文稿录制旁白，可在"插入"菜单选项卡中的"音频"级联菜单中选择"录制音频"命令

15. 下面有关播放演示文稿的说法，不正确的是（　　）。

　　A. 可以为不同的播放场景设置不同的播放方案

　　B. 在播放时按 W 键可以显示 / 隐藏鼠标指针

　　C. 在 PowerPoint 2019 中，可以保留在播放时所做的墨迹注释

　　D. 直接输入编号后按 Enter 键，可以直接跳转到该幻灯片

16. 下列关于隐藏幻灯片的说法不正确的是（　　　）。

A. 隐藏幻灯片的编号上有一条斜线

B. 在播放时直接输入隐藏幻灯片的编号，然后按 Enter 键，可以显示该幻灯片

C. 顺序播放时，隐藏的幻灯片不显示

D. 隐藏的幻灯片在浏览视图中不显示

17. 在放映演示文稿时，下列操作中，（　　　）可控制放映。

A. 按 B 键变黑屏，按 W 键变白屏

B. 按 Ctrl+P 键调出画笔，可在幻灯片上涂写

C. 按 E 键可擦除涂写在幻灯片上的内容

D. 直接输入幻灯片编号后，按 Enter 键可定位到指定编号的幻灯片

18. 在 PowerPoint 2019 中，如果暂时不想让观众看见某些幻灯片，可以使用（　　　）方法。

A. 隐藏这些幻灯片

B. 删除这些幻灯片

C. 新建一组不含这些幻灯片的演示文稿

D. 自定义放映方式时，取消选中这些幻灯片

19. 下列有关隐藏幻灯片的用法，正确的是（　　　）。

A. 隐藏的幻灯片不会放映出来

B. 按顺序放映幻灯片时，无法放映隐藏幻灯片

C. 用超链接可放映隐藏的幻灯片

D. 在自定义放映中可自动放映隐藏幻灯片

20. 下列关于放映方式的说法正确的是（　　　）。

A. 放映时可以不播放动画

B. 放映时可以不播放旁白

C. 可以使用硬件图形加速功能提高性能

D. 使用"在展台浏览"方式放映时，右击不会出现快捷菜单

二、填空题

1. 如果要终止放映幻灯片，可直接按_____键。

2. 放映幻灯片有多种方法，在默认状态下，单击状态栏上的"幻灯片放映"按钮，可以从_____开始放映。

3. 对于演示文稿中不准备放映的幻灯片，可以使用"幻灯片放映"菜单选项卡中的"_____"命令。

4. 利用"录制幻灯片演示"功能，不仅能录制每张幻灯片和效果的播放计时，还能录制_____、_____和_____。

5. 如果不希望在幻灯片上显示墨迹，可在"审阅"菜单选项卡的"墨迹"区域单击"_____"命令按钮。

三、操作题

1. 通过设置排练计时，使演示文稿自动播放。

2. 为演示文稿录制旁白。

3. 隐藏演示文稿中的部分幻灯片，并放映预览。

4. 自定义一个幻灯片放映序列，并在放映时设置黑屏和白屏。

5. 在放映自定义幻灯片序列时，使用画笔圈注标题文字。

第 13 章

与其他Office组件协同办公

本章导读

　　随着办公自动化的普及，企业对办公效率的要求也日渐提高。多人沟通、共享、协同一起办公，不仅可以给办公人员提供方便，而且能降低成本，提高工作效率。

　　在进行演讲时，有时会需要使用其他应用程序制作的文档，例如Word、Excel、Visio 等创建的对象。如果直接在相应的应用程序中打开文档，讲解完成后再返回 PowerPoint，势必会破坏演讲进程的流畅性。使用插入对象功能，可以在 PowerPoint 2019 中很便捷地使用其他 Office 应用程序对象，与常用的 Office 组件无缝切换。

学习要点

- ❖ 保护演示文稿
- ❖ 共享演示文稿
- ❖ 在 PowerPoint 中使用其他 Office 组件

13.1   保护演示文稿

如果创建了一个有独特样式、格式或包含机密内容的演示文稿，在与小组成员协作时，不希望被他人随意查看、编辑或修改，可以保护演示文稿，控制其他人可以对此演示文稿所作的更改类型。

打开要进行保护的演示文稿，单击"文件"菜单选项卡中的"信息"命令，打开如图 13-1 所示的"信息"窗格。

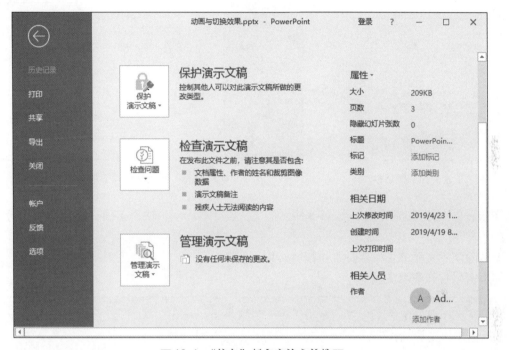

图 13-1   "信息"任务窗格中的选项

单击"保护演示文稿"按钮 ，弹出如图 13-2 所示的保护类型下拉菜单。

❖ **始终以只读方式打开**：将演示文稿设置为只读，不能进行更改。

❖ **用密码进行加密**：需要输入密码才能打开演示文稿。

❖ **限制访问**：授予用户访问权限，同时限制其编辑、复制和打印权限。这种方式需要设置权限管理服务器，适用于企业用户。

❖ **添加数字签名**：通过添加不可见的数字签名以确保演示文稿的完整性。这种保护形式主要是基于版本保护方面的考虑，其他人即使修改了演示文稿内容，但数字签名依然是原作者的，以防劳动成果被他人窃取据为己有。

❖ **标记为最终状态**：将当前演示文稿标记为最终版本，并将其设为只读，禁用输入、编辑命令和校对标记。

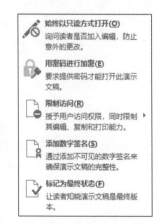

图 13-2   保护类型

不同的情况需要不同的保护形式，下面简要介绍两种最简单常用的保护方式：设置密码，将文档设置成只读。

13.1.1   设置密码保护

（1）打开需要保护的演示文稿，切换到"信息"任务窗格，单击"保护演示文稿"按钮 ，在弹出的保护类型下拉菜单中选择"用密码进行加密"命令，打开如图 13-3 所示的"加密文档"对话框。

（2）在"密码"文本框中设置保护密码，单击"确定"按钮，在弹出的"确认密码"对话框中再次输入密码，然后单击"确定"按钮关闭对话框。

 注意 密码最多可以包含 255 个字母、数字、空格和符号，且区分大小写。如果密码丢失或忘记，将不能打开有密码保护的演示文稿。

此时，"信息"窗格中的"保护演示文稿"按钮以黄色加亮显示，并提示"打开此演示文稿时需要密码"，如图 13-4 所示。

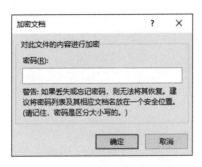

图 13-3 "加密文档"对话框

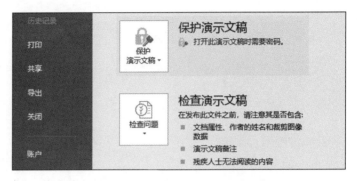

图 13-4 演示文稿处于加密状态

关闭文档后再次打开，将弹出如图 13-5 所示的"密码"对话框。输入正确密码后，单击"确定"按钮，才可打开演示文稿。

如果要解除演示文稿的密码保护，可以执行以下步骤。

（1）使用密码打开演示文稿。

 注意 解除密码保护是指在已知文档密码的前提下，出于某些原因，取消加密文件，并非指破解他人的文档密码。

（2）单击"信息"任务窗格中的"保护演示文稿"按钮，在弹出的下拉菜单中单击"用密码进行加密"命令，打开如图 13-6 所示的"加密文档"对话框。

图 13-5 "密码"对话框

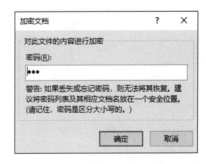

图 13-6 "加密文档"对话框

（3）删除"密码"文本框中的内容，保持为空，然后单击"确定"按钮关闭对话框。

（4）保存演示文稿。

13.1.2 标记为最终状态

标记为最终状态，是指将演示文稿设置为只读模式，并告知其他用户此演示文稿是最终版本，这样其他用户就不会对演示文稿进行编辑。

（1）打开要标记为最终状态的演示文稿，单击"信息"任务窗格中的"保护演示文稿"按钮，在弹出的保护类型下拉菜单中选择"标记为最终状态"命令，弹出一个对话框提示用户将会把文稿标记为最终状态进行保存，如图 13-7 所示。

（2）单击"确定"按钮关闭对话框，弹出另一个对话框提示用户，已经编辑完成这个文档的最终版本，如图 13-8 所示。

图 13-7　提示对话框

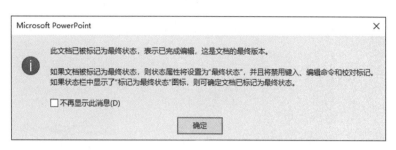

图 13-8　提示对话框

（3）单击"确定"按钮关闭对话框。此时，在标题栏可以看到文件名称后显示"[只读]"，菜单栏下方显示一条信息，提示已将此演示文稿标记为最终状态以防止编辑，如图 13-9 所示。

图 13-9　标记为最终状态的演示文稿

注意　　这种保护形式并不能阻止别人修改演示文稿。单击编辑窗口上方提示信息中的"仍然编辑"按钮，即可对演示文档进行修改，此时状态栏上的"标记为最终状态"图标消失。

如果要取消标记为最终状态，单击"信息"窗格中的"保护演示文稿"按钮，在弹出的下拉菜单中再次选择"标记为最终状态"命令，即可解除保护。

13.2　共享演示文稿

制作好的演示文稿通常要传送给上级查阅批示，或分发给同组人员协同工作。使用 Office 2019 的共享功能，可以将文件副本共享到云存储，邀请部分用户参与文档的审阅和修订。

13.2.1　共享 OneDrive 文件和文件夹

OneDrive 是微软针对 PC 和手机等设备推出的一项云存储服务。用户可以将一些重要的文件数据上传到 OneDrive 上，或者同步备份计算机、手机中的重要数据，防止数据丢失。

（1）单击菜单栏右侧的"共享"按钮，打开"共享"面板，如图 13-10 所示。

（2）单击"保存到云"按钮，打开"另存为"任务窗格，选择 OneDrive 保存当前演示文稿的副本，如图 13-11 所示。

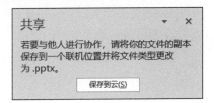

图 13-10 "共享"面板

图 13-11 选择 OneDrive

（3）单击"登录"按钮，使用 Microsoft 账户登录 OneDrive，如图 13-12 所示。

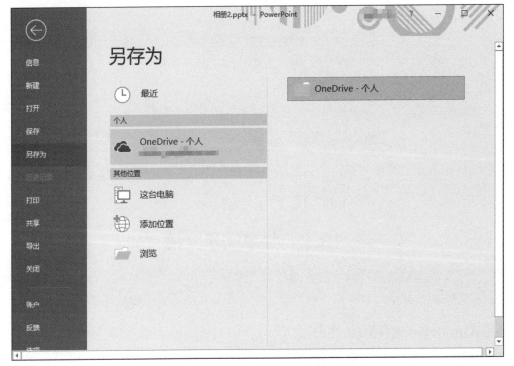

图 13-12 登录 OneDrive

（4）双击"另存为"任务窗格右侧的文件夹，在弹出的"另存为"对话框中选择文件保存的名称和位置，如图 13-13 所示。

图 13-13 选择保存位置

（5）单击"保存"按钮，开始上传演示文稿到 OneDrive。上传结束后，在"另存为"任务窗格中可以看到自动创建的云存储文件夹，如图 13-14 所示。

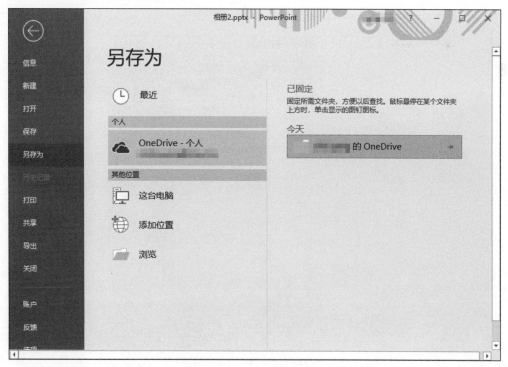

图 13-14 创建的存储位置

文件上传到 OneDrive 之后，接下来就可以共享文档了。

（6）单击"文件"菜单选项卡上的"共享"命令，打开如图 13-15 所示的"共享"任务窗格。

（7）单击"与人共享"按钮，编辑窗口右侧展开如图 13-16 所示的"共享"面板。

（8）单击"邀请人员"文本框右侧的"在通讯簿中搜索联系人"按钮，打开如图 13-17 所示的"通讯簿"。在左侧的列表框中选择要邀请的联系人，单击"收件人"按钮，添加到邮件收件人列表中，然后单击"确定"按钮关闭对话框。

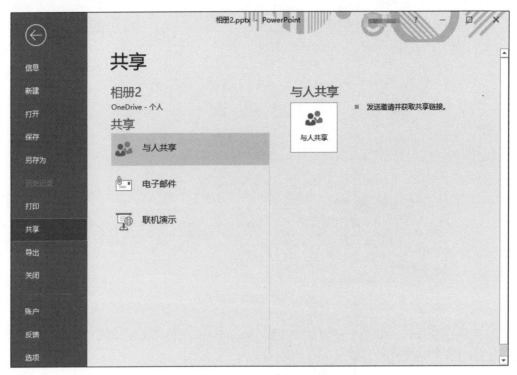

图 13-15 "共享"任务窗格

图 13-16 "共享"面板

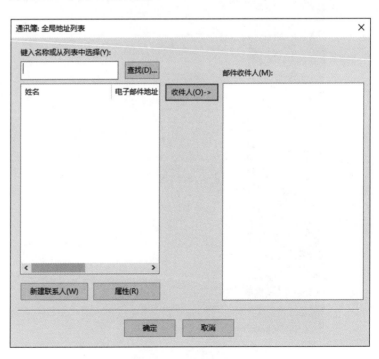

图 13-17 通讯簿

如果没有添加过联系人，则左侧的列表框显示为空。单击"新建联系人"按钮，可以添加联系人。

（9）设置受邀联系人的权限级别。单击"邀请人员"文本框下方的下三角按钮，在弹出的下拉列表框中选择权限，如图 13-18 所示。

（10）输入邀请消息后，单击"共享"按钮。使用同样的方法，添加可查看共享文档的联系人。此时，在"共享"面板底部显示受邀联系人列表，如图 13-19 所示。

图 13-18　设置受邀联系入的访问权限

图 13-19　共享文档

13.2.2　获取共享链接

　　使用共享链接可与许多人，甚至不认识的人共享项目。例如，可将共享链接发布到微博、朋友圈等社交平台，或者在电子邮件或即时消息中共享。获得链接的任何人都可查看或编辑项目，具体取决于所设定的权限。

　　（1）打开保存到 OneDrive 的演示文稿，单击菜单栏右侧的"共享"按钮，展开如图 13-20 所示的"共享"面板。

　　（2）单击面板底部的"获取共享链接"命令，在如图 13-21 所示的面板中选择访问共享文档的权限。

　　❖ **编辑链接**：使用该链接可以查看并编辑共享的文档。

　　❖ **仅供查看的链接**：使用该链接只能查看共享的文档，不能进行编辑。

　　（3）单击需要创建的链接权限类型（例如，单击"创建编辑链接"按钮），显示相应的链接地址和"复制"按钮，如图 13-22 所示。

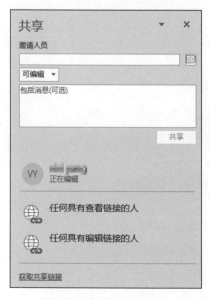

图 13-20　"共享"面板

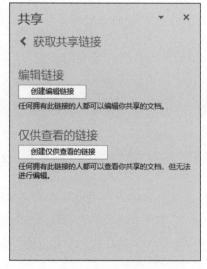

图 13-21　选择访问链接的权限

图 13-22　获取链接

（4）单击"复制"按钮，即可将链接地址复制到剪贴板上。

（5）将链接粘贴到电子邮件或共享链接的任何其他位置。

13.2.3 停止共享

演示文稿的所有者可以通过关闭 OneDrive 中的权限停止共享文件。

（1）打开要停止共享的文件，然后单击菜单功能区右侧的"共享"按钮，打开如图 13-23 所示的"共享"面板。

在面板中可以查看受邀共享当前文档的用户及权限。

（2）在要停止对其共享的用户上右击，在弹出的快捷菜单中选择"删除用户"命令，如图 13-24 所示。

图 13-23 "共享"面板

图 13-24 删除用户

13.2.4 发送电子邮件

如果不想通过共享文档的方式与其他人进行协作处理，可以使用传统的电子邮件将演示文稿的共享链接发送给其他人，并开始审阅过程。

（1）打开要发送的演示文稿。

 注意　演示文稿必须保存在共享位置，且收件人必须有权访问 OneDrive 共享文件夹。

（2）在"文件"菜单选项卡中单击"共享"命令，打开"共享"任务窗格。然后单击"电子邮件"命令，如图 13-25 所示。

（3）单击"发送链接"按钮，在启动的邮件客户端填写收件人邮件地址，并发送。

 注意　如果计算机中没有安装邮件客户端软件，则不能发送邮件。

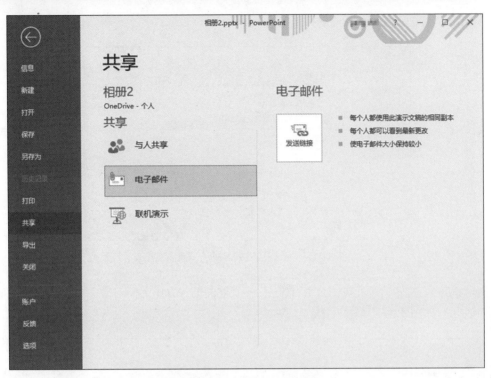

图 13-25 "共享"任务窗格

13.3 在 PPT 中使用 Word 文档

对于绝大多数应用程序创建的对象，可以直接使用"复制"和"粘贴"命令插入到演示文稿中，也可以作为对象嵌入到演示文稿。使用嵌入的对象，有时比使用单独的文件更为方便。

在演示文稿中可以插入一个空白的 Word 文档对象进行编辑，也可以将一个已创建的 Word 文档的内容作为对象插入演示文稿中。下面分别进行介绍。

13.3.1 插入空白的 Word 文档对象

（1）打开要嵌入 Word 对象的幻灯片。

（2）单击"插入"菜单选项卡"文本"区域的"对象"命令按钮，打开如图 13-26 所示的"插入对象"对话框。

图 13-26 "插入对象"对话框

（3）选择插入对象的方式为"新建"，然后在"对象类型"列表框中选择 Microsoft Word Document

或 Microsoft Word 97-2003 Document, 如图 13-27 所示。

图 13-27　选择插入对象的方式和类型

（4）单击"确定"按钮，即可在幻灯片中嵌入一个空白的 Word 文档对象，并显示 Word 的应用程序界面和菜单功能区，如图 13-28 所示。

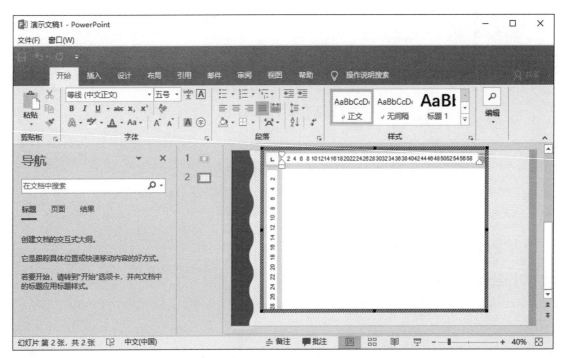

图 13-28　新建一个空白的 Word 文档对象

（5）在打开的 Word 文档对象中编辑内容。编辑完成后，单击幻灯片中的空白区域退出编辑状态，如图 13-29 所示。

在对象内部双击，可进入编辑状态。

如果不希望在幻灯片中直接显示插入的 Word 文档内容，可以在如图 13-27 所示的对话框中选中"显示为图标"复选框，如图 13-30 所示。

默认显示 Microsoft Word 文档图标，单击"更改图标"按钮，可以自定义图标外观。

此时单击"确定"按钮，将启动 Word 应用程序，自动新建一个空白的文档用于编辑文档内容，且文档名称显示为当前演示文稿中的文档，如图 13-31 所示。

编辑完成后，单击 Word 文档右上角的"关闭"按钮，即可关闭 Word 应用程序，返回到幻灯片，如图 13-32 所示。

嵌入的Word文档对象

图 13-29　嵌入的 Word 文档对象

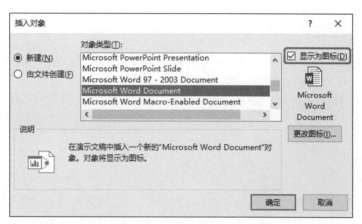

图 13-30　选中"显示为图标"复选框

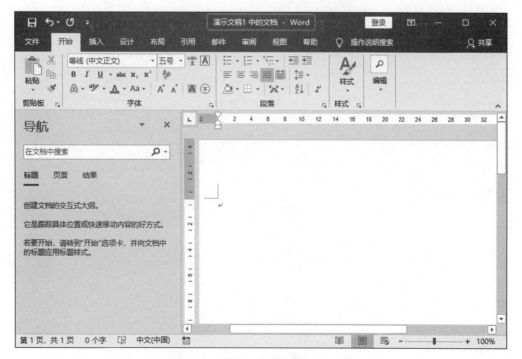

图 13-31　新建一个空白的 Word 文档

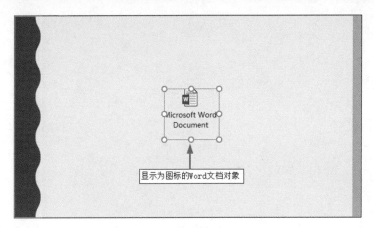

图 13-32　嵌入的对象显示为图标

双击图标，可进入 Word 文档对象的编辑状态。

13.3.2　插入 Word 文档内容

如果已经创建了需要引用的 Word 文档，可以将其内容作为对象插入演示文稿。

（1）打开要嵌入 Word 对象的幻灯片。

（2）单击"插入"菜单选项卡"文本"区域的"对象"命令按钮，在打开的"插入对象"对话框中选择"由文件创建"单选按钮，如图 13-33 所示。

图 13-33　选择"由文件创建"单选按钮

（3）单击"浏览"按钮，在打开的"浏览"对话框中选择要插入的 Word 文档。此时，"插入对象"对话框中的"显示为图标"和"链接"复选框变为可用状态，如图 13-34 所示。

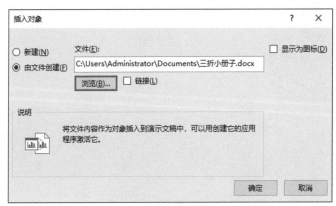

图 13-34　选择要插入的文档

默认情况下，插入的文档内容直接显示在幻灯片上。如果选中"显示为图标"复选框，则插入的对象以图标形式显示。

值得一提的是，这里如果选中"链接"复选框，在其他应用程序中编辑文档后，演示文稿中插入的相应对象也会自动更新。

（4）单击"确定"按钮，即可在当前幻灯片中插入指定的文档内容，如图 13-35 所示。

图 13-35　插入已创建的文档内容

（5）双击可以激活 Word 应用程序编辑文件内容，如图 13-36 所示。编辑完成后，单击幻灯片中的空白区域退出编辑状态。

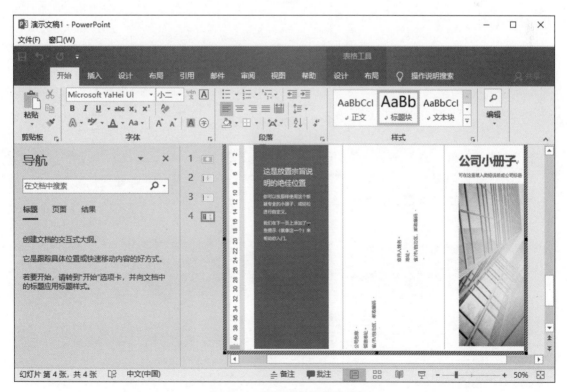

图 13-36　编辑插入的文档对象

上机练习——查看年度工作总结

　　某企业进行年度工作总结时，要了解各部门的年度工作情况。一个简单的方法是将各个部门的工作总结嵌入到一页幻灯片中，方便主管查阅。

　　　　本节练习在幻灯片中插入 Word 文档对象。通过对操作步骤的详细讲解，可以使读者进一步掌握在演示文稿中嵌入 Word 文档，以及更改文档图标和标题的操作方法。

13-1　上机练习——查看年度工作总结

　　　　首先在幻灯片中嵌入对象，并将对象显示为图标；然后修改文档对象的图标和显示标题；最后为文档图标对象添加鼠标单击或经过时的动作。

　　（1）打开要插入员工工作总结的幻灯片，如图 13-37 所示。

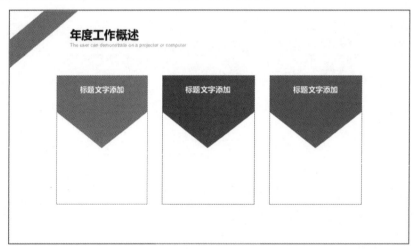

图 13-37　幻灯片初始效果

　　（2）单击文本占位符，输入各部门的名称，效果如图 13-38 所示。

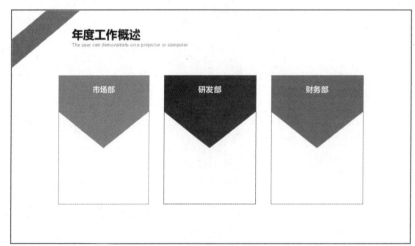

图 13-38　输入部门名称

　　（3）单击"插入"菜单选项卡"文本"区域的"对象"命令，在打开的"插入对象"对话框中选择"由文件创建"单选按钮,并单击"浏览"按钮选择已创建的一个 Word 文档。然后选中"显示为图标"复选框,如图 13-39 所示。

将文档对象显示为图标时,默认在 Word 文档的图标下显示标题"Microsoft Word 文档",用户可以根据设计需要进行修改。

(4)单击"更改图标"按钮,在打开的"更改图标"对话框中选择图标;在"标题"文本框中自定义插入对象的显示标题,如图 13-40 所示。

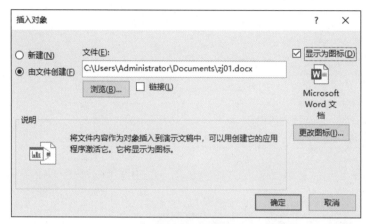

图 13-39 设置"插入对象"对话框

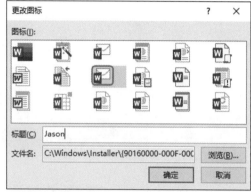

图 13-40 "更改图标"对话框

如果图标列表中没有合适的图标,可以制作或下载图标文件(.ico),然后单击"更改图标"对话框中的"浏览"按钮,使用指定的图标。

(5)单击"确定"按钮返回"插入对象"对话框。单击"确定"按钮关闭对话框,即可在幻灯片中插入文档对象。调整图标大小和位置之后的效果如图 13-41 所示。

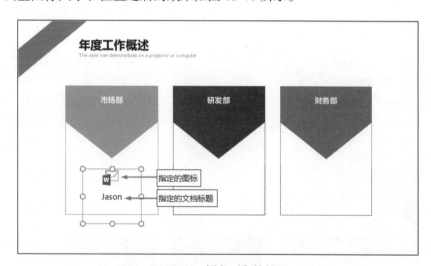

图 13-41 插入对象的效果

(6)重复第(3)~(5)步的操作,插入其他部门的工作总结。然后调整图标的位置,借助智能参考线对齐图标,效果如图 13-42 所示。

为使幻灯片页面效果更丰富有趣,可以添加各部门汇报人的头像。

(7)单击"插入"菜单选项卡中的"图片"命令按钮,在打开的"插入图片"对话框中选择图片,然后单击"插入"按钮关闭对话框,效果如图 13-43 所示。

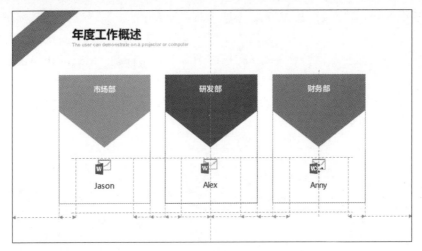

图 13-42　对齐插入的图标

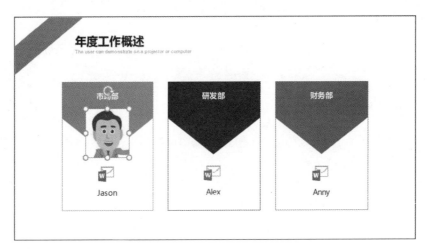

图 13-43　插入图片

接下来裁剪图片，做成头像，以增强图片表现力。

（8）选中插入的图片，单击"图片工具格式"菜单选项卡中的"裁剪"命令按钮，在弹出的下拉菜单中选择"裁剪为形状"命令，然后在级联菜单中选择"流程图：接点"形状。调整图片大小和位置后的效果如图 13-44 所示。

图 13-44　裁剪图片为形状的效果

> **提示：** 裁剪后的图片通常不是圆形的，除非图片的长度和宽度相同。如果要将任意一幅图片裁剪为圆形，可将图片裁剪为椭圆形以后，单击"裁剪"命令按钮，在弹出的下拉菜单中选择"纵横比"命令，然后在级联菜单中选择"1：1"，如图13-45所示。

（9）重复第（7）步和第（8）步的操作，制作其他头像，并对齐图片，效果如图13-46所示。

图 13-45　设置图片纵横比

图 13-46　图片裁剪、对齐的效果

此时，在 PowerPoint 编辑窗口中双击插入的 Word 文档对象图标，可启动 Word 应用程序查看文档内容，但在放映时不能查看文档内容，这显然与制作幻灯片的初衷不符。接下来通过添加动作，实现在放映时查看 Word 文档的效果。

（10）选中一个插入的文档对象图标，单击"插入"菜单选项卡"链接"区域的"动作"命令按钮，打开"操作设置"对话框。在"单击鼠标"选项卡中选择"对象动作"单选按钮，然后在下拉列表框中选择"打开"选项，如图13-47所示。

（11）切换到"鼠标悬停"选项卡，选中"播放声音"复选框，然后在声音列表中选择"鼓掌"选项，如图13-48所示。然后单击"确定"按钮关闭对话框。

图 13-47　设置单击鼠标时的动作

图 13-48　设置鼠标移过时的声音效果

（12）重复第（10）步和第（11）步的操作，为其他对象图标添加鼠标单击和经过时的动作。

至此，幻灯片制作完成。单击状态栏上的"阅读视图"按钮，可以查看放映效果，如图 13-49 所示。将鼠标指针移动到文档对象图标上时，鼠标指针显示为手形；单击鼠标，则启动 Word 应用程序显示对应的文档内容。

图 13-49　预览幻灯片的放映效果

13.4　在 PPT 中使用 Excel 表格

在演示文稿中可以插入 Excel 工作表、图表等多种文档对象，方法与插入 Word 文档对象的方法类似。

（1）打开要嵌入 Excel 文档对象的幻灯片。

（2）单击"插入"菜单选项卡"文本"区域的"对象"命令按钮，在打开的"插入对象"对话框中选择插入文档对象的方式。

（3）单击"确定"按钮，即可插入一个空白的 Excel 工作表，或已创建的 Excel 文件，如图 13-50 所示。

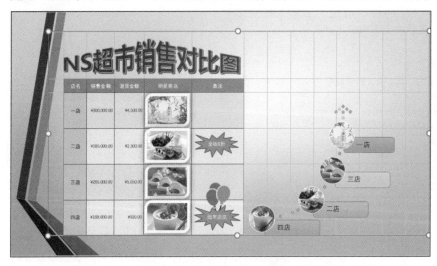

图 13-50　由 Excel 文件创建对象

（4）双击插入的文档对象，可进入 Excel 文件编辑状态；单击幻灯片的空白区域，退出编辑状态。

此外，使用"插入"菜单选项卡的"表格"下拉菜单，也可以在幻灯片中嵌入一个空白的 Excel 电子表格对象。

（1）切换到"普通"视图或"大纲"视图。

（2）单击"插入"菜单选项卡"表格"区域的"表格"下拉按钮，在下拉菜单底部可以看到"Excel 电子表格"命令，如图 13-51 所示。

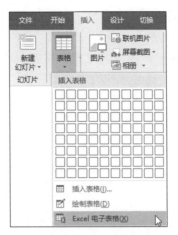

图 13-51 "Excel 电子表格"命令

（3）单击"Excel 电子表格"命令，即可嵌入功能强大的 Excel 电子表格，并进入编辑状态，如图 13-52 所示。

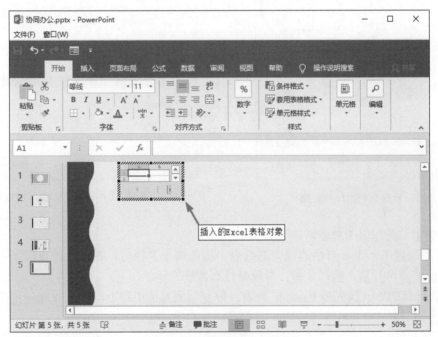

图 13-52 插入 Excel 电子表格

（4）调整 Excel 表格对象的大小后，编辑表格数据。完成后，单击幻灯片的空白区域退出编辑状态。

答 疑 解 惑

1. 如何在幻灯片中插入 Word 文档或 Excel 文档，在演示时单击打开？

答：可以将插入的文档对象显示为一个图标，单击后打开对应的文档。步骤如下：

（1）单击"插入"菜单选项卡"文本"区域的"对象"命令按钮，在打开的"插入对象"对话框中选择"由文件创建"单选按钮。

（2）单击"浏览"按钮选择要插入的文档对象后，选中"显示为图标"复选框。

（3）单击"更改图标"按钮，在如图 13-53 所示的"更改图标"对话框中选择图标，并修改文档标题，否则图标下方显示默认的标题。

（4）单击"确定"按钮关闭对话框。

如果插入图标后要修改图标或标题，可以在图标上右击，在弹出的快捷菜单中选择"文档对象"级联菜单中的"转换"命令，在打开的"转换"对话框中单击"更改图标"按钮。

此时，在编辑状态下可以单击图标打开嵌入的文档，在演示状态下单击则会进入下一步或下一页幻灯片。要想在演示状态下单击打开对象，还必须执行下面的操作。

（5）选中插入的图标，单击"插入"菜单选项卡"链接"区域的"动作"命令按钮，在打开的"操作设置"对话框中，设置单击鼠标时的动作为"对象动作"，然后在下拉列表框中选择"打开"选项，如图 13-54 所示。

图 13-53　修改文档图标和标题

图 13-54　"操作设置"对话框

（6）单击"确定"按钮关闭对话框。

2．在 Excel 中创建了一个 6 月份的展会汇总表，插入演示文稿后，在本地计算机上可以打开，但复制到其他计算机上无法打开插入的汇总表，可能是什么原因？

答：可能是以链接的方式插入的 Excel 汇总表，但复制到其他机器上时没有复制链接的文件，或链接文件的相对路径不对。

学习效果自测

一、选择题

1.下列有关保护演示文稿的说法，正确的是（　　　）。

　　A.文档保护密码最多可以包含 255 个字母、数字、空格和符号，且不区分大小写

　　B.如果丢失或忘记了密码，可以解除文档的密码保护

　　C.将演示文稿标记为最终状态后，其他用户不能编辑

　　D.标记为最终状态，是指将演示文稿设置为只读模式

2. 下列关于共享演示文稿的说法，正确的是（　　　　）。

　　A. 使用 Microsoft 账户不能登录 OneDrive

　　B. 在 OneDrive 中共享的文件是本地计算机上存储的原始文件

　　C. 获取编辑链接的受邀用户可编辑共享的文档

　　D. 使用电子邮件共享的演示文稿不需要保存在共享位置

3. 在 PowerPoint 2019 中，不能作为演示文稿的插入对象的是（　　　　）。

　　A. 图表　　　　　　　　　　　　　　B. Excel 工作簿

　　C. 图像文件　　　　　　　　　　　　D. Windows 操作系统

4. 下列说法中，不正确的是（　　　　）。

　　A. 声音文件只能作为链接插入

　　B. 可以将 Excel 工作簿作为链接对象插入到幻灯片中，在 Excel 中更新这些数据时，演示文稿也随之更新

　　C. 在幻灯片演示中选择一个超链接后，按 Tab 键可选择下一个超链接

　　D. 使用链接文件能减小演示文稿所占的磁盘空间

二、填空题

1. 在 PowerPoint 2019 中，如果要通过发送电子邮件的方式与他人共享演示文稿，则演示文稿必须保存在＿＿＿＿＿＿＿＿＿＿。

2. 将演示文稿设置为只读，且不能进行更改的文档保护方式是＿＿＿＿＿＿＿＿＿＿＿＿＿＿。

3. 将演示文稿标记为最终版本，并将其设为只读，禁用输入、编辑命令的保护方式是＿＿＿＿＿＿＿＿＿＿。

4. OneDrive 是微软针对 PC 和手机等设备推出的一项＿＿＿＿＿＿＿＿服务。

5. 使用共享链接邀请其他用户审阅演示文稿时，可以设置两种受邀用户使用共享文档的权限，分别是＿＿＿＿＿＿＿＿和＿＿＿＿＿＿＿＿。

三、操作题

1. 打开一个完成的演示文稿，设置密码保护。

2. 将演示文稿保存到 OneDrive，然后共享给两个用户，一个可以编辑文档，一个只能查看文档。

3. 在 PowerPoint 2019 中嵌入一个已制作好的 Word 文档，并格式化 Word 文档。

4. 在 PowerPoint 2019 中插入一张 Excel 工作表，在 Excel 中编辑工作表时，幻灯片中的表格内容能自动更新。

第 14 章

发布与打印

本章导读

　　在如今数字化和网络化的媒介环境中，编排好的演示文稿除了可以原本的 .pptx 文件格式在电子设备和网络中进行发布，还可以转换为 Word 形式的大纲或讲义、PDF/XPS 文档、视频或 CD 等多种广泛应用的电子文档阅读、分发格式，满足不同用户的需求。

　　如果在备注页上精心准备了演讲词，正确、高效地打印备注讲义，不仅能避免纸张和打印耗材的浪费，方便携带，而且有助于记忆讲稿内容。

学习要点

❖ 掌握发布演示文稿常用的几种方式
❖ 掌握打印范围和内容的设置方法
❖ 掌握打印讲义、备注的方法

14.1 发布演示文稿

PowerPoint 2019 提供了多种输出演示文稿的方式，可以将其中的幻灯片、讲义、备注页，以及大纲等内容以不同的格式导出，以便分发给其他用户，或辅助演示。

14.1.1 导出为大纲文件

将演示文稿导出为大纲文件，可作为讲义辅助演讲。

（1）打开要导出为大纲文件的演示文稿。

（2）单击"文件"菜单选项卡上的"另存为"命令，在打开的"另存为"任务窗格中选择存储的位置，弹出"另存为"对话框。

（3）浏览到要保存文件的目录，在"保存类型"下拉列表框中选择"大纲 /RTF 文件"，如图 14-1 所示。

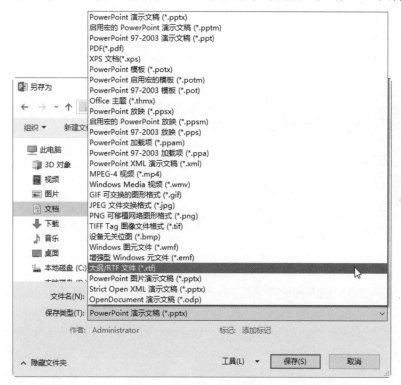

图 14-1 选择保存类型

（4）输入文件名称，然后单击"保存"按钮。

如果用户更习惯使用 Word 文档，可将 RTF 文档另存为 Word 文档。

> 如果直接将演示文稿导出为 Word 文档，只能转换占位符中输入的文本，而不能转换文本框中的文本。

14.1.2 创建 PDF/XPS 文档

将演示文稿创建为 PDF 或 XPS 文档，不仅可以保留布局、格式、字体和图像等页面元素，而且还能避免他人更改演示文稿。

❖ **PDF（Portable Document Format，便携式文件格式）**：是 Adobe 公司用于文件存储与分发而发展出的一种文件格式。它的优点在于跨平台，能保留文件原有格式，适宜网络传输、共享和打印。

利用免费提供的 Adobe Acrobat Reader 软件，或安装了 Adobe Reader 插件的网络浏览器即可阅读 PDF 文档。

❖ **XPS（XML Paper Specification，XML 文件规格书）**：是微软公司开发的一种文档保存与查看的规范。可以使用任何能够在 Windows 中进行打印的程序创建 XPS 文档（.xps 文件）；但是只能使用免费提供的 Viewer 阅读器查看 XPS 文档。

（1）打开要创建为 PDF 文档的演示文稿，在"文件"菜单选项卡上单击"导出"命令。然后在打开的"导出"任务窗格中单击"创建 PDF/XPS 文档"命令，如图 14-2 所示。

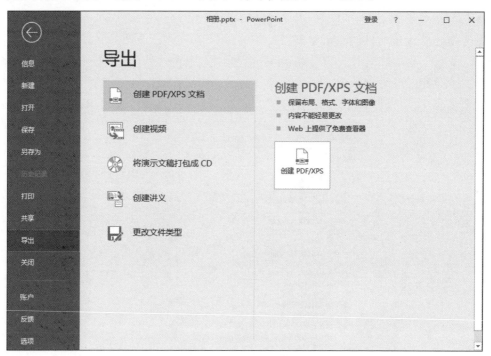

图 14-2 "导出"任务窗格

（2）单击"导出"任务窗格右侧的"创建 PDF/XPS"按钮，打开"发布为 PDF 或 XPS"对话框，如图 14-3 所示。

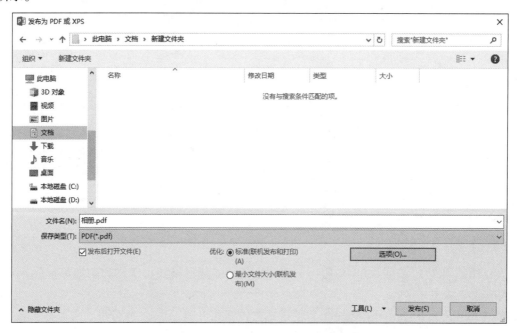

图 14-3 "发布为 PDF 或 XPS"对话框

（3）浏览到要保存文件的目录之后，在"文件名"文本框中输入保存的文件名称；在"保存类型"下拉列表框中选择发布的文件类型。

（4）单击"选项"按钮，打开如图14-4所示的"选项"对话框。可以设置要创建为PDF或XPS文档的幻灯片范围，以及发布选项。

（5）设置完成后，单击"确定"按钮返回"发布为PDF或XPS"对话框。然后单击"发布"按钮，开始创建文档。

创建完成后，默认自动启动相应的阅读器查看创建的文档。

14.1.3　保存为自动放映文件

将演示文稿保存为自动放映文件，无须打开PowerPoint，双击即可直接进入幻灯片放映界面，且无法切换到编辑模式。这在一定程度上可以保护演示文稿不被他人修改。

（1）打开演示文稿，在"文件"菜单选项卡中单击"另存为"命令，打开"另存为"任务窗格。

（2）选择保存文件的位置，在弹出的"另存为"对话框中输入文件名称，然后在"保存类型"下拉列表框中选择"PowerPoint放映（*.ppsx）"选项，如图14-5所示。

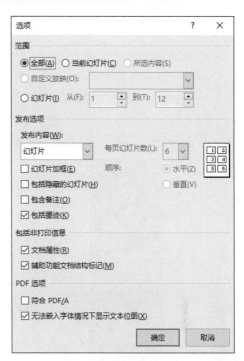

图14-4　"选项"对话框

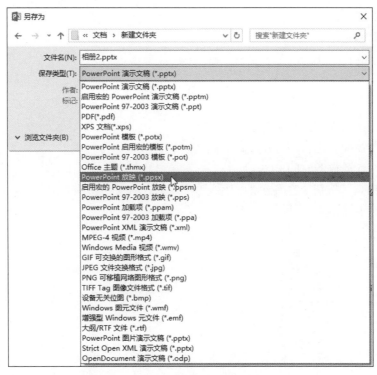

图14-5　选择保存类型

（3）单击"保存"按钮。

在保存文件的目录下双击保存的放映文件，即可开始自动放映。

注意　将自动放映文件复制到其他计算机上进行放映时，应将演示文稿链接的音频、视频等文件一起复制，且放置在同一个文件夹中。否则，放映文件时，链接的内容可能无法显示。

14.1.4　创建为视频

　　将演示文稿保存为视频文件，可以将演示文稿上传到网络，或通过电子邮件发送给他人。即使对方的计算机上没有安装 PowerPoint，也能流畅地观看演示效果。创建的视频还可包含所有录制的计时、旁白、墨迹笔划和激光笔势，并保留动画效果和切换效果，以及插入的音频和视频等媒体对象。

　　（1）打开要创建为视频的演示文稿，在"文件"菜单选项卡上单击"导出"命令。然后在打开的"导出"任务窗格中单击"创建视频"命令，如图 14-6 所示。

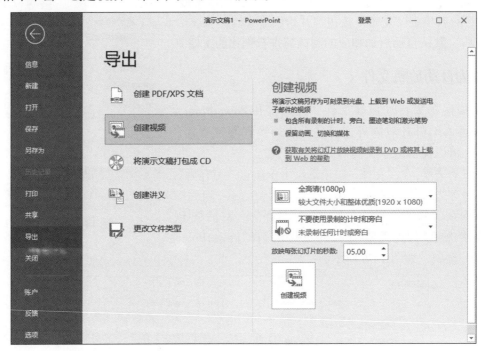

图 14-6　"导出"任务窗格

　　（2）选择生成的视频文件的大小和分辨率。

　　（3）根据需要选择视频中是否包含录制的计时和旁白。

　　（4）设置每张幻灯片播放的时间。

　　（5）单击"创建视频"按钮，在弹出的"另存为"对话框中指定视频格式（.mp4 或 .wmv），然后输入视频名称，如图 14-7 所示。

图 14-7　"另存为"对话框

（6）单击"保存"按钮关闭对话框。

14.1.5 打包成 CD

将演示文稿打包成 CD，是指将整个演示文档和与之链接的文件一起输出，以便在没有安装演示文稿中特有的字体，或没有安装 PowerPoint 的计算机上观看演示文稿。

（1）打开要打包的演示文稿，在"文件"菜单选项卡上单击"导出"命令。然后在打开的"导出"任务窗格中单击"将演示文稿打包成 CD"命令，如图 14-8 所示。

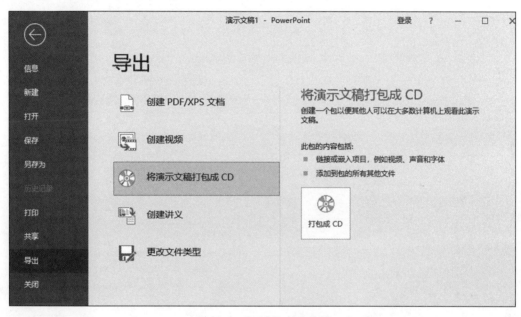

图 14-8 "导出"任务窗格

（2）单击"打包成 CD"命令，弹出如图 14-9 所示的"打包成 CD"对话框。

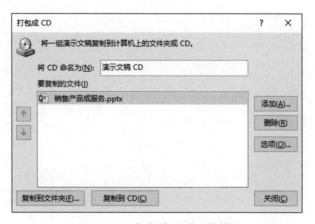

图 14-9 "打包成 CD"对话框

（3）单击"添加"按钮，打开如图 14-10 所示的"添加文件"对话框，可以再添加其他的演示文稿。添加完成后，单击"打开"按钮返回"打包成 CD"对话框。

（4）单击"选项"按钮，打开如图 14-11 所示的"选项"对话框。在这里可以设置打包文件的内容，如可以设置密码保护文件。设置完成后，单击"确定"按钮返回"打包成 CD"对话框。

（5）单击"复制到文件夹"按钮，弹出如图 14-12 所示的对话框，可以设置文件夹名称和保存位置。单击"确定"按钮开始复制文件。

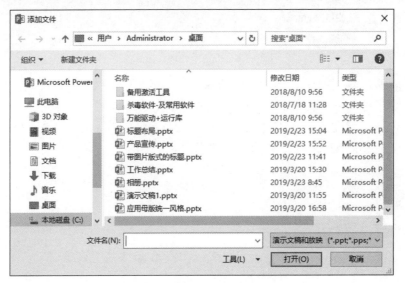

图 14-10 "添加文件"对话框

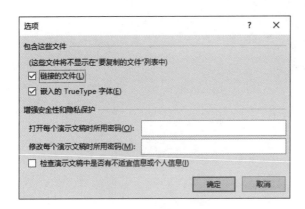

图 14-11 "选项"对话框

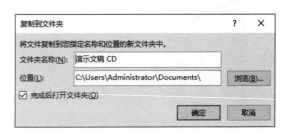

图 14-12 "复制到文件夹"对话框

复制完成后，在指定目录下可以看到如图 14-13 所示的文件夹，其中包含要保存的演示文稿和其他一些自带文件。

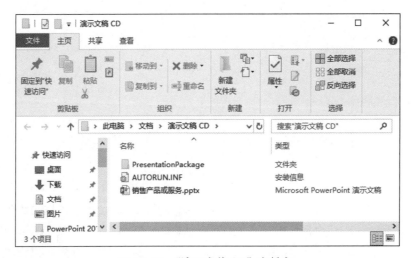

图 14-13 "演示文稿 CD"文件夹

（6）在"打包成 CD"对话框中单击"复制到 CD"按钮，弹出如图 14-14 所示的提示对话框，选择打包演示文档是否要包含链接文件和字体文件。单击"是"按钮，即可直接在刻录机上开始刻录 CD。

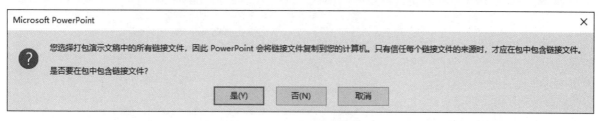

图 14-14　提示对话框

 注意　　打包应包含链接文件，否则，在新的运行环境下，超链接找不到外部链接文件。如果在演示文稿中使用了一种特殊的或不常用的字体，最好嵌入这种字体，以免影响演示效果。

14.1.6　创建讲义

在 PowerPoint 中创建讲义，不用逐张复制、粘贴幻灯片和备注内容，就可创建一个包含演示文档中的幻灯片和备注的 Word 文档，用作讲义或者其他用途，不仅方便阅读，还容易预览和打印。创建讲义后，还可以使用 Word 设置文档格式以及布局，或者编辑文档内容。

（1）打开需要创建讲义的演示文稿，单击"文件"菜单选项卡中的"导出"命令，在"导出"任务窗格中单击"创建讲义"命令，然后单击右侧的"创建讲义"按钮，如图 14-15 所示。

（2）在如图 14-16 所示的"发送到 Microsoft Word"对话框中设置讲义的页面布局，然后选择将幻灯片添加到文档中的方式。

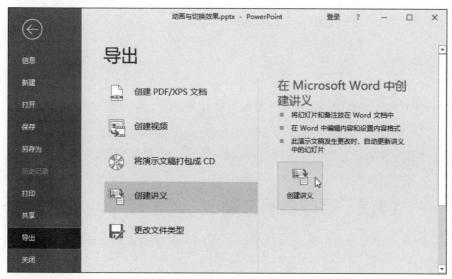

图 14-15　"导出"任务窗格

图 14-16　"发送到 Microsoft Word"对话框

❖ **粘贴**：将幻灯片作为对象嵌入到 Word 文档中，原始演示文稿中的内容更新时，讲义保持不变。

❖ **粘贴链接**：将幻灯片作为对象嵌入到 Word 文档中，原始演示文稿中的内容更新时，讲义也随之自动更新。

（3）单击"确定"按钮，将启动 Word 应用程序创建一个 Word 文档讲义，包含每张幻灯片的编号、页面和备注内容。

例如，版式为"备注在幻灯片下"的讲义如图 14-17 所示。

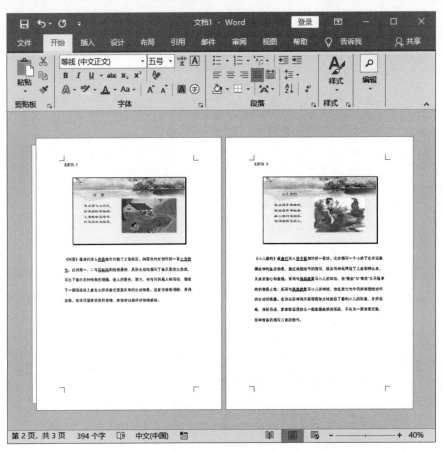

图 14-17　创建的讲义

提示：　　将演示文稿导出到 Word 的过程会占用大量内存。如果导出过程中显示错误消息 "PowerPoint 无法写入 Microsoft Word"，可以尝试重新启动计算机后，仅打开 PowerPoint 重试 该过程。

（4）对创建好的讲义，可以像其他 Word 文档一样进行修改、编辑，完成之后保存即可。

14.2　打印演示文稿

打印演示文稿是将演示文档的大纲和备注页打印出来供演讲者使用，对于想要把握演示内容的人来说，不仅言简意赅，还图文并茂。

打开要打印的演示文稿后，单击"文件"菜单选项卡中的"打印"命令，打开如图 14-18 所示的"打印"任务窗格。

14.2.1　页面设置

本节所说的页面设置，是指自定义打印幻灯片所用的纸张大小、方向和打印质量，并非指幻灯片的页面设置。幻灯片的大小和方向应在建立演示文稿之初就确定。

（1）在如图 14-18 所示的"打印"任务窗格中单击"打印机属性"命令，在弹出的对话框中可以设置打印方向，如图 14-19 所示。

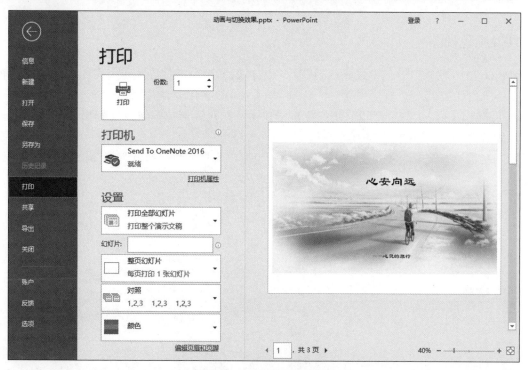

图 14-18 "打印"任务窗格

提示：

添加的打印机不同，打开的对话框及选项也会有所不同。

（2）单击"高级"按钮，在弹出的对话框中可以设置纸张规格、打印的份数和图形的打印质量，如图 14-20 所示。

图 14-19 设置打印方向

图 14-20 设置纸张规格

（3）设置完毕，单击"确定"按钮关闭对话框。

14.2.2　切换颜色视图

PowerPoint 2019 默认以全色模式显示幻灯片，它提供了切换彩色视图与黑白视图的功能，能让设计者事先感受一下打印效果。

（1）在如图 14-18 所示的"打印"任务窗格中单击"颜色"下拉按钮，在弹出的下拉列表框中可以设置幻灯片的颜色效果，如图 14-21 所示。

在"视图"菜单选项卡的"颜色 / 灰度"区域，也可以切换颜色效果，如图 14-22 所示。

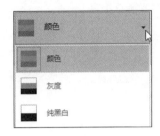

图 14-21　"颜色"下拉列表框

图 14-22　"颜色 / 灰度"工具按钮

 注意　　通常，演示文稿设置有背景，打印时最好选择"灰度"或"纯黑白"模式，以免影响打印效果。当然，如果采用彩色打印的话，就另当别论了。

（2）选择"灰度"命令，默认以白底显示幻灯片，并打开"灰度"菜单选项卡，如图 14-23 所示。

图 14-23　灰度模式默认的显示效果

使用"灰度"菜单选项卡可以指定幻灯片中的对象转换为灰度的方式。例如，将背景以"黑中带灰"的方式转换为灰度模式的效果如图 14-24 所示。

（3）单击"返回颜色视图"按钮，可返回默认的全色显示模式。

（4）选择"黑白模式"命令，切换到黑白视图查看演示文稿，如图 14-25 所示，并打开"黑白模式"菜单选项卡，可以自定义幻灯片中的对象转换为黑白模式的方式。

图 14-24　背景"黑中带灰"的灰度模式效果

图 14-25　"黑白模式"的默认效果

（5）单击"返回颜色视图"按钮，可返回默认的全色显示模式。

14.2.3　设置打印范围

打印演示文稿时，默认打印整个演示文稿中的所有幻灯片。用户可以设置仅打印选中的幻灯片、仅打印当前幻灯片，或者通过输入幻灯片编号指定打印范围。

在"打印"任务窗格中单击"设置"列表中的第一个下拉按钮，在弹出的下拉列表框中可以设置幻灯片的打印范围，如图 14-26 所示。

❖ **打印全部幻灯片**：打印当前演示文稿中的所有幻灯片。

❖ **打印选定区域**：仅打印在幻灯片编辑视图中选定的多张幻灯片。

❖ **打印当前幻灯片**：仅打印显示在预览窗格中的当前幻灯片。

❖ **自定义范围**：选择该选项后，在下方的"幻灯片"文本框中输入要打印的幻灯片编号或范围，如
图 14-27 所示。

图 14-26 打印范围列表

图 14-27 自定义打印范围

多个幻灯片编号之间以英文逗号分隔；打印范围使用短横线（-）分隔。

❖ **打印隐藏幻灯片**：如果在演示文稿中隐藏了某些幻灯片，该选项可用。默认情况下打印隐藏的幻
灯片，单击该命令，则不打印。

14.2.4 设置打印版式

默认情况下，每页仅打印一张幻灯片。用户可以根据需要打印带备注的幻灯片、演示文稿大纲或讲义，
甚至可以打印演示文稿中的批注和墨迹。

（1）在"打印"任务窗格中单击"设置"列表中的第二个下拉按钮，在弹出的下拉列表中可以设置
幻灯片的打印版式，如图 14-28 所示。

（2）单击需要的打印版式。

各种版式的效果可通过单击对应的选项查看。例如，默认的"整页幻灯片"打印效果如图 14-29 所示；
"备注页"的打印效果如图 14-30 所示。

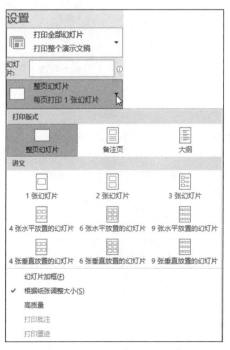

图 14-28 打印版式下拉列表

图 14-30 "备注页"效果

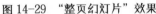

图 14-29 "整页幻灯片"效果

提示: 在打印幻灯片、备注页和大纲时,建议不要选中"幻灯片加框"选项,而是选中"根据纸张调整大小"选项。在打印讲义时,选中"幻灯片加框"选项,以区分各张幻灯片。

(3)设置打印份数后,单击"打印"按钮。

答 疑 解 惑

1. 想要将演示文稿中的幻灯片作为图片插入到其他应用程序中,如果逐张截图不仅花费时间,而且影响分辨率,有没有快捷的处理方法?

答:PowerPoint 2019 可以将演示文稿直接导出为多种格式的图片。

(1)打开演示文稿,在"文件"菜单选项卡中单击"另存为"命令。

(2)在"另存为"窗格中选择保存图片的位置,弹出"另存为"对话框。

(3)在"保存类型"下拉列表框中选择需要的图片格式,如图 14-31 所示。

(4)输入保存的文件名称后,单击"保存"按钮,弹出一个对话框,询问要导出哪些幻灯片。可以导出演示文稿中的所有幻灯片,也可以仅导出当前幻灯片,或者取消导出图片。

(5)选择导出的幻灯片范围之后,即可在指定的位置生成一个以文件名称命名的文件夹,演示文稿中的每张幻灯片都以指定的图片格式保存在其中。

2. 如果要以相同的方式打印多个演示文稿,一个一个地进行页面和版式设置很麻烦。有没有好的办法可以批量打印演示文稿?

答:如果要经常进行相同的打印设置,可以将其设置为默认的打印方式。

(1)单击"文件"菜单选项卡中的"选项"命令,打开"PowerPoint 选项"对话框。

(2)切换到"高级"分类,在"打印此文档时"区域选择"使用以下打印设置"单选按钮,然后设置相关的选项。

(3)单击"确定"按钮关闭对话框。

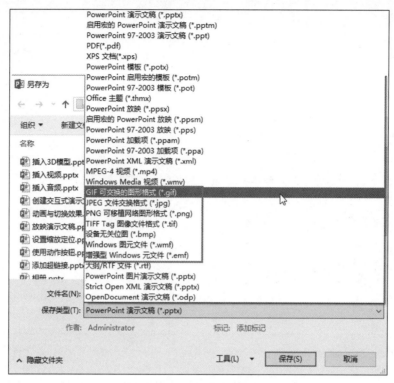

图 14-31　选择图片格式

学习效果测试

一、选择题

1. 在 PowerPoint 2019 中，对于已创建的多媒体演示文稿，可以用（　　　）命令转移到其他没有安装 PowerPoint 的计算机上放映。

　　A. 将演示文稿打包成 CD　　　　　　　　　　B. 与人共享

　　C. 复制　　　　　　　　　　　　　　　　　　D. 设置幻灯片放映

2. 在 PowerPoint 2019 中，使用快捷键（　　　）可将幻灯片从打印机输出。

　　A. Shift + P　　　　　　B. Shift + L　　　　　　C. Ctrl + P　　　　　　D. Alt + P

3. 在 PowerPoint 2019 中，设置每张纸打印三张讲义，打印的结果是幻灯片按（　　　）的方式排列。

　　A. 从左到右顺序放置三张讲义

　　B. 从上到下顺序放置在居中

　　C. 从上到下顺序放置在左侧，右侧为注释空间

　　D. 从上到下顺序放置在右侧，左侧为注释空间

4. 下面关于打印幻灯片的叙述中，正确的是（　　　）。

　　A. 选择"打印全部幻灯片"，将打印选中的所有幻灯片

　　B. 选择"打印选定区域"，仅打印当前幻灯片中选定的内容

　　C. 选择"自定义范围"，可打印指定编号的幻灯片

　　D. 不可以打印隐藏的幻灯片

5. 在 PowerPoint 2019 中，使用"幻灯片大小"对话框可以设置幻灯片的（　　　）。

　　A. 大小、颜色、方向、起始编号

　　B. 大小、宽度、高度、起始编号、方向

　　C. 大小、页眉页脚、起始编号、方向

　　D. 宽度、高度、打印范围、介质类型、方向

6. 将演示文稿保存为图片格式时，会出现（　　）的情况。

　　A. 仅第一张幻灯片可以保存

　　B. 可以保存每一张幻灯片，但只能保存在子文件夹中

　　C. 可以保存每一张幻灯片，但必须保存在 C:\My Documents 下

　　D. 提示保存哪一张幻灯片

7. 对于将演示文稿打包成 CD，不正确的说法是（　　）。

　　A. 可在未安装 PowerPoint 的计算机上播放演示文稿

　　B. 打包时可包含演示文稿中用到的字体、多媒体文件等

　　C. 如果计算机上没有光盘刻录机，则无法打包

　　D. 使用 PowerPoint 2019 打包到 CD 时，能直接刻录到光盘上

8. 如果希望公司所有员工都能在线观看制作的演示文稿"管理规范"，而不论他们的计算机上是否安装了 PowerPoint，可采用（　　）方法。

　　A. 使用联机演示

　　B. 保存为自动放映文件

　　C. 将演示文稿文件放到公司网站供员工下载观看

　　D. 将演示文稿文件打包成 CD

9. 假设演示文稿已准备就绪，但是不知道用来进行演示的计算机是否安装了 PowerPoint。以下比较安全的方法是（　　）？

　　A. 将演示文稿另存为自动放映文件　　　　B. 将放映方式设置为"在展台浏览"

　　C. 将演示文稿导出为视频　　　　　　　　D. 保存为 PDF 文档

10. 将演示文稿打包时，包含的内容不包括（　　）。

　　A. PowerPoint 演示文稿　　　　　　　　B. TrueType 字体

　　C. 链接的文件　　　　　　　　　　　　D. PowerPoint 程序

11. 在 PowerPoint 2019 中打印幻灯片时，以下不正确的说法是（　　）。

　　A. 可以打印备注

　　B. 可以在每页纸上打印多张幻灯片

　　C. 打印出来的幻灯片带有边框，无法去除

　　D. 可以定义讲义母版，添加页眉、页脚等信息

12. 如果希望在 PowerPoint 2019 中制作的演示文稿能在 PowerPoint 较低版本中放映，必须将演示文稿的保存类型设置为（　　）。

　　A. PowerPoint 演示文稿（*. pptx）　　　　B. PowerPoint 97-2003 演示文稿（*. ppt）

　　C. XPS 文档（*. xps）　　　　　　　　　D. Windows Media 视频（*. wmv）

13. 下列幻灯片元素中，无法打印输出的是（　　）。

　　A. 幻灯片图片　　　　　　　　　　　　B. 幻灯片动画

　　C. 母版设置的企业 Logo　　　　　　　　D. 幻灯片

二、填空题

1. 将演示文稿保存为 _____，以后只要打开该文件便自动进入放映状态，而且该文件是不可编辑的。

2. PowerPoint 2019 可以用 _____、_____和_____ 三种颜色模式打印演示文稿。

3. 创建讲义时，将幻灯片添加到 Word 的方式设置为_____，则原始演示文稿中的内容更新时，讲义也随之自动更新。

4. 发布演示文稿时，将演示文稿_____，可包含所有录制的计时、旁白、墨迹笔划和激光笔势，并保留动画效果和切换效果，以及插入的音频和视频等媒体对象。

5. 打印隐藏幻灯片：如果不希望打印演示文稿中隐藏的某些幻灯片，可以在"打印内容"下拉列表框中取消选中"_____"复选框。

三、操作题

1. 将已经制作好的演示文稿制作成高清视频，并使用录制的计时和旁白。

2. 将演示文稿导出为大纲文件。

3. 打开一个制作好的演示文稿，使用灰度模式横向打印幻灯片，每页打印三张幻灯片。

部分参考答案

第 1 章

一、选择题

1. C   2. A   3. ACD   4. C   5. A

第 2 章

一、选择题

1. D   2. C   3. B   4. B   5. C   6. B   7. D   8. C   9. A   10. AB   11. AD
12. A   13. A

二、填空题

1. 普通   大纲   幻灯片浏览   备注页   阅读
2. 标题栏   快速访问工具栏   菜单功能区   文档编辑窗口   状态栏
3. 所有幻灯片的缩略图   当前选中的幻灯片
4. 缩略图
5. 普通视图

第 3 章

一、选择题

1. B   2. D   3. C   4. D   5. B   6. B   7. A   8. C   9. B   10. D   11. C

二、判断题

1. ×   2. √   3. ×

第 4 章

一、选择题

1. B   2. B   3. B   4. C   5. D

第 5 章

一、选择题

1. A   2. D   3. C   4. C   5. B   6. D   7. D   8. D   9. C   10. B   11. C

12. AC   13. BCD   14. D   15. D   16. BD   17. D   18. D   19. B

二、填空题

1. 幻灯片母版

2. 应用到全部

3. 标题区   对象区   日期区   页脚区   编号区

4. 幻灯片母版   讲义母版   备注母版

5. 开始   幻灯片   重置

第 6 章

一、选择题

1. A   2. C   3. D   4. B   5. B   6. B   7. C   8. B   9. B   10. C   11. B   12. B

13. D   14. B   15. A

二、填空题

1. 占位符

2. Tab

3. 文本框   形状

4. 项目符号   编号

5. 占位符   文本框

第 7 章

一、选择题

1. D   2. D   3. D   4. D   5. D   6. C

二、填空题

1. 大小   默认大小

2. 编辑文字

3. 文本窗格

4. 不会影响   填充颜色   轮廓样式

5. .fbx   .obj   .3mf   .ply   .stl   .glb

第 8 章

一、选择题

1. D   2. C   3. B   4. A   5. C   6. A   7. A   8. D   9. C   10. C

二、填空题

1. 行　　列　　单元格
2. 左侧或右侧　　顶部或底部
3. Tab
4. 移动　　复制
5. 数据系列　　数据标志

第 9 章

一、选择题

1. C　　2. D　　3. C　　4. D　　5. ABCD

二、填空题

1. PC 上的视频　　联机视频
2. 海报框架
3. 添加书签
4. 在后台播放
5. 低　　中等　　高　　静音

第 10 章

一、选择题

1. ABCD　　2. A　　3. B　　4. B　　5. A　　6. B　　7. C　　8. ABC　　9. B　　10. A　　11. A
12. A　　13. ABCD　　14. B　　15. D

二、填空题

1. 动画刷
2. 切换效果　　动画效果
3. 自定义路径　　直到幻灯片末尾
4. 触发器
5. 单击鼠标时

第 11 章

一、选择题

1. D　　2. C　　3. D　　4. C　　5. B　　6. BC　　7. ABCD

二、填空题

1. 超链接文字　　在文档中选定的文本内容
2. 单击鼠标　　鼠标悬停
3. 无动作
4. 摘要缩放定位
5. 节缩放定位　　节缩放定位

第 12 章

一、选择题

1. A   2. D   3. C   4. B   5. B   6. D   7. D   8. B   9. D   10. C   11. C   12. A
13. D   14. A   15. B   16. D   17. ABCD   18. AD   19. BC   20. ABCD

二、填空题

1. Esc
2. 当前幻灯片
3. 隐藏幻灯片
4. 旁白   墨迹   激光笔势
5. 隐藏墨迹

第 13 章

一、选择题

1. D   2. C   3. D   4. A

二、填空题

1. 共享位置
2. 始终以只读方式打开
3. 标记为最终状态
4. 云存储
5. 可编辑   可查看

第 14 章

一、选择题

1. A   2. C   3. C   4. C   5. B   6. B   7. C   8. A   9. C   10. D
11. C   12. B   13. B

二、填空题

1. PowerPoint 放映
2. 彩色   灰度   纯黑白
3. 粘贴链接
4. 创建为视频
5. 打印隐藏幻灯片